Die private Bau- und Immobilienfinanzierung

Dirk Noosten

Die private Bau- und Immobilienfinanzierung

Eine Einführung für Planer und Anbieter von Bauleistungen

Springer Vieweg

Dirk Noosten
Fachbereich Bauingenieurwesen
Hochschule Ostwestfalen-Lippe
Detmold, Deutschland

ISBN 978-3-658-09985-5 ISBN 978-3-658-09986-2 (eBook)
DOI 10.1007/978-3-658-09986-2

Die Deutsche Nationalbibliothek verzeichnet diese Publikation in der Deutschen Nationalbibliografie; detaillierte bibliografische Daten sind im Internet über http://dnb.d-nb.de abrufbar.

Springer Vieweg

Lektorat: Karina Danulat

Springer Fachmedien Wiesbaden GmbH ist Teil der Fachverlagsgruppe Springer Science+Business Media (www.springer.com)

Über den Autor

Der Autor, Prof. Dr.-Ing. Dirk Noosten, ist als Sachverständiger im Bereich der Immobilienbewertung tätig (www.ib-noosten.de). Er lehrt am Fachbereich Bauingenieurwesen der Hochschule Ostwestfalen-Lippe Bau- und Immobilienmanagement sowie Baufinanzierung (www.hs-owl.de/fb3/). Außerdem ist er Autor und Koautor mehrerer Fachbücher.

Vorwort

Der Neu- und Umbau sowie die Sanierung von Immobilien erfordern erhebliche Investitionsbeträge. Üblicherweise werden diese Beträge vom Bauherrn nur zu einem kleinen Teil durch Eigenkapital aufgebracht. Der Großteil wird über Fremdkapital finanziert.

Das vorliegende Lehrbuch behandelt die private Bau- und Immobilienfinanzierung. Es richtet sich an Studierende und an Praktiker, die in der Bau- und Immobilienbranche tätig sind:

- Bauunternehmen,
- Handwerksbetriebe,
- Architekturbüros,
- Ingenieurbüros,
- Bauträger und
- Immobilienmakler.

Alle Bauschaffenden stehen in einem harten Wettbewerb. Um potenzielle Kunden von den Leistungen des eigenen Unternehmens zu überzeugen, ist es sinnvoll, auch auf Finanzierungs- und Fördermöglichkeiten hinzuweisen. Einerseits wird die Bauleistung für viele Kunden dadurch erst bezahlbar bzw. finanzierbar. Andererseits verschafft sich ein Unternehmen einen klaren Wettbewerbsvorteil, sobald er dem Kunden bei der Beschaffung von Zuschüssen und günstigen Krediten behilflich ist.

Eine gute Beratung setzt ein solides Wissen der Mitarbeiter über die Immobilienfinanzierung voraus. In den folgenden Kapiteln werden diese Themen behandelt:

- Der Haushaltsplan,
- Berechnung des möglichen Kredit- und Investitionsbetrages,
- Die Sparphase bis zur Bauinvestition,
- Vertragsregelungen in Darlehensverträgen,
- Darlehensformen,
- Tilgungsfreie Darlehen mit Tilgungsersatz,
- Öffentliche Förderung,
- Anschlussfinanzierung und Forward-Darlehen,

- Kreditvergleich,
- Rechtliche Grundlagen,
- Ratschläge zur Kreditaufnahme.

Ein gut beratener Bauherr kann bei der Finanzierung mehrere tausend Euro sparen.

Zur besseren Lesbarkeit wird in dieser Publikation entweder die männliche oder weibliche Form verwendet. Damit werden beide Geschlechter gleichermaßen angesprochen.

Konstruktive Kritik und Hinweise auf Fehler, die sich nie ganz vermeiden lassen, sind unter folgender E-Mail-Anschrift herzlich willkommen: dirk.noosten@hs-owl.de.

Detmold, August 2015 Dirk Noosten

Danksagungen
Mein besonderer Dank gilt Svenja Besse, Maria Borchardt, Mario Klug, Stefan Krähenhorst, Denis Pauli und Michael Peine, die mit ihren Beiträgen zum Gelingen dieses Buches beigetragen haben.

Inhaltsverzeichnis

Abbildungsverzeichnis

Tabellenverzeichnis

1 Einleitung

Seit der Jahrtausendwende sinken die Sollzinsen für Baukredite. Die weltweit angespannte Situation an den Finanzmärkten verstärkt diesen Trend und die Banken locken potenzielle Kunden mit historisch niedrigen Zinsen. Diese Situation eröffnet immer mehr Menschen die Möglichkeit, Immobilien für berufliche oder private Zwecke zu erwerben, zu bauen oder zu sanieren. Da die damit verbundene Finanzierung oft ein spezielles Wissen erfordert, ist der ein oder andere Bauherr mit diesem Thema überfordert. Auch ist die Qualität der Beratungsgespräche bei einem Teil der Banken unbefriedigend, weil sie beispielsweise keine öffentlichen Förderkredite anbieten.

Sowohl Planer aus Architektur- und Ingenieurbüros als auch Mitarbeiter in Unternehmen der Baubranche sollten diese Lücke schließen. Durch solides Wissen im Bereich der Bau- und Immobilienfinanzierung können sie einen zusätzlichen Service anbieten, um Kunden zu beraten und an sich zu binden. Dadurch entsteht ein klarer Wettbewerbsvorteil gegenüber anderen Anbietern von Planungs- oder Bauleistungen.

Das Ziel dieses Buches ist es, das notwendige Hintergrundwissen im Bereich der Bau- und Immobilienfinanzierung zu liefern, damit potenzielle Bauherren über die möglichen Finanzierungs- und Fördermöglichkeiten informiert werden können. Durch das hier erworbene Wissen soll dem Leser die Möglichkeit gegeben werden, seine Auftraggeber bei der Finanzierung folgender Investitionen zu beraten:

- Bau einer Immobilie,
- Kauf einer Immobilie,
- energetische Sanierung,
- Instandsetzung,
- Modernisierung und
- altersgerechter Umbau.

Letztlich bietet dieses Buch aber auch dem Planer oder Unternehmer Unterstützung bei der Realisierung und Finanzierung seiner eigenen Unternehmensimmobilie. Dann ist

D. Noosten, *Die private Bau- und Immobilienfinanzierung*, DOI 10.1007/978-3-658-09986-2_1

er selbst in der Rolle des Kreditnehmers und kann aktiv bei der Gestaltung seiner Finanzierung mitwirken und auf Augenhöhe mit dem Banker verhandeln.

Steuerliche Fragen, die im Zusammenhang mit einer etwaigen Vermietung oder beruflichen Nutzung des Objektes stehen, bleiben unberücksichtigt. Ist diese beabsichtigt, wird empfohlen, einen Steuerberater bei der Planung des Finanzierungskonzeptes hinzuzuziehen.

Finanzielle Möglichkeiten richtig einschätzen 2

Mit dem Entschluss zum Bau oder Erwerb einer Immobilie sind auf der einen Seite die eigenen finanziellen Möglichkeiten und auf der anderen Seite die Bau- bzw. Kaufkosten zu ermitteln. Dazu sind vielfältige Überlegungen nötig, bei denen Kunden unterstützt werden können; die wichtigsten davon werden in diesem Kapitel angesprochen. Da die persönliche finanzielle Situation aller Bauherren unterschiedlich ist, müssen die hier vorgestellten Überlegungen entsprechend der individuellen Situation angepasst werden.

2.1 Der Haushaltsplan

In einem Haushaltsplan werden sämtliche Einnahmen und Ausgaben gegenübergestellt. Sinnvollerweise wird ein durchschnittlicher Monat betrachtet. Einnahmen und Ausgaben die quartalsweise, jährlich oder unregelmäßig anfallen, werden auf den Monat umgerechnet. Ein solcher **Haushaltsplan** ist notwendig, um feststellen zu können, welcher finanzielle Spielraum zum Abtragen der Schulden zur Verfügung steht.

Die Banken benutzen dafür meist ein vereinfachtes Schema und ziehen von dem Einkommen eine Mindestpauschale für Lebenshaltungskosten und die Unterhaltungskosten der Immobilie ab. Es ist aber empfehlenswert, eine genaue Kalkulation zu erstellen, da nur diese die tatsächlichen persönlichen Verhältnisse widerspiegelt. Dabei ist darauf zu achten, dass *alle* wiederkehrenden Einkünfte und Ausgaben in die Berechnung einfließen, denn:

Diese Berechnung ist das Fundament der gesamten Eigenheimfinanzierung!

2.1.1 Einkünfte

In die Kalkulation der durchschnittlichen monatlichen Einkünfte müssen alle monatlichen Einkünfte einfließen. Dazu zählen alle langfristig gesicherten und konstanten Einkünfte wie

D. Noosten, *Die private Bau- und Immobilienfinanzierung*, DOI 10.1007/978-3-658-09986-2_2

- Gehaltszahlungen und Renten, wobei diese Zahlungen als Nettobeträge in die Berechnung eingehen,
- Einkünfte oder Einkunftsersatzleistungen wie das Kinder- und Elterngeld (oft zeitlich befristet),
- Einkünfte aus Vermietung oder Verpachtung.

Das 13. Monatsgehalt, Bonuszahlungen oder das Entgelt für Überstunden sollten dagegen nicht dazugezählt, sondern für unvorhersehbare Ausgaben zurückgelegt werden. Sollte sich daraus nach einer gewissen Zeit ein nicht benötigter Betrag angesammelt haben, kann dieser eventuell zur Sondertilgung verwendet werden.

2.1.2 Ausgaben

Die Berechnung der monatlichen Ausgaben erfolgt am einfachsten anhand eines Haushaltsbuches und der Kontoauszüge des letzten Jahres. Daraus werden alle wiederkehrenden Ausgaben, aber auch die Bargeldauszahlungen (zur Finanzierung der Lebenshaltungskosten) ersichtlich und die Gefahr, etwas Wichtiges zu vergessen, wird minimiert. Berücksichtigt werden z. B. Ausgaben für Lebensmittel, Kleidung, Telekommunikation (Telefon- und Handy- sowie Internetkosten), aber auch die erwarteten zukünftigen Abschlagzahlungen für Heizung und Strom. Jährlich gezahlte Versicherungsbeiträge und Kraftfahrzeugsteuern müssen auf einen Monat umgerechnet werden (1/12 des Jahresbetrages). Es sollte darauf geachtet werden, dass Ausgaben für Urlaub, Freizeit und anderes (z. B. Geschenke) realistisch berücksichtigt werden.

Da die für die angemietete Wohnung gezahlte Kaltmiete nach dem Umzug in die eigene Immobilie entfällt, muss sie nicht eingerechnet werden. Stattdessen ist eine Instandhaltungsrücklage für die künftige Immobilie zu berücksichtigen. Die Höhe dieser Rücklage ist sehr stark von dem Alter und dem Zustand der Immobilie abhängig: Handelt es sich um einen Neubau, werden die ersten größeren Investitionen evtl. erst nach 15 oder 20 Jahren notwendig; ist sie dagegen alt, hat der Eigentümer wenig Zeit, um finanzielle Rücklagen zu bilden.

Bei monatlichen Einzahlungen in einen Bausparvertrag oder eine kapitalbildende Lebensversicherung ist zu differenzieren: Soll der Bausparvertrag oder die Lebensversicherung später für ganz andere Zwecke verwendet werden und nicht im Rahmen der Immobilienfinanzierung eingesetzt werden, müssen die regelmäßigen Einzahlungen weiter berücksichtigt werden. Andernfalls können sie entfallen.

Bei der Ermittlung der monatlichen Ausgaben ist auch zu beachten, dass die Beträge für Heizung, Wasser und Strom nach dem Umzug in das eigene Haus tendenziell höher ausfallen als in einer Miet- oder Eigentumswohnung. Die Höhe der zu erwartenden Nebenkosten hängt u. a. von der Größe des Hauses (Heizungskosten) und des Grundstücks (Grundbesitzabgaben und Unterhalt) ab. In einem Mehrfamilienhaus werden diese Kosten teilweise auf mehrere Mieter bzw. Eigentümer umgelegt; dagegen trägt der Eigentümer eines Einfamilienhauses sämtliche Kosten alleine.

Als Faustregel gilt:

Pro Quadratmeter Wohnfläche können monatlich 2,50 € bis 3,00 € Nebenkosten veranschlagt werden.

2.1.3 Monatliche Belastbarkeit (Sparrate)

Sind die Summen der Einnahmen und der Ausgaben bekannt, werden die Ausgaben von den Einnahmen subtrahiert. So kann der Betrag der monatlichen Belastbarkeit ermittelt werden.

Zur bequemen Erfassung der monatlichen Einnahmen bzw. Ausgaben eignen sich insbesondere Tabellen auf Basis einer Tabellenkalkulations-Software. Solche Tabellen (auch Vorlagen genannt) können selbst, z. B. mit dem Programm Excel, erstellt werden, sind aber auch u. a. im Internet als Freeware zum Herunterladen verfügbar:

- http://www.conserio.at/das-conserio-haushaltsbuch-kostenloser-download/ oder
- http://www.freeware.de/download/haushaltsrechnung_39583.html.

Ähnliche Software gibt es auch für Smartphones. Für Android-Smartphones empfiehlt sich die App „Moneywise.eu“.

IPhone-Benutzer können zurückgreifen auf die App „CashTrails-Einnahmen und Ausgaben Lite“.

Die Anwendungen sind so gestaltet, dass der Benutzer auch langfristige Analysen erstellen kann.

Die Rechner, die auf Immobilien-Portalen oder Internet-Seiten von Banken zu finden sind, vereinfachen und pauschalieren meist stark und bilden oft lediglich einen Monat ab.

Analog können eigene Daten in die dafür vorgesehenen Felder der Beispiel-Tabelle (Tab. 2.1) eingetragen und, mithilfe eines Taschenrechners, der monatlich zur Verfügung stehende Betrag errechnet werden.

Die monatliche Belastbarkeit kann parallel auch ermittelt werden, indem der in den letzten 12 bzw. 24 Monaten angesparte Betrag durch die Anzahl der Monate dividiert wird. Zu dem erhaltenen Wert wird die jetzige Kaltmiete addiert sowie der Betrag der monatlichen Rücklage für Reparaturen und Instandhaltungskosten der künftigen Immobilie subtrahiert. Darüber hinaus müssen Autobesitzer einen Betrag als Rücklage für die Neuanschaffung berücksichtigen. Schließlich ergibt sich die etwaige monatliche Belastbarkeit.

Da die zweite Methode nur überschlägig ist, empfiehlt es sich, diese zur Kontrolle der ersten Methode zu nutzen. Sollten die Beträge aus den beiden Methoden stark voneinander abweichen, ist es notwendig, die Eingaben noch einmal genau zu prüfen.

Tab. 2.1 Finanzielle Belastbarkeit

Posten	Euro pro Monat Beispiel	Euro pro Monat eigene Daten
Einnahmen		
Lohn/Gehalt (netto)	2.750,00 €	_____,___€
Kindergeld	158,00 €	_____,___€
Sonstiges (Mieteinnahmen, Rente)	0,00 €	_____,___€
Summe der Einnahmen	**2.908,00 €**	_____,___€
Ausgaben		
Ernährung	350,00 €	_____,___€
Kleidung	150,00 €	_____,___€
Körperpflege	45,00 €	_____,___€
Freizeit und Unterhaltung	105,00 €	_____,___€
Urlaub	155,00 €	_____,___€
Hausrat	100,00 €	_____,___€
Telekommunikation (inkl. Handy & Internet)	65,00 €	_____,___€
Heizung/Strom/Wasser	145,00 €	_____,___€
Raten für bestehende Kredite	123,00 €	_____,___€
Kfz-Kosten (Kraftstoff, Steuern, Versicherungen)	145,00 €	_____,___€
Kfz-Kosten (Reparaturen, Abschreibung)	200,00 €	_____,___€
Sonstige Versicherungsbeiträge	105,00 €	_____,___€
Rücklage für Notfälle	45,00 €	_____,___€
Sonstige 1[1)]..	50,00 €	_____,___€
Sonstige 2[1)]..	45,00 €	_____,___€
Sonstige 3[1)]..	0,00 €	_____,___€
Sonstige 4[1)]..	0,00 €	_____,___€
Instandhaltungskosten Immobilie[2)]	100,00 €	_____,___€
Sonstige Betriebskosten Immobilie[2)]	80,00 €	_____,___€
Bausparraten für spätere Instandhaltungen oder andere Zwecke	150,00 €	_____,___€
Prämien für die kapitalbildende Lebensversicherung	0,00 €	_____,___€
Summe der Ausgaben	**2.158,00 €**	_____,___€
Finanzielle Belastbarkeit	**750,00 €**	_____,___€

[1)]Feld zur persönlichen Belegung

[2)]Geschätzte Beträge für die geplante Immobilie

2.2 Das aktuelle Zinsniveau

Die Belastung, die der Bauherr nach Abschluss eines Kreditvertrages monatlich zu tragen hat, hängt maßgeblich von dem aktuellen Zinsniveau ab. Das Zinsniveau unterliegt ständigen Schwankungen und ist von der jeweiligen Marktsituation abhängig.

Das aktuelle Zinsniveau kann bei den Banken oder Bausparkassen erfragt bzw. im Internet abgerufen werden. Die aktuelle Zinsphase kann, im Vergleich zu den historischen Zinssätzen, anhand der Abb. 2.1 eingeschätzt werden.

Abbildung 2.1 zeigt die Entwicklung der Zinssätze von Hypothekenkrediten der letzten 35 Jahre (10-jährige Zinsbindungsfrist).

Anhand der Abb. 2.1 wird deutlich, dass sich die Zinssätze im Jahr 2015 auf einem historischen Tief befanden, während die Kreditnehmer vor mehr als 25 Jahren mit einer überdurchschnittlich hohen Zinsbelastung zu kämpfen hatten.

Generell gilt, dass der Bauherr in einer Niedrigzinsphase einen geringeren Schuldendienst zu leisten hat bzw. bei gleicher monatlicher Belastung schneller schuldenfrei ist oder einen höheren Kreditbetrag aufnehmen kann.

2.3 Kreditwürdigkeit/Bonität

Die Banken sind verpflichtet vor Abschluss eines Darlehens die Kreditwürdigkeit eines jeden Kunden zu prüfen (§ 18 Abs. 2 KWG)[1]. Zur Prüfung ziehen die Banken zum einen Auskünfte des Darlehensnehmers heran und zum anderen Auskünfte von Stellen, die zur Bewertung der Kreditwürdigkeit genutzt werden dürfen, wie beispielsweise die SCHUFA-Auskunft. Das Ergebnis der Prüfung, die Bonität des Kreditnehmers, ergibt sich dann

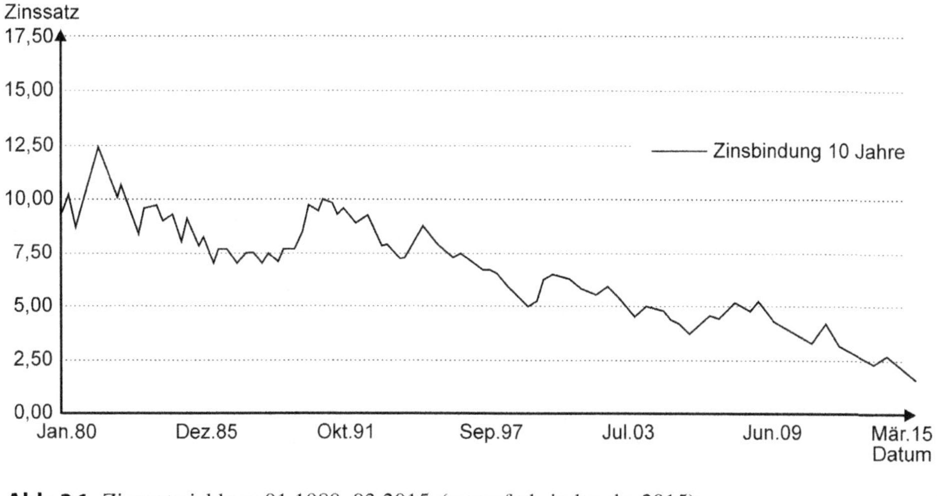

Abb. 2.1 Zinsentwicklung 01.1980–03.2015. (www.fmh-index.de, 2015)

[1] Ein Auszug aus dem Gesetzestext findet sich im Anhang.

durch ein bankinternes Scoringverfahren. Die Bonität beschreibt also den Ruf einer Person in Hinblick auf ihre Zahlungs- bzw. Kreditwürdigkeit.

Unter www.meineschufa.de kann eine Selbstauskunft beantragt werden, dort können sämtliche gesammelten Informationen über die eigene Person eingesehen werden. Einmal im Jahr ist die Beantragung der Daten kostenlos.

Die persönlichen Informationen des Darlehensnehmers sind beispielsweise das Zahlungsverhalten in der Vergangenheit, die Einkommensverhältnisse, der ausgeübte Beruf, die Dauer der Beschäftigung, aber auch das Alter und der Familienstand. Daraus ergibt sich ein finanzielles Gesamtbild des Kunden, anhand dessen die Bank einschätzt, wie kreditwürdig der Kunde ist. Die Bank wird auf Grundlage dieses Ergebnisses entscheiden, ob sie dem Kunden überhaupt einen Kredit gibt und wenn ja, zu welchem Zinssatz der Kredit angeboten wird. Diese Anforderungen werden unter dem Schlagwort Basel III definiert.

Basel III ist die Reaktion des Baseler Ausschusses für Bankenaufsicht auf die globale Finanzmarktkrise und wurde im Jahr 2010 verabschiedet. Das wesentliche Ziel ist die Eigenkapitalregelung der Banken, die die Kapitalanforderungen vom eingegangen Risiko abhängig macht und so die Insolvenzvorsorge der Banken verbessert. Basel III ist eine Weiterentwicklung von Basel II, indem das Risiko für das Bankensystem durch die Stützung auf drei Säulen reduziert wird:

1. Eigenkapitalunterlegung,
2. Bankenaufsicht,
3. Erweiterte Offenlegungspflichten der Banken

Die entscheidende Neuerung für Kreditnehmer ist die Neuregelung der Eigenkapitalunterlegung. Dabei werden die Kredite abhängig von der tatsächlichen Bonität des jeweiligen Kreditnehmers bewertet. Die Banken müssen darauf den Kredit mit Eigenkapital unterlegen. Die Eigenkapitalunterlegung wird über die folgende Formel berechnet:

$$\text{Eigenkapitalunterlegung} = \text{Kredithöhe} \times \text{Risikogewicht.}$$

Entsprechend dem individuellen Ratingergebnis des Kreditnehmers müssen die Banken also unterschiedlich viel Eigenkapital zur Verringerung des Insolvenzrisikos hinterlegen. Für das Hinterlegen des Eigenkapitals wird jedoch von den Banken eine sehr hohe „Verzinsung“ gefordert. Neben den Eigenkapitalkosten führen auch die Risikokosten zu einer Verteuerung des Kredites, da sie von den Banken seit der Einführung von Basel II stärker berücksichtigt werden. Der Kreditzins berechnet sich also nach der folgenden Formel:

$$\text{Kreditzins} = \text{risikoloser Zins} + \text{Bearbeitungskosten} + \text{Eigenkapitalkosten} + \text{Risikokosten}$$

Für Kreditnehmer mit einer schlechten Bonität müssen die Banken also mit höheren Eigenkapital- und Risikokosten rechnen, als für Kunden mit einer guten Bonität. Dieser Unterschied kann schnell eine kleine einstellige Prozentzahl ausmachen. Das bedeutet, dass Kunden mit einer sehr guten Bonität auch sehr gute Kreditkonditionen erwarten können und umgekehrt. Die Bank verteuert also den Kredit bei einer schlechten Bonität, indem sie die Darlehenszinsen erhöht.

Die allgemeinen Zinskonditionen der Bank stellen also meist nur einen ersten Anhaltspunkt für die individuellen Zinsen des jeweiligen Kreditnehmers dar. Besonders zinsgünstige Lockangebote mit denen die Bank Kunden werben will, beziehen sich in der Regel auf Kreditnehmer mit einer sehr guten Bonität. Grundsätzlich gilt dabei:

Der Darlehenszins ist umso niedriger, je besser die Bonität des Darlehensnehmers ist.

2.4 Die Tilgungsdauer

Der Kredit für die eigenen vier Wände sollte spätestens zum Rentenbeginn getilgt sein. Da die Rente in der Regel niedriger ausfällt als die vorherigen Nettoeinkünfte, sollte der Kreditnehmer ab diesem Zeitpunkt vom Vorteil des mietfreien Wohnens profitieren.

Wenn der Kreditnehmer zum Zeitpunkt der Kreditaufnahme 35 Jahre alt ist und sein Renteneintrittsalter mit 67 Jahren geplant ist, bleiben ihm maximal 32 Jahre, um die Schulden abzutragen. Dagegen bleiben ihm im Alter von 50 nur noch 17 Jahre.

Tabelle 2.2 veranschaulicht den Zusammenhang zwischen dem Zinssatz und dem zur Volltilgung des Darlehens notwendigen anfänglichen Tilgungssatz innerhalb einer vorgegebenen Dauer. Dabei wird die monatliche Verrechnung von Zins- und Tilgungszahlungen und ein unveränderter Zinssatz für die Gesamtdauer unterstellt. In dem nachfolgenden Beispiel wird die Anwendung der Tabelle erläutert. Allgemein gilt:

Je länger die beabsichtigte Tilgungsdauer, desto niedriger der anfängliche Tilgungssatz.

Allerdings sollte der Kreditnehmer beachten, dass eine längere Laufzeit im Endeffekt auch die Gesamtkosten für den Kredit in die Höhe treibt. Es ist empfehlenswert, den anfänglichen Tilgungssatz entsprechend den eigenen Möglichkeiten hoch anzusetzen, denn in diesem Fall profitiert der Kreditnehmer doppelt: Zum einen spart er über die Laufzeit die Zinszahlungen und zum anderen kann der Zinssatz bei einer höheren Tilgung bis zu 0,5 % günstiger ausfallen.

Sogenannte „Enkelfinanzierungen" sollten vermieden werden. Darunter ist eine Finanzierung mit einer sehr niedrigen monatlichen Belastung und einer daraus resultierenden langen Finanzierungsdauer (über mehrere Generationen) zu verstehen. Diese Art der Finanzierung birgt auch ein hohes Zinsänderungsrisiko, denn nach Ablauf der ersten Zinsbindungsfrist kann aufgrund gestiegener Zinsen eine deutlich höhere monatliche Belastung auf den Kreditnehmer zukommen (siehe auch Kap. 11).

Beispiel

Für den Kauf einer Eigentumswohnung benötigt Frau M. einen Kreditbetrag von 80.000,– €.

Tab. 2.2 Zusammenhang Tilgungsdauer – Tilgungssatz. (Annahmen: monatliche Verrechnung der Zins- und Tilgungsleistungen, konstanter Sollzinssatz über die gesamte Laufzeit)

	Beabsichtigte Tilgungsdauer in Jahren							
	4 Jahre	6 Jahre	8 Jahre	10 Jahre	15 Jahre	20 Jahre	25 Jahre	30 Jahre
Zinssatz in Prozent	Notwendiger Tilgungssatz in Prozent (ohne Zinssatz)							
1,00%	24,51%	16,18%	12,01%	9,51%	6,18%	4,52%	3,52%	2,86%
1,25%	24,39%	16,06%	11,89%	9,39%	6,06%	4,40%	3,41%	2,75%
1,50%	24,27%	15,94%	11,77%	9,27%	5,95%	4,29%	3,30%	2,64%
1,75%	24,15%	15,82%	11,65%	9,16%	5,83%	4,18%	3,19%	2,54%
2,00%	24,03%	15,70%	11,54%	9,04%	5,72%	4,07%	3,09%	2,44%
2,25%	23,92%	15,58%	11,42%	8,93%	5,61%	3,96%	2,98%	2,34%
2,50%	23,80%	15,47%	11,30%	8,81%	5,50%	3,86%	2,88%	2,24%
2,75%	23,68%	15,35%	11,19%	8,70%	5,39%	3,76%	2,79%	2,15%
3,00%	23,56%	15,23%	11,08%	8,59%	5,29%	3,66%	2,69%	2,06%
3,25%	23,44%	15,12%	10,96%	8,48%	5,18%	3,56%	2,60%	1,97%
3,50%	23,33%	15,00%	10,85%	8,37%	5,08%	3,46%	2,51%	1,89%
3,75%	23,21%	14,89%	10,74%	8,26%	4,98%	3,36%	2,42%	1,81%
4,00%	23,09%	14,77%	10,63%	8,15%	4,88%	3,27%	2,33%	1,73%
4,25%	22,98%	14,66%	10,52%	8,04%	4,78%	3,18%	2,25%	1,65%
4,50%	22,86%	14,55%	10,41%	7,94%	4,68%	3,09%	2,17%	1,58%
4,75%	22,75%	14,44%	10,30%	7,83%	4,58%	3,00%	2,09%	1,51%
5,00%	22,64%	14,33%	10,19%	7,73%	4,49%	2,92%	2,02%	1,44%
5,25%	22,52%	14,22%	10,09%	7,63%	4,40%	2,84%	1,94%	1,38%
5,50%	22,41%	14,11%	9,98%	7,52%	4,31%	2,75%	1,87%	1,31%
5,75%	22,29%	14,00%	9,87%	7,42%	4,21%	2,68%	1,80%	1,25%
6,00%	22,18%	13,89%	9,77%	7,32%	4,13%	2,60%	1,73%	1,19%

Diesen Betrag möchte sie mit einem Annuitätendarlehen (siehe Abschn. 5.1) finanzieren und nach 20 Jahren schuldenfrei sein. Der Zinssatz für einen Kredit mit einer Zinsbindung von 20 Jahren liegt bei 4,0 %.

Gemäß Tab. 2.2 muss sie eine anfängliche Tilgung von 3,27 % pro Jahr tragen. Dazu addieren sich noch die jährlichen Zinsen von 4,0 %. Somit beläuft sich die Gesamtbelastung auf 7,27 % (3,27 % + 4,0 %) des ursprünglichen Kreditbetrages.

$$80.000,-\,€ \times 0{,}0727\ (= 7{,}27\,\%) = 5816,-\,€ \text{ Gesamtbelastung pro Jahr}$$

$$5816,-\,€/12 \text{ Monate} = 484{,}67\,€ \text{ pro Monat}$$

2.5 Kredit: Wie hoch darf er sein?

Ist die maximal mögliche monatliche Belastung errechnet, kann der zukünftige Bauherr den für ihn vertretbaren maximalen Kreditbetrag berechnen. Die maximale Höhe des Kredites hängt von der maximalen monatlichen Belastung, dem Sollzinssatz und dem Tilgungssatz ab. Der aktuelle Sollzinssatz (auch Nominalzinssatz) ist der Zinssatz, den der Kreditnehmer für das Darlehen zahlen muss. Er wird in Prozent angeben und muss bei den Kreditgebern erfragt werden (siehe auch Abschn. 4.2.1). Der Tilgungssatz wird über die Tilgungsdauer mithilfe der Tab. 2.2 berechnet.

Der Kreditbetrag wird über die folgende Formel berechnet:

$$\text{Kreditbetrag} = \frac{\text{max. monatliche Belastung} \times 12 \times 100}{\text{Zinssatz} + \text{Tilgungssatz}}$$

Die Ermittlung des maximalen Kreditbetrages beruht auf einer vereinfachten Berechnung, bei der zunächst nur von einem Zinssatz ausgegangen wird. In der Regel werden aber vom Kreditnehmer mehrere verschiedene Darlehensarten mit unterschiedlichen Zinssätzen eingesetzt. Der errechnete Kreditbetrag ist jedoch eine wichtige Grundlage, um einen maximalen Betrag für den Kauf bzw. Neubau der Immobilie in der frühen Planungsphase festzulegen.

Beispiel

Frau M. hat eine maximal mögliche monatliche Belastung in Höhe von 750,– € errechnet und möchte spätestens in 15 Jahren schuldenfrei sein. In der Filiale ihrer Hausbank hat sie das Zinsniveau bei einer Zinsbindungsdauer von 15 Jahren erfragt, etwa 4,0 %. Gemäß Tab. 2.2 muss Frau M. mit einem anfänglichen Tilgungssatz von 4,88 % rechnen.

Nach der obigen Formel ergibt sich folgende Rechnung:

$$\text{Kreditbetrag} = \frac{750\,€ \times 12 \times 100}{4{,}0 + 4{,}88} = 101.351,–\,€$$

Dies bedeutet, dass Frau M. – Bonität vorausgesetzt – mit einem Kreditbetrag von etwa 101.000,– € rechnen kann.

2.6 Eigenkapital

Zum Eigenkapital (auch Eigenmittel genannt) zählen die gesamten Ersparnisse (Bargeld, Bankguthaben, Bausparguthaben etc.). Es spielt bei einer Eigenheim-Finanzierung eine wichtige Rolle. Oft wird empfohlen, dass das Eigenkapital mindestens 20 bis 30 % der Gesamtkosten abdecken sollte. Zwar lassen sich mittlerweile auch Immobilien ohne Eigenkapital realisieren, jedoch müssen für die höheren Risiken der Bank Zinsaufschläge in Kauf genommen werden. Grundsätzlich gilt:

Der Darlehenszins ist umso niedriger, je mehr Eigenkapital eingebracht wird.

Daher ist es empfehlenswert, alle zur Verfügung stehenden Mittel, bis auf eine „Notreserve", als Eigenkapital einzusetzen. Dies spart unnötige Kreditkosten, da anderweitig angelegtes Geld weniger Rendite abwirft und anschließend ggf. noch versteuert werden muss.

In den nächsten Abschnitten folgen einige Beispiele dafür, was Kreditgeber als Eigenkapital anrechnen können.

2.6.1 Bargeld und kurzfristig verfügbare Mittel

Neben dem Bargeld zählt zu den kurzfristig verfügbaren Mitteln das auf Tagesgeld- bzw. Termingeldkonten vorhandene Kapital, über das innerhalb kurzer Zeit verfügt werden kann. Ein Teilbetrag in Höhe von 3 Monatsgehältern (netto) sollte als Notreserve zurückbehalten werden. Bei Selbstständigen sollte dieser Betrag etwas höher ausfallen, um eine schlechte Auftragslage oder krankheitsbedingte Verdienstausfälle ausgleichen zu können.

2.6.2 Bausparguthaben

Der Bausparvertrag ist eine wichtige Säule der Baufinanzierung. Besitzt der Bauherr einen Bausparvertrag, ist es im Allgemeinen sinnvoll, diesen bei der Finanzierung des Eigenheims auch einzusetzen.

Dies gilt nicht, wenn die Bauzinsen mit der gleichen Zinsbindung am Markt niedriger sind als die im Bausparvertrag zugesicherten. In diesem Fall sollte der Kreditnehmer genau nachrechnen, welcher Finanzierungsaufbau für ihn am besten ist. Zu beachten ist dabei, dass ggf. die Arbeitnehmersparzulage und die Wohnungsbauprämie einen leichten Zinsnachteil beim Bausparvertrag ausgleichen können.

Ergibt die Berechnung, dass ein Bankdarlehen günstiger ist, kann der Bausparvertrag gekündigt werden. Zu beachten ist dabei aber, dass die Bausparkassen in der Regel erst nach Ablauf einer 6-monatigen Kündigungsfrist das Guthaben freigeben. Außerdem kann der Bausparvertrag auch für etwaige Reparaturen an der Immobilie oder andere Zwecke fortgeführt werden.

Stellt sich dagegen heraus, dass der Bausparvertrag nach wie vor die besseren Konditionen bietet, sollte der Bauherr beachten, dass die auf einem Bausparkonto angesparten Gelder sich erst einsetzen lassen, wenn der Bausparvertrag zugeteilt wird. Wird der Bausparvertrag zum gewünschten Bau- oder Kauftermin zugeteilt, erhöht das Guthaben die Höhe des Eigenkapitals und das zinsgünstige Darlehen lässt sich sofort zur Finanzierung einsetzen.

Geschieht dies zeitversetzt zum Bau oder Erwerb der Immobilie, weil das Guthaben oder die nötige Bewertungszahl (Schlüssel für die Reihenfolge bei der Zuteilung eines Bausparvertrags) noch nicht erreicht sind, sollte der Kreditnehmer erwägen, eine Sonderzahlung auf das Bausparkonto zu leisten oder die Bausparsumme zu teilen, um eine schnellere Zuteilung zu erreichen (siehe Abschn. 3.1).

2.6.3 Rückkaufswerte kapitalbildender Lebensversicherungen

Viele Bürger besitzen eine kapitalbildende Lebensversicherung, die in der Regel bis zum Renteneintrittsalter bespart wird, d. h. über 20 oder 30 Jahre. In vielen Fällen haben sich in so einer Versicherungspolice mehrere Tausend Euro angesammelt, die der Kreditnehmer zum Bau des Eigenheims nutzen kann.

Beispielsweise lässt sich die Lebensversicherung mit einem endfälligen Darlehen kombinieren. Das bedeutet, dass der Kreditnehmer die Versicherungspolice weiter bespart und parallel einen tilgungsfreien Kredit (Abschn. 5.2) in Höhe der garantierten Ablaufleistung der Versicherung aufnimmt. Diese Ablaufleistung tilgt am Ende der Versicherungsdauer das Darlehen. Dabei sollte beachtet werden, dass die Kreditlaufzeit auf die Restlaufzeit der Versicherung abgestimmt wird.

Ist die Versicherungspolice erst vor kurzem abgeschlossen worden und das Zinsniveau hoch, ist es unter Umständen günstiger, den Vertrag zu kündigen, weil das endfällige Darlehen zu einer hohen Zinsbelastung führt (siehe Abschn. 3.2).

2.6.4 Guthaben in Riester-Verträgen

Verfügt jemand bereits über einen Riester-Rentenvertrag, so kann das Guthaben daraus entnommen und zur unmittelbaren Anschaffung einer selbstgenutzten Immobilie verwendet werden (siehe Abschn. 3.3).

2.6.5 Sonstige Mittel

Der Kreditnehmer kann Wertgegenstände (Gold, Münzen, Schmuck, Wertpapiere) verkaufen, um das Bargeld als Eigenkapital einzusetzen.

Ist der benötigte Anteil an Eigenkapital knapp unter dem notwendigen Minimum **und** wird in der nächsten Zukunft z. B. ein Bonus vom Arbeitgeber erwartet, der diese Lücke abdeckt, muss der Kreditnehmer sich nicht unbedingt von seinen Lieblingsstücken trennen, sondern kann auf einen Lombardkredit zurückgreifen.

Hierbei handelt es sich um einen Kredit, zu dessen Sicherung der Kreditnehmer bewegliche und marktfähige Vermögensgegenstände verpfändet. Dafür kommen insbesondere Wertpapiere und Edelmetalle infrage. Allerdings geben die Banken bzw. Pfandhäuser nicht den ganzen Gegenwert der Vermögensgegenstände als Kredit heraus, sondern nur einen Teilbetrag. Diese Beleihungsgrenze ist von der möglichen Wertschwankung und der Verwertbarkeit der Sicherheit (des Pfandes) abhängig. Und natürlich muss das Pfand auch wieder eingelöst werden – z. B. mit dem erwarteten Arbeitgeberbonus.

2.6.6 Vorhandenes Grundstück

Beim Kauf einer Immobilie gehört der Grund und Boden in der Regel zum Objekt und wird im Rahmen der Immobilienfinanzierung automatisch berücksichtigt.

Verfügt ein Bauherr bereits über ein schuldenfreies unbebautes Grundstück, so wird der Wert von den Banken als Eigenkapital anerkannt. Je nach Lage des Grundstückes kann es den benötigten Darlehensbetrag verringern bzw. das damit vorhandene Eigenkapital deutlich erhöhen. Wird die Immobilie auf ein anderes Grundstück gebaut, kann das bereits vorhandene Grundstück ebenfalls als Sicherheit (siehe auch Abschn. 4.4) dienen.

2.6.7 Muskelhypothek

Nicht nur Bargeld und die oben genannten Vermögensgegenstände können als Eigenkapital eingesetzt werden, sondern auch eigene (Bau-) Leistungen, die sogenannte „Muskelhypothek". Dabei ist es wichtig, dass der Kreditnehmer diese Leistungen auch fachmännisch erbringen kann: Er sollte seine Fähigkeiten realistisch einschätzen und die von Freunden und Verwandten angebotene Hilfe sollte nur minimal oder gar nicht in die Berechnung einbeziehen. Ein Kreditnehmer mit einer handwerklichen Ausbildung (Maurer, Elektriker, Klempner, Maler etc.) kann einen größeren Betrag in der Berechnung ansetzen als jemand, der handwerklich weniger begabt ist.

Allen Beteiligten muss klar sein, dass zur Erstellung umfangreicher und terminkritischer Gewerke die eigene Freizeit über Wochen, Monate oder sogar Jahre ohne Unterbrechung geopfert werden muss. Verzögerungen beim Bauen oder Renovieren können bares Geld kosten, wenn z. B. der Bauherr nicht fristgerecht die gekündigte Wohnung räumen kann oder angemietete Geräte länger auf der Baustelle vorhalten muss. Dagegen können Arbeiten wie z. B. das Streichen der Wände, der Ausbau des Dachgeschosses oder das Erstellen der Außenanlagen als terminunkritisch angesehen und auch mit ein wenig handwerklichem Geschick vom Bauherren und/oder den Helfern ausgeführt werden.

Die Eigenleistung kann viele Handwerkerstunden ersparen. Doch jeder Bauherr sollte sich überlegen, ob sich der eigene Einsatz angesichts der evtl. fehlenden Erfahrung und damit entsprechend längeren Dauer der Tätigkeit lohnt. Ein erfahrener Handwerker erledigt die gleiche Arbeit häufig in einem Bruchteil der Zeit. Dazu kommt, dass die Ausrüstung für Eigenleistungen teilweise nicht vorhanden ist und erst gekauft bzw. gemietet werden muss. Überstunden am eigenen Arbeitsplatz können dann sogar die wirtschaftlich günstigere Alternative darstellen.

Von den Geldinstituten werden in der Regel bis zu 5 % der Baukosten als Eigenleistungen anerkannt. Höhere Eigenleistungen werden nur dann akzeptiert, wenn sie plausibel nachgewiesen und beispielsweise von einem Architekten bestätigt werden können.

2.7 Gesamtbetrag für die Investition berechnen

Sind die oben erläuterten Berechnungen durchgeführt worden, kann der Kreditnehmer den Gesamtbetrag der möglichen Investition berechnen. Dies gibt Aufschluss darüber, über welchen Betrag er zur Realisierung des Vorhabens, samt allen Nebenkosten, verfügen kann.

Der maximale Investitionsbetrag kann mithilfe der Tab. 2.3 ermittelt werden. Verdeutlicht wird die Berechnung anhand der Frau M. aus Abschn. 2.4. Bei der Berechnung wird auf volle 100,– € gerundet.

Beispiel

Die Berechnung des maximalen Kreditrahmens hat bei Frau M. einen Betrag von 101.000,– € ergeben. Außerdem besitzt Frau M. folgende Vermögenswerte:

Bargeld 2600,– €, Termingeld (Restlaufzeit 2 Monate) in Höhe von 3500,– € sowie eine Bundesanleihe mit 17.000,– € aktuellem Kurswert. Der Rückkaufswert der kapitalbildenden Lebensversicherung beträgt 7500,– €.

Tab. 2.3 Berechnung des möglichen Investitionsbetrages

Posten	Euro Beispiel	Euro eigene Daten
Fremdkapital		
Kalkulierter Finanzierungsbetrag	101.000,00 €	____,___€
Eigenkapital		
Bargeld und kurzfristig verfügbare Mittel	6.100,00 €	____,___€
Festverzinsliche Sparbriefe und Wertpapiere (Kurswert)	17.000,00 €	____,___€
Aktien, Investmentfondsanteile (Kurswerte)	0,00 €	____,___€
Guthaben auf zugeteilten Bausparverträgen	0,00 €	____,___€
Rückkaufswerte aus kapitalbildenden Lebensversicherungen	7.500,00 €	____,___€
Sonstige Mittel	0,00 €	____,___€
Gesamtkapital	131.600,00 €	____,___€
Finanzielle Reserve (abzüglich)	-7.500,00 €	____,___€
Möglicher Investitionsbetrag	124.100,00 €	____,___€

Vom Gesamtkapital wird eine finanzielle Reserve in Höhe von 7500,– € abgezogen. Diese Reserve sollte ungefähr dem 3-fachen Monatsgehalt (netto) entsprechen.

Somit ergibt sich für Frau M. ein maximaler Investitionsbetrag zum Erwerb der Immobilie von 124.100,– € (siehe Tab. 2.3).

2.8 Nebenkosten

Beim Kauf bzw. Bau des Eigenheims entstehen auch Nebenkosten. Zu den sogenannten Kauf- oder Erwerbsnebenkosten zählen die Grunderwerbsteuer, Notarkosten, Gebühren für den Grundbucheintrag und eine etwaige Maklerprovision. Die Höhe dieser Kosten ist erheblich und schmälert den Betrag, der dem Bauherrn für den eigentlichen Bau bzw. dem Käufer für den eigentlichen Kauf zur Verfügung steht.

Des Weiteren müssen beim Kauf einer Bestandsimmobilie oft auch zusätzliche Kosten in Form von Modernisierungs-, Erschließungs- und sonstigen Kosten berücksichtigt werden.

2.8.1 Beim Kauf einer Immobilie

Erwerbsnebenkosten

In der Regel betragen die Erwerbsnebenkosten ca. 9–14 % des gesamten Kaufpreises. Sie setzen sich zusammen aus:

- Grunderwerbsteuer
  Diese Steuer wird beim Erwerb eines Grundstücks (im Sinne des Grunderwerbsteuergesetzes) fällig und beträgt je nach Bundesland zwischen 3,5 und 6,5 % vom Kaufpreis (siehe Tab. 2.4).

Tab. 2.4 Grunderwerbsteuersätze in Deutschland

Bundesland	Steuersatz
Bayern, Sachsen	3,5 %
Hamburg	4,5 %
Baden-Württemberg, Bremen, Mecklenburg-Vorpommern, Niedersachsen, Rheinland-Pfalz, Sachsen-Anhalt, Thüringen	5,0 %
Berlin, Hessen	6,0 %
Brandenburg, Nordrhein-Westfalen, Saarland, Schleswig-Holstein	6,5 %

Stand 01.07.2015

- Notarkosten
  Diese Kosten betragen ca. 1–1,5 % des Kaufpreises. Dafür erbringt ein Notar u. a. folgende Leistungen:
  - Ausarbeitung des Kaufvertragsentwurfes,
  - Terminvereinbarung des Kaufvertrages,
  - Beurkundung der Vertragsunterzeichnung;
  - Löschung der Grundschulden des Verkäufers,
  - Fälligstellung des Kaufpreises;
  - Eintragung einer Auflassungsvormerkung,
  - Weitergabe an das Grundbuchamt.
- Grundbuchkosten für Eigentumsumschreibung
  Hierfür fallen ca. 0,5 % des Kaufpreises an.
- ggf. Maklerkosten
  Diese Kosten sind je nach Region unterschiedlich und verhandelbar und belaufen sich auf ca. 3–7,14 % des Kaufpreises (inkl. ges. MwSt.).
- Finanzierungskosten
  Diese Kosten betragen ca. 1 % des Kaufpreises und beinhalten die Notar- und Grundbuchgebühren für die Grundschuldbestellung.

Beim Kauf einer Immobilie sollte der Käufer darauf achten, dass bewegliche Teile, wie z. B. Gartengeräte oder Einbauküche, aus dem Kaufpreis herausgerechnet werden, denn sonst erhöhen diese auch die Grunderwerbsteuer. Es ist ggf. günstiger, darüber einen separaten Kaufvertrag zu schließen.

Modernisierungs-, Erschließungs- und sonstige Kosten

Beim Kauf einer Immobilie älteren Baujahres oder mit nicht zeitgemäßer Ausstattung und Raumaufteilung müssen zusätzlich zum Kaufpreis eventuelle Modernisierungsmaßnahmen mit eingerechnet werden. Diese sind in ihrer Höhe von den Wünschen des Käufers und zukünftigen Bewohners der Immobilie abhängig, also individuell. Eine – ratsame – halbwegs genaue Einschätzung der Kosten kann nur von einem Fachmann durchgeführt werden.

Auch Erschließungskosten für bereits durchgeführte oder noch geplante Maßnahmen können zusätzlich anfallen. Es empfiehlt sich daher, eine *Anliegerbescheinigung* von der zuständigen Gemeinde anzufordern, um dies im Voraus abzuklären und die Höhe der eventuellen Kosten beziffern zu können.

Sonstige – sehr individuelle – Kosten wie z. B. Umzugskosten, Ausgaben für Wohnungsmöbel, Küche, Gartenmöbel, Gartengeräte, Lampen, Teppiche, Vorhänge usw. dürfen bei der Ermittlung der Gesamtkosten natürlich auch nicht außer Acht gelassen werden. Dies trifft sowohl beim Kauf einer Bestandsimmobilie als auch beim Bau einer Immobilie zu.

2.8.2 Beim Bau einer Immobilie

Beim Bau einer Immobilie sind die Baunebenkosten – in der Regel ca. 16–22 % der Baukosten – bis auf einige Abweichungen ähnlich denen beim Erwerb einer Bestandsimmobilie. Dabei fällt die Grunderwerbsteuer geringer aus, weil sie lediglich auf den Kaufpreis des Grundstücks bezogen wird. Ebenso entfallen etwaige Modernisierungskosten.

Dafür fallen in der Regel zusätzlich zu den in Abschn. 2.8.1 genannten Punkten folgende Kosten an:

- Honorare für Architekten und Ingenieurleistungen nach Honorarordnung für Architekten und Ingenieure (HOAI) (auch für die Bauüberwachung),
- Vermessungskosten,
- evtl. Kosten für Bodengutachten,
- Gebühren für behördliche Prüfungen und Genehmigungen,
- Bauzeitzinsen,
- diverse Versicherungen (z. B. Bauherrenhaftpflichtversicherung, Bauleistungsversicherung),
- Materialkosten für den Innenausbau, falls einige Arbeiten in Eigenregie erledigt werden sollen (je nach Regelung im Bauvertrag bzw. in der Baubeschreibung).

Die Nebenkosten können im ungünstigsten Fall aber auch weit über 20 % des Kaufpreises bzw. der Herstellungskosten liegen. Da es im Nachhinein oft schwierig bis unmöglich ist, den ursprünglichen Kreditrahmen aufzustocken, ist es empfehlenswert, sämtliche Nebenkosten aufzuschlüsseln, bevor mit der Finanzierung begonnen wird.

2.9 Höhe des Budgets

Der nächste Schritt für den zukünftigen Kreditnehmer ist die Festlegung des Budgets, das für den Bau oder den Kauf einer Immobilie als „(Kauf-)Preis" zur Verfügung steht. Dazu werden aus dem berechneten maximal möglichen Investitionsbetrag (siehe Abschn. 2.7) die Nebenkosten (siehe Abschn. 2.8) herausgerechnet.

$$\begin{aligned} \text{p} &= \text{geschätzte Nebenkosten (prozentual)} \\ \text{Preis} &= \text{Kaufpreis oder Barpreis} \\ \text{Möglicher Investitionsbetrag} &= \text{Preis} \times (1 + \text{p}) \end{aligned}$$

$$\text{Preis} = \frac{\text{mögl. Investitionsbetrag}}{1 + \text{p}}$$

Beispiel

Frau M. hat noch nicht entschieden, ob sie ihr Eigenheim lieber bauen lassen oder eine Bestandsimmobilie erwerben möchte. Deswegen berechnet sie den maximalen Preis für beide Varianten.

Dabei möchte Frau M. das Risiko einer Unterfinanzierung auf ein Minimum reduzieren und rechnet mit den oberen Werten der in Abschn. 2.7 beschriebenen Nebenkosten (Erwerbsnebenkosten 12 %, Baunebenkosten 20 %):

1. Im Falle der Errichtung des Eigenheims (Baunebenkosten 20 %) ergibt sich folgende Rechnung:

$$\text{Max. Baupreis} = \frac{124.100,-}{(1+0{,}2)} = 103.417,-.$$

2. Beim Erwerb einer Bestandsimmobilie (Erwerbsnebenkosten 12 %) kommt Frau M. auf folgendes Ergebnis:

$$\text{Max. Kaufpreis} = \frac{124.100,-}{(1+0{,}12)} = 110.804,-.$$

Angesichts der Ergebnisse entscheidet sich Frau M., nach einer geeigneten Eigentumswohnung Ausschau zu halten, da das Budget für die Errichtung eines Eigenheims nicht ausreicht und Frau M. weder eine höhere monatliche Belastung aufbringen noch eine wesentlich längere Finanzierungsdauer in Kauf nehmen möchte.

Ist der tatsächliche Kaufpreis geringer als das zur Verfügung stehende Budget, kann der Kreditnehmer einen kleineren Darlehensbetrag aufnehmen. Damit ist der Kredit schneller getilgt. Alternativ kann er sich bei gleichbleibender Kreditlaufzeit für eine niedrigere monatliche Belastung entscheiden.

Reicht das errechnete Budget dagegen nicht aus, um den Kaufpreis zu decken, kann der Kreditnehmer eine längere Tilgungsdauer in Erwägung ziehen. Ist dies nicht möglich, sollte der Kreditnehmer entweder das Projekt den eigenen Möglichkeiten entsprechend anpassen, d. h. verkleinern, oder vom Vorhaben zurücktreten.

Weiterführende Literatur

BAUSPARVERTRAG: www.bausparvertrag.net

CECU: www.cecu.de

DRKLEIN: www.drklein.de

Ettmann, B., Wolff, K., Wurm, G. (2008): Kompaktwissen Bankbetriebslehre, 16. Aufl., Bildungsverlag EINS, Troisdorf

Grill, W., Perczynski, H., Grill, H. (2008): Wirtschaftslehre des Kreditwesens, 42. Aufl., Bildungsverlag EINS, Troisdorf

Hölting, M. (2011): WISO – Immobilienfinanzierung, 4. Aufl. Campus Verlag GmbH, Frankfurt/Main

INTERHYP: www.interhyp.de

Jung, W., Klöckner, B.W. (1997): Der FALKEN Bauherren Ratgeber. Planen. Finanzieren. Bauen., Falken Verlag, Niedernhausen/Ts

Noosten, D. (2013): Ratgeber Baufinanzierung, Noosten Verlag, Detmold

Schulze, E., Stein, A. (2014): Immobilien- und Baufinanzierung. Freiburg: Haufe Verlag

Siepe, W. (2011): Immobilienfinanzierung: Die richtige Strategie; 2. Aufl., Stiftung Warentest Verlag, Berlin

Stiftung Warentest (Hrsg.) (2000): Bauen und Kaufen. Ullstein Taschenbuchverlag, München

Zantow, R., Dinauer, J. (2011): Finanzwirtschaft des Unternehmens – Die Grundlagen des modernen Finanzmanagements. München: Pearson Studium

3 Die Sparphase bis zum Immobilienerwerb

3.1 Der Bausparvertrag

Der Bausparvertrag ist ein klassisches Instrument zur privaten Immobilienfinanzierung und wird zwischen dem Bausparer und der Bausparkasse geschlossen. Bausparverträge können eingesetzt werden für:

- den Erwerb von unbebauten Grundstücken,
- den Bau oder Erwerb von Wohnimmobilien,
- für Sanierungs- oder Instandhaltungsmaßnahmen von Wohnimmobilien.

Die Bausparkassen unterliegen dem Gesetz über Bausparkassen (BauSparkG). Das Gesetz beschreibt die Tätigkeit der Bausparkassen folgendermaßen (§ 1 BauSparkG):

> Bausparkassen sind Kreditinstitute, deren Geschäftsbetrieb darauf gerichtet ist, Einlagen von Bausparern (Bauspareinlagen) entgegenzunehmen und aus den angesammelten Beträgen den Bausparern für wohnungswirtschaftliche Maßnahmen Gelddarlehen (Bauspardarlehen) zu gewähren (Bauspargeschäft). Das Bauspargeschäft darf nur von Bausparkassen betrieben werden.

Es gibt öffentlich-rechtliche und private Bausparkassen. Zurzeit konkurrieren 23 dieser Institute im Bundesgebiet, darunter 10 öffentlich-rechtliche und 13 private.

3.1.1 Drei Phasen

Die Bauspardarlehen werden sowohl aus den Sparleistungen der bestehenden Bausparverträge als auch aus den Tilgungszahlungen der bestehenden Darlehensverträge finanziert.

D. Noosten, *Die private Bau- und Immobilienfinanzierung*, DOI 10.1007/978-3-658-09986-2_3

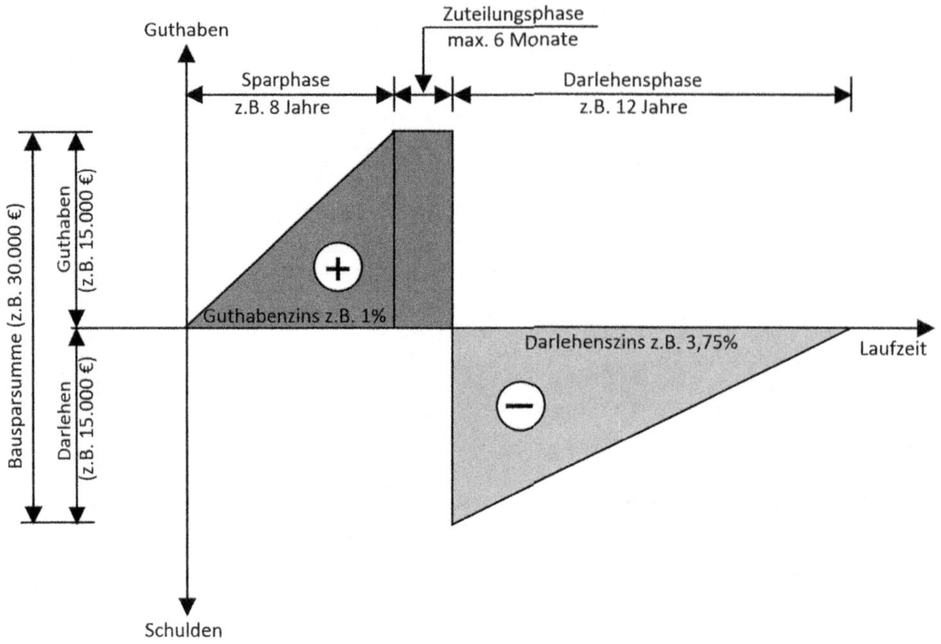

Abb. 3.1 Phasen eines Bausparvertrages. (In Anlehnung an: Noosten/Fries: Gesamtleitung von Bauten, vdf Hochschulverlag, Zürich 2011)

Auch wenn sich die von den Bausparkassen angebotenen Tarife in verschiedenen Merkmalen unterscheiden, vollzieht sich das Bausparen grundsätzlich in drei Phasen (Abb. 3.1):

- Sparphase,
- Zuteilungsphase,
- Darlehensphase.

Sparphase
Nach Abschluss eines Bausparvertrages bespart der Bausparer mit regelmäßigen Beiträgen den Bausparvertrag. Allerdings besteht kein Sparzwang, d. h. der Bausparer kann die Sparleistung reduzieren oder einstellen. Die Sparphase kann durch Sonderzahlungen verkürzt werden, jedoch wird dies durch die Mindestsparzeit limitiert.

Der Guthabenzinssatz bei Bausparverträgen ist im Vergleich zu der marktüblichen Verzinsung im Regelfall niedriger, kann jedoch in Niedrigzinsphasen in manchen Tarifgruppen auch höher sein.

Ist die Mindestansparsumme erreicht, sollte der Bausparer den Vertrag nicht weiter besparen, weil dies zu einer Reduzierung des Darlehensbetrages führt. Der Darlehensbetrag errechnet sich nämlich aus der Differenz zwischen der verabredeten Gesamt-Bausparsumme und dem angesparten Guthaben (siehe Abb. 3.2).

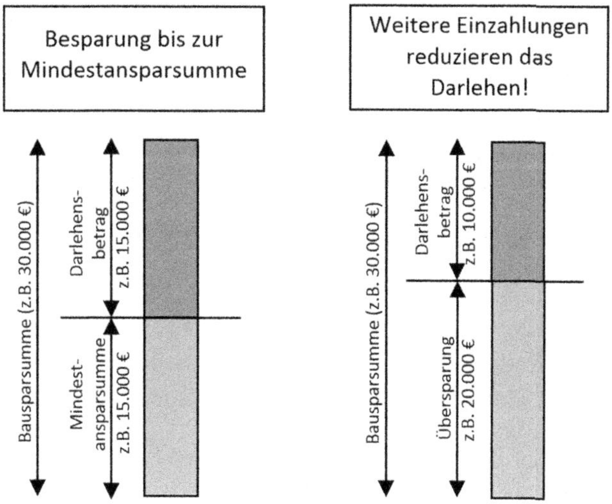

Abb. 3.2 Bedeutung der Mindestansparsumme

Zuteilungsphase

Nach der Sparphase befindet sich der Bausparvertrag in der *Zuteilungsphase*. Die Zuteilungsphase ist notwendig, weil es den Bausparkassen gesetzlich untersagt ist, den genauen Termin der Zuteilung vorab festzulegen (§ 4, Abs. 5 BauSparkG).

Die Dauer der Zuteilungsphase hängt vor allem davon ab, wie lange ein Bausparer sein Geld der Bausparkasse, d. h. den anderen Bausparern, zur Verfügung gestellt hat. Die Bausparkassen ermitteln dazu periodisch die sogenannte Bewertungszahl jedes einzelnen Bausparvertrages. Diese Bewertung erfolgt nach dem sogenannten „Zeit-mal-Geld-System": Die Bewertungszahl ist umso größer, je mehr Geld und je länger das Geld auf dem Bausparkonto liegt. Sobald die Bewertungszahl des Bausparvertrages die Zielbewertungszahl erreicht hat, ist der Vertrag „zuteilungsreif".

Die Zuteilungsperiode beginnt in der Regel 1 bis 3 Monate nach dem letzten Stichtag und kann bis zu 6 Monate dauern. Im unglücklichsten Fall muss man also mehrere Monate warten, bis das Darlehen abrufbar ist.

Darlehensphase

Nach der erfolgten Zuteilung beginnt die letzte Phase eines Bausparvertrages, die *Darlehensphase*. Am Anfang dieser Phase erhält der Bausparer das Bausparguthaben, etwaige staatliche Zulagen und das zinsgünstige Darlehen. Wird kein Darlehen in Anspruch genommen, erfolgt die Gutschrift der staatlichen Zulagen auf das Bausparkonto nach Ablauf einer gesetzlichen Sperrfrist von 7 Jahren.

Der Zinssatz ist für die gesamte Darlehenslaufzeit festgeschrieben. Der niedrige Sollzinssatz des Bauspardarlehens verhindert zwar eine hohe Zinsbelastung, jedoch ist die monatliche Belastung im Vergleich zum Annuitätendarlehen (siehe Abschn. 5.1) vergleichsweise hoch, da die Tilgungsleistung bei einem Bauspardarlehen sehr hoch ist. Dies können beispielsweise monatlich 0,6 % der Bausparsumme sein. Andererseits hat dies den Vorteil der schnellen Entschuldung des Bausparers.

3.1.2 Regelungen in Bausparverträgen

Beim Abschluss eines Bausparvertrages werden folgende Vertragsbedingungen festgelegt:

- Bausparsumme,
- Abschlussgebühr (in der Regel 1 % der Bausparsumme),
- monatlicher Regelsparbetrag (in der Regel 0,4–0,5 % der Bausparsumme)
  Der Regelsparbetrag ist der Betrag, den der Bausparer monatlich auf das Bausparkonto einzahlt.
- Mindestansparbetrag (in der Regel 40–50 % der Bausparsumme)
  Der Mindestansparbetrag gibt an, welches Bausparguthaben der Kunde mindestens erreichen muss. Die Höhe des späteren Darlehens ergibt sich aus der Differenz zwischen der Bausparsumme und dem Mindestansparbetrag.
- Mindestsparzeit (in der Regel 18–80 Monate; unterscheidet sich je nach Bausparkasse und Tarif),
- Verzinsung des Guthabens und des Darlehens,
- zukünftige monatliche Tilgungsleistung (Verzinsung und Tilgung).

Die Bausparsumme ist dabei die wichtigste Kenngröße. Daraus lassen sich die Abschlussgebühr, der Regelsparbetrag, der Mindestansparbetrag, die zukünftige Tilgungsrate, die ungefähre Ansparzeit sowie einige andere Werte ableiten.

In dem folgenden Beispiel wird gezeigt, wie ein Kreditnehmer die wichtigsten Werte selbst errechnen kann.

Beispiel

Die Bausparsumme des Bausparvertrages beträgt 50.000,– €. Die minimale Ansparsumme liegt bei 40 %, der monatliche Regelsparbetrag ist mit 0,4 % Prozent angegeben. Laut den Vertragsdaten beträgt die Abschlussgebühr 1 % und die Tilgungsleistung (monatlich) 0,6 % der Bausparsumme.

Aus diesen Vorgaben resultieren folgende Werte:

- Abschlussgebühr G

$$G = \text{Bausparsumme} \times 1\,\% = 50.000\,€ \times 0{,}01 = 500\,€$$

- Mindestansparbetrag A_{min}

$$A_{min} = \text{Bausparsumme} \times 40\,\% = 50.000\,€ \times 0{,}4 = 20.000\,€$$

- maximaler Darlehensbetrag D_{max}

$$\begin{aligned} D_{max} &= \text{Bausparsumme} - \text{Mindestansparbetrag} \\ &= 50.000\,€ - 20.000\,€ = 30.000\,€ \end{aligned}$$

- monatlicher Regelsparbetrag S_{reg}

$$S_{reg} = \text{Bausparsumme} \times 0{,}4\,\% = 50.000\,€ \times 0{,}004 = 200\,€$$

- Dauer der Ansparzeit T_a

$$\begin{aligned} T_a &= \text{minimale Ansparsumme/monatlicher Regelsparbetrag} \\ &= A_{min}/S_{reg} = 20.000\,€/200\,€/\text{Monat} = 100\ \text{Monate} \end{aligned}$$

  Diese Berechnung setzt voraus, dass der Bausparvertrag kontinuierlich mit dem Regelsparbetrag bespart wird. Außerdem ist das Ergebnis nicht exakt, weil die Guthabenverzinsung unberücksichtigt bleibt. Die tatsächliche Dauer (in Monaten) ist kleiner, da die Zinserträge das Guthaben auf dem Bausparkonto erhöhen.
- zukünftige Tilgungsleistung (Verzinsung und Tilgung)

$$R_{mon} = \text{Bausparsumme} \times 0{,}6\,\% = 50.000\,€ \times 0{,}006 = 300\,€/\text{Monat}$$

3.1.3 Staatliche Förderung

Zu den selbst angesparten Beiträgen erhält der Bausparer, unter Einhaltung bestimmter Kriterien, staatliche Prämien und Zulagen. Die Voraussetzungen können den nachfolgenden Tab. 3.1 und 3.2 entnommen werden. Aktuelle Änderungen können auch im Internet auf folgenden Seiten eingesehen werden:

- www.lbs.de,
- www.schwaebisch-hall.de.

Darüber hinaus kann ein Bausparvertrag, unabhängig von der persönlichen Einkommenssituation, durch den Arbeitgeber mit sogenannten vermögenswirksamen Leistungen (VL) gefördert werden. Die VL-Zahlung des Arbeitgebers kann je nach Branche unterschiedlich sein und bis zu 40 € monatlich betragen. Details sind dem Tarifvertrag zu entnehmen oder an der Arbeitsstelle zu erfragen.

3.1.4 Bausparvertrag oder Banksparplan mit anschließendem Darlehen?

Ob ein Bausparvertrag insgesamt günstiger oder teurer ist als ein Banksparplan mit anschließendem Bankdarlehen, hängt von den Soll- und Habenzinssätzen ab, die die Institute

Tab. 3.1 Staatliche Zulagen und Prämien zu einem Bausparvertrag. (In Anlehnung an Finanztest 12/2011, S. 34)

	Arbeitnehmersparzulage			Wohnungsbauprämie	
	Alleinstehende	Ehepaare		Alleinstehende	Ehepaare
		einer berufstätig	beide berufstätig		
Maximal zu versteuerndes Jahreseinkommen	17.900,00 €	35.800,00 €	35.800,00 €	25.600,00 €	51.200,00 €
Maximal geförderte Sparleistung pro Jahr	470,00 €	470,00 €	940,00 €	512,00 €	1.024,00 €
Fördersatz	9,00 %			8,80 %	
Höchstförderung pro Jahr	43,00 €	43,00 €	86,00 €	45,06 €	90,11 €
Zweckbindung	Vor Ablauf von 7 Jahren darf das Geld nur für wohnungswirtschaftliche Zwecke verwendet werden			Guthaben ist nur für wohnungswirtschaftliche Zwecke zu verwenden (Ausnahme: Sparer ist beim Vertragsabschluss unter 25)	
Auszahlung der Förderung	Nach 7 Jahren oder bei Zuteilung			Nach Nachweis der wohnungswirtschaftlichen Verwendung	
Adressat des Antrags:	Finanzamt (Im Rahmen der Einkommensteuererklärung, Anlage N)			Bausparkasse (Bausparer erhält jährlich einen vorbereiteten Antrag von der Bausparkasse)	

während der Sparphase bieten und während der Darlehensphase verlangen. Eine hohe Guthabenverzinsung eines Banksparplanes mit anschließendem (teureren) Bankdarlehen kann sinnvoller sein als eine niedrige Bausparverzinsung mit anschließendem (günstigeren) Bauspardarlehen. Da der Habenzinssatz für das Bausparguthaben und den Banksparplan sowie der Sollzinssatz für das Bauspardarlehen mit Abschluss der Verträge feststeht, kann man sich überlegen, auf welchen Sollzinssatz das Bankdarlehen steigen darf, damit es trotzdem noch vorteilhaft ist.

Tab. 3.2 Bruttoarbeitslohn zur Gewährung der Wohnungsbauprämie in Abhängigkeit von Familienstand und Kinderzahl. (In Anlehnung an Schwäbisch Hall, 2012)

	Bruttoarbeitslohn 2012 in €	
Familienstand und Zahl der Kinder	Unter Berücksichtigung der dem Arbeitnehmer zustehenden Pausch- und Freibeträge und unter der Voraussetzung, dass keine anderen Einkünfte vorliegen	
	Personenkreis A*	**Personenkreis B***
Alleinstehende ohne Kinder	30.901	28.536
Alleinstehende mit Kindern		
1) Elternteil, dem die Kinder zugeordnet werden, der andere Elternteil leistet Unterhalt.		
1 Kind	36.378	33.348
2 Kinder	40.431	36.852
3 Kinder	44.485	40.356
2) Elternteil, dem die Kinder nicht zugeordnet werden, der aber Unterhalt leistet.		
1 Kind	34.856	32.040
2 Kinder	38.918	35.544
3 Kinder	42.972	39.048
Zusammenveranlagte Ehegatten (ein Arbeitnehmer)		
a) ohne Kinder	59.234	55.272
b) mit 1 Kind	66.468	62.280
c) mit 2 Kindern	73.510	69.288
d) mit 3 Kindern	80.518	76.296
Zusammenveranlagte Ehegatten (zwei Arbeitnehmer)		
a) ohne Kinder	61.802	57.072
b) mit 1 Kind	69.729	64.080
c) mit 2 Kindern	77.836	71.088
d) mit 3 Kindern	85.943	78.096

Unter den Personenkreis A fallen rentenversicherungspflichtige Arbeitnehmer. Unter den Personenkreis B nicht rentenversicherungspflichtige Arbeitnehmer, z. B. Beamte, Richter, Berufssoldaten mit eigenen Aufwendungen zur Kranken- und Pflegeversicherung von 1.900,– €/3.800,– € pro Jahr (bei alleinverdienenden Ehegatten 3.000,– €)

Zur Erleichterung des Entscheidungsprozesses hat die Stiftung Warentest eine Tabellenkalkulations-Software entwickelt und auf ihrer Internetseite zur Verfügung gestellt (www.test.de). Diese Kalkulations-Vorlage erlaubt es, unter Angabe der von den Kreditinstituten angebotenen und der für die Zukunft geschätzten Konditionen, den sogenannten Grenzzinssatz zu berechnen. Der berechnete Grenzzinssatz zeigt, ab welchem Effektivzins (für das Bankdarlehen) der Bausparvertrag gegenüber dem Banksparplan noch vorteilhaft ist.

Beispiel

Ein Grenzzinssatz von 6 % bedeutet: Ist der Zinssatz für ein Bankdarlehen zum geplanten Zeitpunkt der Kreditaufnahme höher als 6 %, ist der Bausparvertrag gegenüber dem Bankdarlehen vorteilhaft; ist er niedriger, ist das Bankdarlehen gegenüber dem Bausparvertrag von Vorteil.

Außerdem lässt sich die Vorlage dafür benutzen, die Angebote unterschiedlicher Bausparkassen miteinander zu vergleichen – vorausgesetzt, die Zinssätze des Banksparplans und des Bankdarlehens werden nicht verändert (sie werden als Referenzwerte für den Vergleich benötigt). Der dabei berechnete Grenzzinssatz dient als Orientierung. Je kleiner der errechnete Wert, desto günstiger ist das Angebot.

3.1.5 Vorhandene Bausparverträge in Finanzierung einbinden

Nicht selten kommt es vor, dass eine passende Immobilie gefunden wurde, jedoch der seit Jahren besparte Bausparvertrag nicht zuteilungsreif ist, weil die Mindestansparsumme oder die Bewertungszahl noch nicht ausreicht. Für solche bestehenden Verträge gibt es drei Möglichkeiten, um sie in die Finanzierung mit einzubinden:

1. Die Kündigung
   Das Guthaben steht nach Ablauf der Kündigungsfrist zur Verfügung. In der Regel beträgt die Kündigungsfrist bei Bausparverträgen 6 Monate. Dabei verzichtet der Bausparer auf das meist zinsgünstige Darlehen und, wenn der Vertrag noch keine 7 Jahre bespart wurde, auf die Prämien vom Staat. Das Guthaben wäre während der zurückliegenden Sparphase nur unrentabel angelegt gewesen. Diese Option sollte nur in Erwägung gezogen werden, falls das aktuelle Zinsniveau unter dem im Bausparvertrag zugesicherten Zinssatz liegt.
2. Die Aufstockung des Guthabens
   Die Mindestsparzeit wurde bereits überschritten, aber das Mindestsparguthaben noch nicht erfüllt. Es kann aber durch eine Sonderzahlung in Höhe des Fehlbetrages erreicht werden, um eine schnellere Zuteilung herbeizuführen. Dabei ist eine kompetente Beratung seitens der Bausparkasse unerlässlich. In manchen Fällen kann es sogar sinnvoll sein, den Bausparvertrag in einem bestimmten Maße zu übersparen. Dies vermindert zwar den Darlehensbetrag, verkürzt aber die Wartezeit auf das zinsgünstige Darlehen. Außerdem kann es vorkommen, dass die Zielbewertungszahl erreicht wurde, aber das Guthaben auf dem Bausparkonto das Mindestsparguthaben noch nicht erreicht hat. Diese Situation kann entstehen, wenn die Einzahlungen während der Sparphase eingestellt wurden und sich das Guthaben für eine längere Zeit auf dem Sparkonto befindet („Zeit-mal-Geld-System"). Eine Zahlung des Fehlbetrages stellt dann die Zuteilung des Darlehens zum nächsten Bewertungsstichtag sicher.
3. Die Aufteilung der Bausparsumme
   Steht nur wenig Eigenkapital zur Verfügung, sodass keine Sonderzahlung geleistet werden kann, kann der Bausparer die Bausparsumme herabsetzen oder den Bauspar-

vertrag aufteilen. Durch das Teilen des Bausparvertrages entstehen zwei neue, kleinere Bausparverträge. Die Verteilung der Bausparsumme des alten Vertrages auf die beiden neuen Verträge sollte so gestaltet werden, dass das bereits vorhandene Guthaben die Mindestbausparsumme von einem der neuen Bausparverträge darstellt. Damit verringert sich die Wartezeit bis zur Zuteilung, da die Zielbewertungszahl sich entsprechend verringert. Im günstigsten Fall ist die Zielbewertungszahl aber bereits erreicht. Der Vorteil hierbei ist, dass bei Bedarf der zweite Vertrag weiter bespart werden kann, ohne dass dafür erneut eine Abschlussgebühr fällig wird.

Bei einigen Tarifen besteht außerdem die Möglichkeit, über die Höhe der zukünftigen Tilgungsleistung die Bewertungszahl zu beeinflussen. Das bedeutet, dass die Zuteilung beschleunigt werden kann, wenn in der Darlehensphase eine höhere Tilgung in Kauf genommen wird. Dabei sollte beachtet werden, dass die ohnehin schon hohe Tilgungsleistung von Bauspardarlehen dann noch weiter steigt.

Bei allen genannten Optionen muss ggf. auf einen Zwischenkredit der Bausparkasse oder eines anderen Kreditinstituts zurückgegriffen werden.

- Wird der Zwischenkredit über die Bausparkasse abgewickelt, sollte der Bausparer darauf bestehen, dass die Zinsvereinbarung bis zum tatsächlichen Zeitpunkt der Zuteilung gesichert ist.
- Sollte ein anderes Kreditinstitut die Zwischenfinanzierung übernehmen, so sollte zusätzlich vereinbart werden, dass nach Ablösung des Kredits keine Kosten für die Übertragung der Sicherheiten auf die Bausparkasse entstehen.

3.2 Die Lebensversicherung

Auch Lebensversicherungen können bei der Finanzierung einer Immobilie eine wichtige Rolle spielen. Abgeschlossen werden können Risiko- und Kapital-Lebensversicherungen. Beide unterscheiden sich in einem wesentlichen Punkt:

- Risiko-Lebensversicherung
  Die Risiko-Lebensversicherung zahlt die Versicherungssumme im Todesfall der versicherten Person an die Hinterbliebenen bzw. den Begünstigten. Risiko-Lebensversicherungen sind relativ preisgünstig und sollten im Rahmen der Immobilienfinanzierung immer dann abgeschlossen werden, wenn Angehörige abgesichert werden sollen. Darüber hinaus kann der Kreditgeber zur Absicherung seiner Forderungen auf dem Abschluss einer Risiko-Lebensversicherung für den Kreditnehmer bestehen.
- Kapital-Lebensversicherung
  Eine Kapital-Lebensversicherung wird auch kapitalbildende Lebensversicherung genannt. Sie beinhaltet einerseits die Risiko-Lebensversicherung und andererseits einen

Sparvorgang. Deshalb sind die Beiträge für diese Versicherung deutlich höher. Allerdings zahlt die Kapital-Lebensversicherung nicht nur im Todesfall, sondern auch im sogenannten Erlebensfall. Erlebt nämlich der Versicherungsnehmer das Ende der Versicherungszeit, zahlt der Versicherer die Versicherungssumme an den Versicherten aus. Das in der Versicherung angesparte Kapital wird vom Versicherer verzinst. Darüber hinaus erhält der Versicherungsnehmer eine Überschussbeteiligung und ggf. eine Schlussüberschussbeteiligung. Häufig werden Kapital-Lebensversicherungen auf das Endalter von 67 Jahren abgeschlossen, damit die Versicherungssumme mit Eintritt in den Ruhestand für die Altersvorsorge zur Verfügung steht.

Kapital-Lebensversicherung einbinden

Angesichts der seit Jahren andauernden Finanzkrise und der niedrigen Zinsen ist momentan von den Lebensversicherungen keine nennenswerte Verzinsung zu erwarten, da auch diese ihr Geld am Kapitalmarkt anlegen. Erst vor kurzem abgeschlossene Verträge sollten deswegen beitragsfrei gestellt oder gekündigt werden. Die gesparten Versicherungsbeiträge können besser direkt zur Tilgung eines Immobilienkredites genutzt werden. Der im Fall der Kündigung ausgezahlte Rückkaufswert kann als Eigenkapital eingesetzt werden.

Auch das Einbinden alter Policen, die in wenigen Jahren ablaufen, kann durchaus sinnvoll sein. Das liegt an der bereits erwähnten Schlussüberschussbeteiligung, die der Versicherungsnehmer im Falle einer Kündigung verliert. Die Laufzeit des tilgungsfreien Darlehens sollte der Restlaufzeit der Versicherungspolice entsprechen (siehe auch Abschn. 6.3).

3.3 Riester-Förderung

In diesem Kapitel wird gezeigt, wie Riesterprodukte in eine Baufinanzierung eingebunden werden können. Dabei ist zu beachten, dass nicht nur das bekannte „Wohn-Riester" dafür genutzt werden kann, sondern unter bestimmten Voraussetzungen auch andere Riester-Verträge. Abbildung 3.3 zeigt, welche Arten von Riester-Produkten existieren.

Eine Unterteilung in Wohn-Riester und Geld-Riester ist seit diverser Gesetzesänderungen nicht mehr notwendig, da Geld-Riester ebenso zur Immobilienfinanzierung genutzt werden kann wie Wohn-Riester. Trotzdem wird diese Unterscheidung noch gerne genutzt und deshalb auch an dieser Stelle verwendet. Die Gründe für die Gleichstellung von Wohn- und Geld-Riester werden im Folgenden erläutert.

3.3.1 Grundlagen Riester-Förderung

Die Riester-Rente ist eine durch Sonderabzugsmöglichkeiten und staatliche Zulagen geförderte Möglichkeit der privaten Rente in Deutschland. Die Riesterförderung wurde im

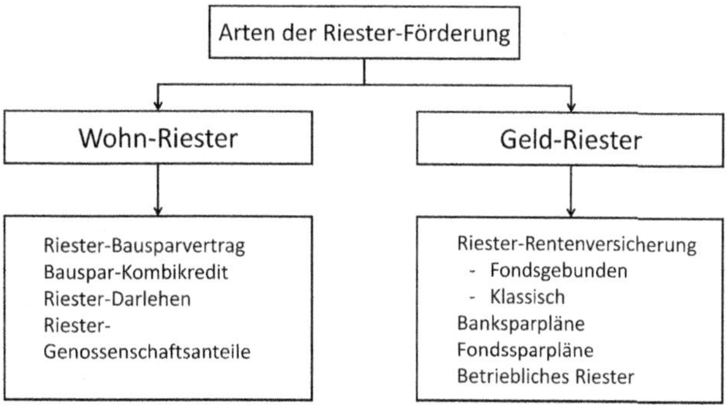

Abb. 3.3 Arten von Riester-Produkten

Jahr 2001 (im Zuge der Rentenreform) eingeführt und seit dem immer weiter entwickelt. Als Sparformen kommen Banksparpläne, die klassische oder fondsgebundene private Rentenversicherung, Fondssparpläne, die betriebliche Altersvorsorge oder Wohn-Riester in Frage. Voraussetzung, um Riester-Förderung zu erhalten, ist die unbeschränkte Steuerpflicht in der Bundesrepublik Deutschland **und** die Zugehörigkeit zum Kreis der unmittelbar begünstigten Personen (siehe Tab. 3.3). Ehepartner, die nicht in der Rentenversicherung pflichtversichert sind, können die Zulagen ebenfalls erhalten, wenn sie unbeschränkt steuerpflichtig sind und nicht vom Partner dauerhaft getrennt leben. Die Förderfähigkeit ist unabhängig von der Staatsangehörigkeit.

Folgende Fälle werden im Zusammenhang mit einem Immobilienerwerb gefördert:

- der Erwerb oder der Bau von Immobilien (auch: Eigentumswohnungen), die ausschließlich zu eigenen Wohnzwecken genutzt werden und den Lebensmittelpunkt des Eigentümers darstellen,
- der Erwerb von Anteilen an Wohnungsbaugenossenschaften.

Tab. 3.3 Kreis der unmittelbar begünstigten Personen. (LBS Leitfaden 2013 & § 10a, EstG)

Arbeitnehmer mit versicherungspflichtigem Arbeitsverhältnis
Beamte und Angestellte im öffentlichen Dienst
Auszubildende
Soldaten
Landwirte (rentenversicherungspflichtig)
Eltern in der Kindererziehungszeit (3 Jahre je Kind)
Geringfügig Beschäftigte, die auf Rentenversicherungsfreiheit verzichtet haben
Handwerker in Handwerksrolle (bei Rentenversicherungspflicht)
Künstler, Journalisten, Publizisten in Künstlersozialkasse
Personen die eine Rente wg. vollständiger Erwerbsunfähigkeit beziehen

Abb. 3.4 Zulagen Riester

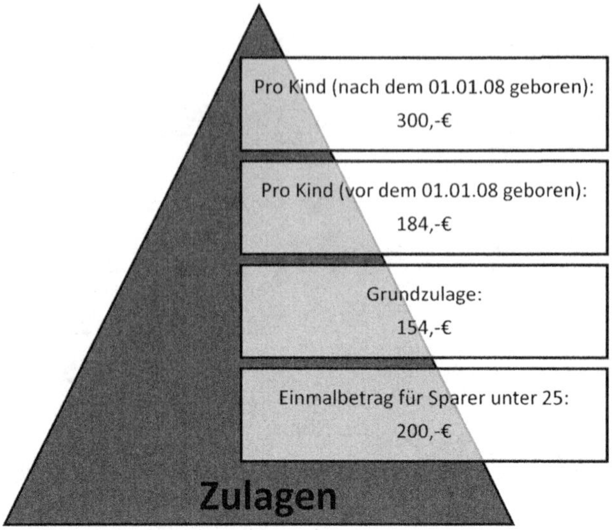

Von der Förderung ausgeschlossen sind:

- Ferienhäuser,
- ausschließlich vermietete Immobilien.

Modernisierungs- bzw. Energiesparmaßnahmen waren bis 2014 nicht förderfähig, seit der Verabschiedung des Altersvorsorge-Verbesserungsgesetzes können jedoch auch bestimmte alters- und behindertengerechte Umbauten und Modernisierungen finanziert werden.

Zusammengefasst müssen also folgende Merkmale erfüllt sein, um Riester bei der Immobilienfinanzierung einzusetzen:

- unbeschränkte Steuerpflicht in Deutschland,
- Zugehörigkeit zum Kreis der geförderten Personen und
- förderfähiger Zweck.

Wichtig ist, dass das Darlehen spätestens mit Vollendung des 68. Lebensjahres getilgt wird.

Die Höhe der Zulage beträgt 154,– € für jede förderfähige Person. Darüber hinaus erhalten Eltern für jedes Kind, für das Anspruch auf Kindergeld besteht, 185,– € (für Kinder, die vor dem 01.01.08 geboren wurden) bzw. 300,– € (für Kinder die seit dem 01.01.08 geboren wurden). Außerdem erhalten alle Riester-Sparer unter 25. Jahren einen Einmalbetrag von 200,– € (Abb. 3.4).

Die volle Höhe der Zulagen wird unter der Voraussetzung gewährt, dass mindestens 4 % des Vorjahres-Bruttoeinkommens inkl. Zulage in den förderfähigen Vertrag einfließen (max. 2100,– € pro Person; die Kinder können nur bei einem Elternteil berücksichtigt werden). Wird ein kleinerer Betrag eingezahlt, verringert sich die Höhe der Zulage entsprechend. Deswegen empfiehlt es sich bei jedweder Änderung von Gehaltsbezügen, die optimale Sparrate neu zu errechnen oder ggfs. einen Termin beim Bankberater zu vereinbaren.

Beispiel

Das Vorjahres-Bruttoeinkommen des kinderlosen Herrn Marx betrug 48.000,–€. Um die volle Zulage zu erhalten müssen seinem Vertrag mindestens $\frac{48.000,-\text{€} \times 4}{100} =$ 1920,– € zufließen. Da er eine Zulage in Höhe von 154,– € bekommt, beträgt sein Eigenanteil 1766,– €.

Außerdem können die Sparbeiträge bis zu einer Höhe von max. 2100,– € (inklusive Zulagen) pro Person als Sonderausgaben bei der Einkommenssteuererklärung geltend gemacht werden. Das Finanzamt prüft in diesem Fall eigenständig, ob die Gutschrift der Zulagen oder der Ansatz als Sonderausgaben sinnvoller ist.

Beispiel

Dem Riester-Vertrag von Herrn Marx sind 1920,– € (= 154,– € + 1766,– €) zugeführt worden. Diesen Betrag macht er im Rahmen seiner Steuererklärung als Sonderausgaben geltend. Bei einem persönlichen Steuersatz von etwa 42 % führt dies zu einer Steuerersparnis von ca. 800,– €. Dieser Betrag wird aufgeteilt: 154,– € gehen als Zulage auf den Riester-Vertrag, der Rest wird im Rahmen des Einkommenssteuerbescheides erstattet bzw. mit der zu zahlenden Einkommenssteuer verrechnet.

Diese steuerbegünstigten Beiträge und Zulagen müssen nach dem Erreichen des Rentenalters (frühestens mit Vollendung des 60. Lebensjahres bzw. für nach dem 01.01.2012 abgeschlossene Verträge mit Vollendung des 62. Lebensjahres) im Verfahren der nachgelagerten Besteuerung versteuert werden.

Die folgende Grafik verdeutlicht, wann Riester-Verträge für den Immobilienerwerb nützlich sind (Abb. 3.5).

Hierbei ist folgendes zu bedenken: Personen, die ein derartig geringes Einkommensniveau haben, dass sie im Alter auf die Grundsicherung angewiesen sein werden, sollten die Inanspruchnahme der Riesterförderung gut überlegen. Die Zahlungen der Riesterrente (im Rentenalter) werden in diesen Fällen als Einkommen angerechnet und somit wird nur der Differenzbetrag zur Grundsicherung gezahlt.

3.3.2 Wohn-Riester

Seit der Verabschiedung des Eigenheimrentengesetzes im Jahre 2008 gibt es die sogenannte Wohn-Riester-Förderung als staatliche Unterstützung beim Bau oder Erwerb einer selbstgenutzten Immobilie.

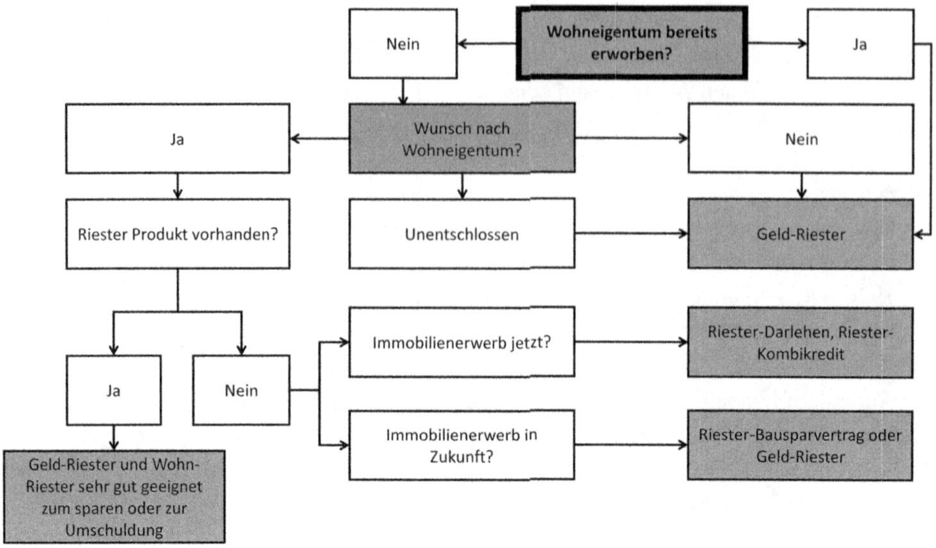

Abb. 3.5 Flow-Chart Riesternutzung

Zusätzlich zu den bereits zertifizierten Riesterprodukten wie Riester-Sparverträgen oder Riesterrenten können seit den Änderungen im Jahr 2008 auch Tilgungsleistungen auf Darlehen gefördert werden. Das bedeutet, dass sowohl die Tilgungsleistungen für den normalen Darlehensvertrag als auch Vorausdarlehen und Kombinationen aus Spar- und Darlehensvertrag durch die Riester-Zulagen gefördert werden können. Hierbei ist zu beachten, dass die Sparverträge zertifiziert (gem. AltZertG) sein müssen und bereits vertraglich vereinbart wurde, dass diese für die Ablösung des Darlehens eingesetzt werden. Auch Darlehensverträge müssen zertifiziert sein und spätestens mit Ablauf des 68. Lebensjahres getilgt sein. Mögliche Ausgestaltungen des Wohn-Riesters sind der Bauspar-Kombikredit, Riester-Bausparen, Riester-Darlehensverträge und Riester-Genossenschaftsverträge. In der Regel werden die Riester-Bausparverträge auch „Wohn-Riester" genannt und sind die gängigste Ausgestaltung.

Die Bausparkassen bieten hier zertifizierte Tarife an, die das Einbinden der Wohn-Riester-Förderung in die Finanzierung ermöglichen. Zur Wahl stehen, wie bei den ungeförderten Tarifen, klassische Bausparverträge sowie Kombikredite, bestehend aus einem Vorausdarlehen, das später durch ein Bauspardarlehen abgelöst wird (siehe Abschn. 6.2). Auch können Verträge zum Kauf von Genossenschaftsanteilen gefördert werden. Dementsprechend können die Sparbeiträge und Zulagen für folgende Fälle eingesetzt werden:

- Entschuldung einer selbstgenutzten Immobilie,
- Erwerb von Wohnungsgenossenschaftsanteilen,
- Tilgung Baudarlehen und
- Erwerb von Dauerwohnrechten.

Bei staatlich geförderten Kombikrediten sind die Bausparkassen gesetzlich verpflichtet, den Gesamteffektivzins des Angebotes anzugeben. Diese Angabe erleichtert den Vergleich verschiedener Angebote.

Das Zinsniveau ist bei dieser Finanzierungsform genauso entscheidend wie bei der Kombination der Förderung mit einem Bankdarlehen.

Die Grundlagen zur Riester-Förderung gelten auch hier, jedoch gibt es einige Besonderheiten:

Damit die Finanzämter die Steuerberechnung durchführen können, wird dort für jeden Wohn-Riester-Vertrag ein Wohnförderkonto geführt, in dem das geförderte entnommene Kapital, die geförderten Tilgungsleistungen und die Zulagen fiktiv gebucht werden. Das Konto wird jedes Jahr mit 2 % verzinst. Der auf dem Wohnförderkonto gesammelte Betrag kann auf zwei Arten versteuert werden (Abb. 3.6):

1. Der Betrag wird in gleichen Raten bis zum 85. Lebensjahr versteuert. Verstirbt der Eigentümer, bevor die Steuerschuld beglichen ist, wird der Restbetrag aus der Erbmasse beglichen.
2. Die Steuerschuld wird in einem Einmalbetrag beglichen. Dabei gewährt der Fiskus einen Abschlag von 30 %.

Die nachgelagerte Besteuerung hat den Vorteil, dass das Einkommen im Rentenalter in aller Regel nicht mehr so hoch ist und der entsprechende Steuersatz kleiner ausfällt. Die Entscheidung für eine der beiden Besteuerungsarten muss jedoch nicht direkt getroffen werden. Das Angebot zur reduzierten Einmalbesteuerung kann noch während der gesamten Auszahlungsphase in Anspruch genommen werden. Die einmalige Besteuerung birgt jedoch auch einen Nachteil: Es existiert eine 20-jährige Haltefrist in der das Eigentum selbst genutzt werden muss.

In speziellen Fällen (Verkauf der Immobilie, Tod des Besitzers, Ende der Selbstnutzung) findet eine schädliche Verwendung statt und der auf dem Wohnförderkonto angesammelte Betrag muss versteuert werden. Dieser schädlichen Verwendung stehen jedoch Ausnahmefälle gegenüber:

Wird die Immobilie verkauft, ist der Gesamtbetrag auf dem Wohnförderkonto sofort zu versteuern, falls das geförderte Kapital nicht innerhalb von 5 Jahren in ein neues Objekt oder innerhalb 1 Jahres in einen Riester-Vertrag investiert wird. Über den Anbieter kann im Falle der Reinvestitionsabsicht ein Antrag gestellt werden, der die sofortige Versteuerung verschiebt. Die Frist wurde vom Staat ab dem 01.01.2014 von 4 auf 5 Jahre verlängert. Somit haben Eigentümer ein Jahr länger Zeit, sich wieder eine selbstgenutzte Immobilie zu suchen. Die Investition in einen neuen Riester-Vertrag muss innerhalb eines Jahres erfolgen. Bei einer Scheidung beziehungsweise einer im Rahmen des Versorgungsausgleichs folgenden Übertragung des Eigentums an einen Ehepartner besteht eine Sonderregelung. Die Eigentumsübertragung ist förderunschädlich und das Wohnförderkonto geht anteilsmäßig auf den Ehegatten über. Wird die Immobilie im Zuge der Scheidung aber verkauft, ist dies förderschädlich. Stirbt ein Ehepartner, muss der Hinter-

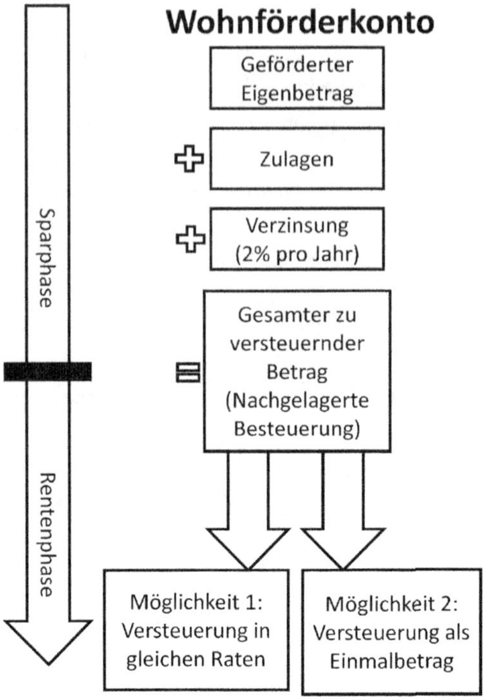

Abb. 3.6 Riester-Versteuerung

bliebene innerhalb eines Jahres Eigentümer werden und das Objekt selbst nutzen, um eine steuerschädliche Verwendung und somit sofortige Besteuerung des Wohnförderkontos zu vermeiden.

Die hier vorgenommene Aufzählung ist nicht abschließend, jeder Fall muss individuell behandelt werden und im Idealfall einem Steuerberater vorgelegt werden.

Muss die Immobilie wegen eines berufsbedingten Umzuges vermietet werden, kann die Versteuerung auch vermieden werden, wenn der Eigentümer die Immobilie spätestens bis zum 67. Lebensjahr wieder bewohnen wird. Vor Abschluss eines mit der Riester-Förderung geförderten Vertrages sollte der Bauherr sich gründlich beraten lassen und erst dann die Entscheidung treffen, ob ein Riester-Vertrag aufgrund der persönlichen Zukunftsplanung (z. B. geplante Selbstständigkeit) infrage kommt.

3.3.3 Geld-Riester-Verträge einbinden

Seit dem Inkrafttreten des Altersvorsorge-Verbesserungsgesetzes 2014 lassen sich beliebige Riester-Verträge in eine Eigenheimfinanzierung einbinden. Dies gilt sowohl für Riester-Rentenversicherungen und Riester-Fondsparpläne als auch für Riester-Banksparpläne. Jetzt ist es möglich, jederzeit das gesamte Kapital, oder alles bis auf einen Restbetrag von 3000,– €, aus einem beliebigen Riester-Vertrag zu entnehmen um damit selbstgenutztes Wohneigentum herzustellen oder zu kaufen. Weiterhin ist es seit 2014 auch möglich, ein bestehendes Baudarlehen mit diesem Kapital zu tilgen. Dies ist unabhängig vom Anschaffungs- bzw. Herstellungszeitpunkt der Immobilie. Die Altverträge werden beitragsfrei gestellt, damit die gesamten Sparbeiträge und die Riester-Förderung zur Tilgung des Darlehens verwendet werden können.

Des Weiteren können Riester-Verträge seit 2014 auch für den Barriere reduzierenden Umbau von selbstgenutzten Immobilien verwendet werden. Damit können Immobilien für das alters- oder behindertengerechte Wohnen umgebaut werden. Als Voraussetzung für die Einbindung der Riester-Verträge muss mindestens die Hälfte des Betrages nach DIN 18040 „Barrierefreies Bauen" genutzt werden. Dies muss von einem Sachverständigen bescheinigt werden. Als zusätzliche Voraussetzung müssen mindestens 6000 € des geförderten Guthabens für den Umbau aufgewendet werden. Bei Immobilien die bereits länger als drei Jahre im Eigentum sind, liegt der Betrag bei 20.000 €. Sobald der Riester-Vertrag eingebunden wird, können keine weiteren Zuschüsse oder Steuererleichterungen in Anspruch genommen werden.

Weiterführende Literatur

BAUSPARVERTRAG: www.bausparvertrag.net

GESETZE-IM-INTERNET: www.gesetze-im-internet.de

Hölting, M. (2011): WISO – Immobilienfinanzierung, 4. Aufl. Campus Verlag GmbH, Frankfurt/Main

Jung, W., Klöckner, B.W. (1997): Der FALKEN Bauherren Ratgeber. Planen. Finanzieren. Bauen., Falken Verlag, Niedernhausen/Ts

KFW BANKENGRUPPE: www.kfw.de

LBS: www.lbs.de

Noosten, D. (2013): Ratgeber Baufinanzierung, Noosten Verlag, Detmold

Schulze, E., Stein, A. (2014): Immobilien- und Baufinanzierung. Freiburg: Haufe Verlag

SCHWÄBISCH HALL (2012): Erläuterungen zum Antrag auf Wohnungsbau-Prämie für das Kalenderjahr 2012

Seuß, H. (2000): Die Eigentumswohnung – Finanzierung, Erwerb, Nutzung, Verwaltung. 2. Aufl., Deutscher Taschenbuch Verlag, München

Siepe, W. (2011): Immobilienfinanzierung: Die richtige Strategie; 2. Aufl., Stiftung Warentest Verlag, Berlin

Stiftung Warentest (Hrsg.) (2000): Bauen und Kaufen. Ullstein Taschenbuchverlag, München

TEST: www.test.de

VERBRAUCHERZENTRALE NORDRHEIN-WESTFALEN: www.vz-nrw.de

WOHN-RIESTER-EIGENHEIMRENTE: www.wohnriester-eigenheimrente.de

Darlehensverträge

4

Sobald ein passendes und finanziell tragbares Objekt gefunden wurde, kann der Kreditnehmer sich auf die Verhandlungen mit der Bank vorbereiten. Um diese Verhandlungen erfolgreich zu gestalten und um ihn dabei ggf. zu unterstützen, müssen grundlegende Fachbegriffe und verschiedene Darlehensformen bekannt sein. In diesem Kapitel werden die wichtigsten Bestandteile von Darlehensverträgen vorgestellt.

4.1 Zahlungsweise

In Darlehensverträgen wird grundsätzlich geregelt, wie der Kreditnehmer seinen Zahlungsverpflichtungen gegenüber der Bank nachzukommen hat, das heißt, wie die Ratenzahlung zu erfolgen hat. Zunächst muss festgelegt werden, ob die Rate (der sogenannte Schuldendienst) monatlich, quartalsweise oder jährlich erfolgen soll. Die monatliche Zahlungsweise ist bei privaten Immobilienkrediten die Regel. Jedoch hatte beispielsweise die KfW-Bankengruppe bis zum Jahr 2012 in ihren Darlehensverträgen eine quartalsweise Zahlungsweise vereinbart. Das ist für Privatpersonen unglücklich, weil das Haushaltseinkommen typischerweise monatlich zufließt und insofern „in Monaten gedacht und gerechnet" wird. Die Altverträge der KfW-Bankengruppe sind weiterhin von der quartalsweisen Zahlungsweise betroffen und können nicht umgestellt werden.

Darüber hinaus muss geregelt werden, ob bei einer monatlichen Zahlungsweise am Anfang oder am Ende des Monats gezahlt werden soll. Wird die Rate jeweils am Anfang des Monats fällig, spricht man von einer vorschüssigen Zahlungsweise. Wird eine Zahlung jeweils für das Ende des Monats vereinbart, spricht man von einer nachschüssigen Zahlungsweise. In privaten Darlehensverträgen wird der Kreditnehmer typischerweise zu einer nachschüssigen Zahlungsweise verpflichtet.

D. Noosten, *Die private Bau- und Immobilienfinanzierung*, DOI 10.1007/978-3-658-09986-2_4

4.2 Verzinsung

4.2.1 Soll- und Effektivzins

Bei der Kreditvergabe werden zwei Arten von Zinsen genannt, der Sollzins (auch Nominalzins genannt) und der Effektivzins:

Der Sollzins gibt an, wie teuer das geliehene Kapital pro Jahr ist. Er wird in Prozent, bezogen auf das geliehene Kapital, angegeben.

Beispiel

Bei einer Kreditsumme von 150.000,– € und einem Sollzinssatz von 5 % pro Jahr schuldet der Kreditnehmer dem Kreditgeber im 1. Jahr Zinsen in Höhe von 7500,– €.

Der Effektivzins ist für Kreditinteressierte aussagekräftiger als der Sollzins, da er darüber hinaus gemäß der Preisangabenverordnung (§ 6 Abs. 3 PAngV)[1] bestimmte Kosten (Auszahlungskurs, Verrechnungstermine der Zins- und Tilgungsleistungen etc.), die ein Kredit verursacht, berücksichtigt. Er muss stets in einem Kreditangebot angegeben werden und ist eine wichtige Kenngröße, mit der sich Kreditangebote vergleichen lassen (siehe Kap. 10).

Beispiel

Für ein tilgungsfreies (endfälliges) Darlehen sind sowohl der Sollzins als auch der Effektivzins angegeben. Dies zeigt, wie teuer ein Kredit im Vergleich zum angegebenen Sollzins sein kann.

Konditionen für ein tilgungsfreies Darlehen:

Nettodarlehensbetrag	26.000,– €,
Sollzins p. a.	5 %,
Bearbeitungsgebühr (einmalig zahlbar)	520 €,
Laufzeit	6 Jahre,
Effektivzins p. a.	5,4 %.

Dabei ist zu beachten, dass einige Kosten, die beim Abschluss eines Kreditvertrages anfallen, nicht im Effektivzins berücksichtigt werden müssen. So verlangen viele Kreditgeber eine besondere Vergütung für noch nicht abgerufene Darlehensbeträge, die sogenannten Bereitstellungszinsen (siehe Abschn. 4.2.3).

4.2.2 Zinsbindung/variabler Zinssatz

Zinsbindung bedeutet die Festschreibung des Zinssatzes für einen bestimmten Zeitraum. Sie bringt dem Kreditnehmer die Sicherheit, dass er – auch wenn das Zinsniveau während

[1] Ein Auszug aus dem Gesetzestext findet sich im Anhang.

Tab. 4.1 Zinssatz (%) für verschiedene Zinsbindungsfristen

	5 Jahre	10 Jahre	15 Jahre
Jahr 2013	1,9	2,5	3,0
Jahr 2010	3,0	3,7	4,1
Jahr 1991	9,8	9,5	–
Jahr 1981	13,8	12,5	–
Kreditsumme 100.000,– € (bis zu 80 % des Beleihungswertes)			

dieses Zeitraums ansteigt – nicht mehr als die vorher vereinbarte Rate (den sogenannten Schuldendienst) zu zahlen hat. Üblicherweise wird die Zinsbindung für die Dauer von 5, 10, 15 oder 20 Jahren vereinbart. Einige Banken bieten sogar eine Zinsbindung für die Gesamtlaufzeit des Kredites an. Auch sind individuelle Zinsbindungsfristen aushandelbar.

In der Regel müssen längere Zinsbindungsfristen mit höheren Sollzinsen erkauft werden (siehe Tab. 4.1 und Abb. 4.1). Für die letzten 20 Jahre ergeben sich durchschnittliche Zinssätze in Höhe von etwa

- 5,7 % bei einer 15-jährigen Zinsbindungsdauer,
- 5,4 % bei einer 10-jährigen Zinsbindungsdauer und
- 4,5 % bei einer 5-jährigen Zinsbindungsdauer.

Aber auch niedrigere Zinsen bei längeren Laufzeiten sind nicht ausgeschlossen: Diese inverse Zinsstruktur zeigte sich zum Beispiel in den Jahren 1981 und 1991.

Bei einem Darlehen mit einem variablen Zinssatz gibt es keine Zinsbindungsfrist, da der Zinssatz in regelmäßigen Abständen (meist vierteljährlich) an einen zugrunde lie-

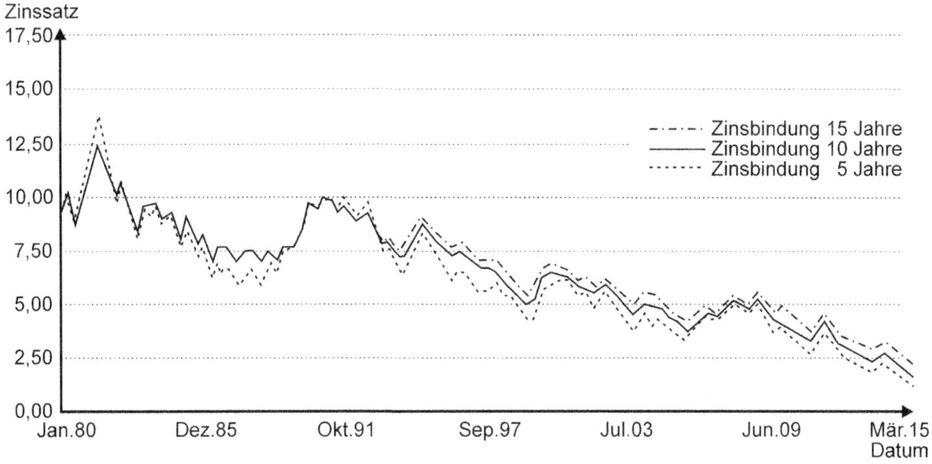

Abb. 4.1 Zinsentwicklung 01.1980–03.2015 (5-, 10- und 15-jährige Zinsbindung)

genden Leitzins angepasst wird. Dieser Leitzins kann z. B. der EURIBOR sein (siehe Abschn. 2.2). Zinsänderungen sind also zu bestimmten Stichtagen möglich. Ein Darlehen mit variablem Zinssatz kann jederzeit ordentlich (meist mit einer Frist von 3 Monaten) gekündigt werden.

Diese Anpassung des Zinsverlaufs an das tatsächliche Marktgeschehen kann dazu führen, von sinkenden Zinsen zu profitieren. Ist das Zinsniveau zum Zeitpunkt des Vertragsabschlusses hoch und besteht die Aussicht, dass es in Zukunft fällt, ist der variable Zinssatz meist die bessere Wahl. Außerdem bietet sich die variable Verzinsung an, wenn der Kreditnehmer in der Zukunft mit höheren Geldzuflüssen rechnet, die zur Tilgung eingesetzt werden sollen.

Wenn steigende Zinssätze nicht ausgeschlossen werden können, könnte bei variablem Zinssatz die komplette Finanzierung gefährdet sein. Deshalb sollte die variable Verzinsung nicht das gesamte Kreditvolumen betreffen. Eine Alternative kann ein sogenanntes „Cap-Darlehen“ sein (siehe Abschn. 5.6).

Befindet sich das Zinsniveau im mittleren Bereich, kann der Kreditnehmer das Gesamtkreditvolumen teilen und jeden Teilbetrag mit einer individuellen Zinsbindung versehen. Dadurch können sich folgende Vorteile ergeben:

- Für einen Teilbetrag wird eine kurze Zinsbindungsfrist vereinbart. Dadurch profitiert der Kreditnehmer von den niedrigeren Zinsen für kürzere Bindungsfristen.
- Für einen Teilbetrag wird ein variabler Zinssatz vereinbart. Das Risiko der steigenden Zinsen bleibt überschaubar, da nur ein Teilbetrag davon betroffen ist. Andernfalls profitiert der Kreditnehmer von fallenden Zinsen.
- Nach Ablauf einer Zinsbindungsfrist kann der Kreditnehmer beliebig hohe Beträge tilgen.

Bei einem niedrigen Zinsniveau sollte sich der Kreditnehmer für eine möglichst lange Zinsbindung entscheiden. Zwar ist der Zinssatz bei einer 15- oder 20-jährigen Zinsbindung etwas höher, dafür erhält der Kreditnehmer aber eine entsprechend lange Planungssicherheit.

Falls der Kreditnehmer eine mehr als 10-jährige Zinsbindung vereinbart hat, kann er seinen Kredit nach 10 Jahren ab dem Auszahlungszeitpunkt, unter Einhaltung einer Kündigungsfrist von 6 Monaten, ohne Angabe von Gründen kündigen (§ 489 Abs. 1 Nr. 3 BGB). Bei sinkenden Zinsen kann der Kreditnehmer so nach Ablauf des 10. Vertragsjahres auf einen günstigeren Kredit umsteigen (siehe auch Abschn. 4.5).

Bei einer Kündigung vor Ablauf der 10-Jahres-Frist kann die Bank eine Vorfälligkeitsentschädigung verlangen. Bei der Berechnung einer Vorfälligkeitsentschädigung stellt die Bank zunächst die Differenz zwischen Vertragszins und Wiederanlagezins fest. Diese Differenz wird um ersparte Risikokosten gekürzt, denn für die Bank ist eine Wiederanlage in festverzinslichen Wertpapieren weniger riskant als ein Darlehen an einen Kunden. Mögliche Tilgungen bis zum Ablauf der Zinsbindungsfrist werden bei der Berechnung des

Zinsschadens miteinbezogen. Ebenfalls darf die Bank ihren durch die vorzeitige Ablösung entstandenen Verwaltungsaufwand geltend machen.

Unter diesen Umständen sollte der Kreditnehmer genau überlegen, ob sich ein Wechsel wirklich lohnt. Die Vorfälligkeitsentschädigung kann sehr viel Geld kosten, wenn die festgeschriebenen Kreditzinsen im Vergleich zu den aktuellen Anlagezinsen sehr hoch sind und die Rest-Zinsbindungsdauer noch relativ lang ist.

4.2.3 Bereitstellungszinsen

Die Bereitstellungszinsen, üblicherweise ca. 0,25 % pro Monat für den noch nicht ausgezahlten Betrag, fallen an, wenn beim Kauf einer Immobilie eine gewisse Frist verstreicht, ohne dass das Darlehen abgerufen wird. Gründe dafür können Verzögerungen sein: bei der Fertigstellung und Bauabnahme, der Übernahme der gekauften Immobilie oder der Vertragsabwicklung.

Beispiel

Ein Käufer einer Eigentumswohnung hat einen Kreditvertrag abgeschlossen. Das Darlehen in Höhe von 100.000,– € wird von der Bank bereitgestellt und muss bis zum 1. April abgerufen werden. Allerdings kommt es zu Verzögerungen bei der Vertragsabwicklung, sodass der Kaufpreis erst am 1. Juli gezahlt wird. Dadurch hat der Kreditnehmer für 3 Monate Bereitstellungszinsen in Höhe von 750,– € an die Bank zu zahlen:

$$100.000,-\,€ \times 0,25\,\%\ \text{(pro Monat)} \times 3\ \text{Monate} = 750,-\,€.$$

4.2.4 Bauzeitzinsen

Während der Bauphase fallen laufend Rechnungen an, die bezahlt werden müssen. Hierfür ruft der Kreditnehmer immer wieder Teilbeträge des Darlehens ab. Bis zur Fertigstellung des Bauwerkes fallen hier nennenswerte Zinsen an, die auf der Basis des bereits ausgezahlten Teildarlehens berechnet werden. Diese Zinsen nennt man Bauzeitzinsen.

4.2.5 Disagio

Ein Disagio, auch als Damnum bezeichnet, ist ein vom Kreditgeber bei Auszahlung des Kreditbetrages einbehaltener Abschlag. Er stellt, vereinfacht gesagt, eine Zinsvorauszahlung dar. Im Gegenzug senkt der Kreditgeber den Sollzins. Der „anfängliche effektive Jahreszins“ muss im Darlehensvertrag angegeben werden.

Dieses Instrument eignet sich bei der Finanzierung von **gewerblich genutzten oder fremdvermieteten Objekten**, da der Betrag im Jahr der Aufwendung steuerlich geltend gemacht werden kann. Ein Disagio wird sinnvollerweise vereinbart, falls in den kommenden Jahren mit einem geringeren Einkommen (z. B. durch Ruhestand) oder aber einer Senkung des Steuersatzes für die kommenden Jahre gerechnet wird. Im Regelfall akzeptiert das Finanzamt ein marktübliches Disagio, bei einer 5-jährigen Zinsbindungsfrist beispielsweise 5 % der Kreditsumme. Ein höherer Betrag kann als unverhältnismäßig angesehen werden und wird gleichmäßig auf die Laufzeit des Darlehens verteilt.

Bei **selbstbewohnten Objekten** ist ein Disagio selten empfehlenswert, da es hier nicht steuerlich absetzbar ist. Es kann jedoch genutzt werden, wenn eine Finanzierung aus mehreren Teilen besteht und ein Finanzierungsteil eine zu hohe Belastung hat. Dieser Teil muss jedoch schneller wegfallen als die anderen. In diesem Fall kann man die zu hohen anfänglichen Belastungen durch ein Disagio senken.

Beispiel

Eine Baufinanzierung besteht aus verschiedenen Darlehen. Ein Teil des Kreditvolumens soll mit einem zugeteilten Bausparvertrag finanziert werden. Die Bedingungen des Bausparvertrages sehen einen hohen Tilgungssatz vor und damit eine hohe monatliche Rate. Der Kreditnehmer kann sich diese hohe Belastung zusammen mit den Raten für die anderen Finanzierungsteile nicht leisten, will aber auch nicht auf die günstigen Zinsen des Bausparvertrages verzichten. Hier kann er mithilfe des Disagios die monatliche Belastung während der Rückzahlung des Bauspardarlehens im erträglichen Rahmen halten, da die Sollzinsen durch das Disagio gesenkt werden und die Kreditrate so niedriger ausfällt.

4.3 Tilgung

4.3.1 Anfangstilgung

Als Anfangstilgung wird die Tilgungsleistung der ersten Rate bezeichnet. Dieser Wert beeinflusst die Tilgungsdauer maßgeblich.

Abbildung 4.2 veranschaulicht diesen Einfluss auf die gesamten Kreditkosten inklusive der dazugehörigen monatlichen Rate. Sichtbar wird der Schuldenabbau während der Tilgungsdauer. So beträgt die Restschuld bei einem Darlehensbetrag von 100.000 € nach 10 Jahren bei einem Tilgungssatz von 1 % 87.059,84 €, bei 2 % noch 74.119,61 € und bei 5 % lediglich 35.299,06 €. Die Werte aus diesem Beispiel sind auch auf andere Beträge entsprechend linear übertragbar, die gleichen Kreditbedingungen vorausgesetzt.

Kann sich der Kreditnehmer eine höhere monatliche Belastung auf Dauer leisten, sollte er sich auf jeden Fall für eine höhere Anfangstilgung entscheiden. Das verkürzt die Tilgungsdauer und spart damit Kreditkosten.

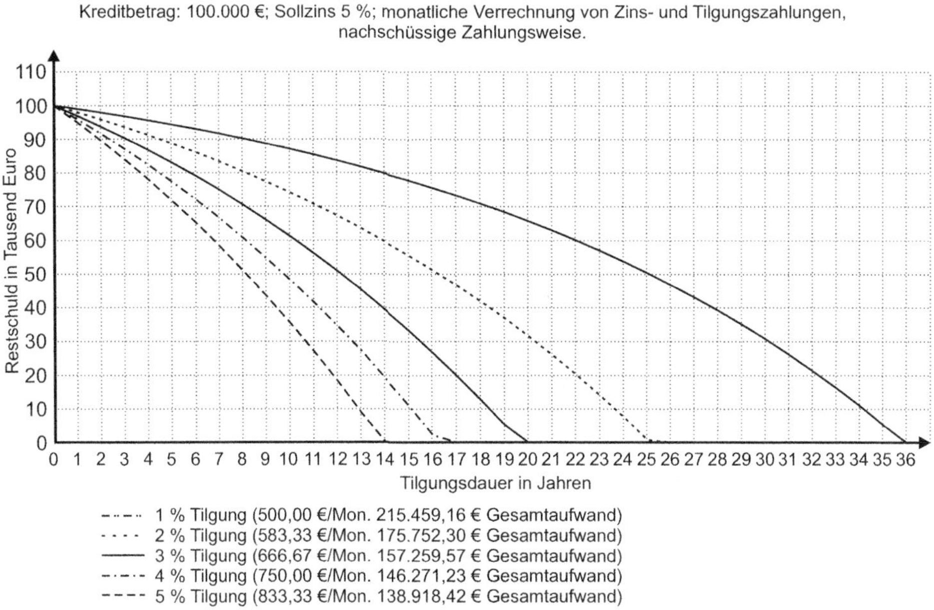

Abb. 4.2 Abhängigkeit der Tilgungsdauer vom anfänglichen Tilgungssatz

Außerdem können auch veränderliche Tilgungsleistungen vereinbart werden: Einige Kreditinstitute bieten ihren Kunden die Möglichkeit, den Tilgungssatz während der Laufzeit mehrmals anzupassen. Falls dies für den Kreditnehmer wünschenswert ist, sollte er das während der Verhandlungen zum Ausdruck bringen.

4.3.2 Sondertilgung

Das Sondertilgungsrecht räumt dem Kreditnehmer die Möglichkeit ein, Zahlungen auch außerhalb des Tilgungsplanes zu leisten und somit die Restschuld zu mindern. In jedem Fall sollte der Kreditnehmer die Möglichkeit zu *Sondertilgungen* vereinbaren. Damit können z. B. unerwartete Geldzuflüsse (Schenkung, Erbschaft, Lotteriegewinn etc.) oder unregelmäßige Einkünfte für die Kredittilgung verwendet werden.

Der Kreditnehmer sollte bedenken, dass die Finanzierung einer Immobilie meist auf lange Zeit angelegt ist. Häufig steigert sich das Familieneinkommen mit dem Fortschreiten der beruflichen Laufbahn, auch wenn zum Zeitpunkt des Vertragsabschlusses diese Möglichkeit unwahrscheinlich bzw. nicht ausreichend sicher erscheint.

Das Recht auf Sondertilgungen ist kein Standard in Kreditverträgen und muss ausdrücklich im Vertrag vereinbart werden. Dabei werden die Bedingungen festgehalten, wann und in welcher Höhe Sondertilgungen vorgenommen werden können. Je nach Kreditinstitut können dabei ggf. Zinsaufschläge anfallen. Ist die Bank mit dem günstigsten

Abb. 4.3 Grundpfandrechte

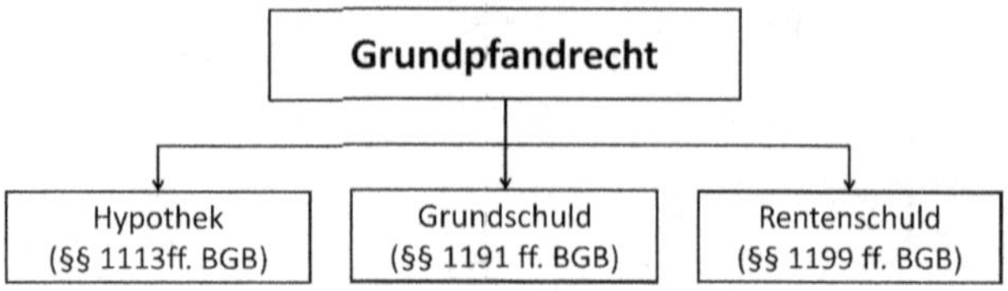

Angebot nicht zu einer Sondertilgung bereit, kommt eine Aufteilung des Kreditbetrages infrage.

4.3.3 Tilgungsfreie Anlaufjahre

Nicht bei allen Krediten setzt direkt nach Auszahlung des Darlehens die Tilgung ein. Manchmal werden tilgungsfreie Anlaufjahre vorgesehen; je nach Vertrag können bis zu 5 Jahre vereinbart werden. In dieser Anfangszeit muss der Kreditnehmer lediglich die Zinsen für den Kredit zahlen; der Zeitpunkt, an dem der Kreditnehmer schuldenfrei ist, wird dadurch allerdings hinausgezögert. Insbesondere Darlehen der bundeseigenen Kreditanstalt für Wiederaufbau (KfW) sehen diese tilgungsfreien Anlaufjahre vor.

4.4 Sicherheiten

Je besser ein Kredit besichert ist, desto niedriger ist der von der Bank gewährte Zinssatz. Im Folgenden werden die gängigsten Kreditsicherheiten vorgestellt.

4.4.1 Grundpfandrechte

Grundpfandrechte stellen Rechte an einem Grundstück dar. Sie entstehen mit der Eintragung im Grundbuch und belasten das Grundstück insofern, als der Gläubiger bei Zahlungsausfall die Möglichkeit hat, die gerichtliche Zwangsvollstreckung durchzuführen.

Das Grundpfandrecht wird im Grundbuch in einer Rangfolge eingetragen. Diese Rangfolge bestimmt im Falle einer Zahlungsunfähigkeit des Kreditnehmers und einer damit verbundenen Zwangsversteigerung, in welcher Reihenfolge die Gläubiger aus dem Erlös bedient werden. Da die erstrangigen Eintragungen für die Kreditgeber also mit den wenigsten Risiken verbunden sind, ist der Zinssatz für einen mit einer solchen Grundschuld besicherten Kredit am günstigsten.

Zu den Grundpfandrechten zählen die Hypothek, die Grundschuld und die Rentenschuld (Abb. 4.3). Die Hypothek und die Grundschuld werden im Folgenden erläutert.

Hypothek

Die Hypothek (§§ 1113–1190 BGB) wird im Grundbuch vermerkt. Sie besichert eine bestehende Forderung eines Gläubigers, für die ein dinglicher Anspruch an dem Grundstück und ein persönlicher Anspruch gegenüber dem Schuldner bestehen.

Hypotheken sind akzessorisch (anhängend), d. h., die Forderung kann nicht ohne die Hypothek bzw. die Hypothek kann gleichermaßen nicht ohne die Forderung übertragen werden. Die Forderung ist abhängig von der Hypothek und umgekehrt.

Akzessorische Sicherheiten bestehen nur, solange der Kreditgeber eine Forderung an den Kreditnehmer hat. Ist diese Forderung vollständig erfüllt, d. h. der Kredit zurückgezahlt, erlischt auch die für den Kredit genommene Sicherheit. Die wichtigsten akzessorischen Kreditsicherheiten sind neben der Hypothek die Bürgschaft und das Pfand.

Grundschuld

Die Grundschuld (§§ 1191–1198 BGB) ist als (abstrakte) Forderung nicht mit dem eigentlichen Kreditgeschäft verknüpft und somit fiduziarisch (treuhänderisch; nicht akzessorisch wie die Hypothek). Durch ihre Eintragung entsteht ein dinglicher Anspruch aus dem Grundstück, ein persönlicher Anspruch an den Schuldner besteht nicht.

Fiduziarische Sicherheiten können im Gegensatz zu akzessorischen Sicherheiten erhalten bleiben, wenn die Forderung an sich wegfällt. Sie sind in der Praxis beliebter, da bei einer erneuten Kreditaufnahme die bestehende Sicherheit nochmals genutzt werden kann. So kann bei Abschluss eines neuen Kredites Zeit gespart und der Aufwand verkleinert werden. Zu den fiduziarischen Sicherheiten gehört neben der Grundschuld auch die Sicherungsübereignung.

Beispiel

Frau M. möchte eine Immobilie erwerben und benötigt dafür eine Immobilienfinanzierung, die mit einem Grundpfandrecht in Höhe von 150.000 € abgesichert werden soll. Der Bankberater erklärt ihr den Unterschied zwischen einer Hypothek und einer Grundschuld.

Die Hypothek ist immer von dem Bestand der Forderung abhängig. Das bedeutet, wenn 50.000 € der Forderung zurückbezahlt sind, hat die Hypothek auch nur noch einen Wert von 100.000 € (150.000 – 50.000). Ist das gesamte Darlehen zurückgezahlt, so existiert auch die Hypothek nicht mehr.

Die Grundschuld ist dagegen flexibler einsetzbar als die Hypothek, da sie von der Höhe und vom Bestand der Forderung unabhängig ist. Das bedeutet, dass auch wenn das gesamte Darlehen zurückbezahlt ist, die Grundschuld in Höhe von 150.000 € weiter besteht. Aus diesem Grund könnte diese Grundschuld dann auch für die Absicherung eines weiteren Darlehens genutzt werden. Auch bei einer Teilrückzahlung des durch die Grundschuld gesicherten Darlehens könnte ein neues Darlehen mit derselben Grundschuld abgesichert werden, ohne das eine neue Grundschuld im Grundbuch eingetragen werden müsste. Die Grundschuld kann also auch mehrere Darlehen zugleich absichern.

4.4.2 Bürgschaft

Bei der Bürgschaft verpflichtet sich der Bürge gegenüber dem Gläubiger, für die Verbindlichkeiten des Schuldners einzustehen (§§ 765–778 BGB). Da die Bonität des Bürgen für die Banken nur schwer einzuschätzen ist und sich schnell verschlechtern kann, ist diese Sicherheit sehr risikobehaftet und für Banken eher „der letzte Ausweg“.

Der Bürge sollte sich vor der Übernahme einer Bürgschaft über seine Rechte und Pflichten informieren. Bei Bürgschaften gibt es viele Sonderformen, im Folgenden werden zwei im Kreditgeschäft häufig verwendete Formen vorgestellt:

- Ausfallbürgschaft und
- Selbstschuldnerische Bürgschaft mit Einredeverzicht.

Bei der Ausfallbürgschaft ist der Bürge erst zahlungspflichtig, nachdem der Hauptschuldner zahlungsunfähig ist. Er kann den Gläubiger (Darlehensgeber) dazu verpflichten, zuerst eine Zwangsvollstreckung gegen den Hauptschuldner (Darlehensnehmer) durchzuführen (§ 768 BGB). Dies ist die sogenannte „Einrede der Vorausklage“. Der Bürge kommt für die Schulden auf, die nach der Zwangsvollstreckung noch verbleiben. Als Bürge sollte immer dieser Form der Bürgschaft der Vorzug gegeben werden.

Bei der selbstschuldnerischen Bürgschaft werden Schuldner und Bürge gleichzeitig und gleichberechtigt in Anspruch genommen, ohne dass der Schuldner bereits zahlungsunfähig ist. Der Gläubiger kann den Bürgen in Anspruch nehmen, sobald der Schuldner seinen Zahlungsverpflichtungen nicht nachkommt. Der Bürge hat das Recht im Nachhinein sein gezahltes Geld vom Schuldner zurückzufordern.

Bei der selbstschuldnerischen Bürgschaft mit Einredeverzicht verzichtet der Bürge auf Einreden wie beispielsweise die Verjährung der Schuld oder die Durchführung einer Zwangsvollstreckung. Dadurch kann die Bank jederzeit ihre Forderungen gegenüber dem Bürgen einfordern. In der Praxis wird zur Besicherung von Immobilienfinanzierungen am häufigsten die selbstschuldnerische Bürgschaft mit Einredeverzicht verwendet.

Einige der in den Allgemeinen Geschäftsbedingungen (AGB) der Bank festgehaltenen Bedingungen, wie zum Beispiel der Verzicht auf Einrede stellen laut diversen Urteilen des Bundesgerichtshof (BGH) eine unangemessene Benachteiligung des Bürgen dar und werden daher als unwirksam erachtet. Dadurch wird allerdings nicht die gesamte Bürgschaft hinfällig, sondern der Bürge genießt lediglich wieder mehr Rechte. Ob eine Klausel unwirksam ist, wird von Fall zu Fall entschieden.

Ein Bürge haftet in der Regel mit seinem gesamten Privatvermögen. Um sich zu schützen, kann der Bürge zusätzliche Maßnahmen ergreifen. Eine Maßnahme wäre z. B. die Höchstbetragsbürgschaft, in der festgelegt wird bis zu welchem maximalen Betrag er haftet. Als weitere Maßnahme kann der Bürge die befristete Bürgschaft, durch die die Dauer der Bürgschaft begrenzt wird, vereinbaren.

Die Bürgschaft erlischt grundsätzlich, sobald die durch die Bürgschaft besicherte Schuld nicht mehr besteht.

Durch eine Zahlungsunfähigkeit des Schuldners kann eine Bürgschaft schnell zur eigenen finanziellen Belastung führen, die z. B. das Eigenheim bedroht. Daher sollte die Übernahme einer Bürgschaft gut überlegt sein.

4.4.3 Abtretung

Die Abtretung, auch Zession genannt, ist eine Übertragung von Forderungen und anderen Rechten. Dies können z. B. Forderungen aus einer Lebensversicherung, aus Sparguthaben bei anderen Banken, aber auch Lohn- bzw. Gehaltsansprüche sein.

Der Inhaber einer Lebensversicherung beispielsweise möchte diese oft nicht kündigen, da sonst viel Geld verloren geht. Die Abtretung der Forderungen und Rechte aus dieser Versicherung ist für die Banken eine willkommene Sicherheit, um den Zinssatz des besicherten Kredites zu senken.

4.4.4 Verpfändung

Durch die Verpfändung einer Sache oder eines Rechtes ist der Gläubiger berechtigt, die verpfändete Sache zu verwerten, um die Verbindlichkeiten des Schuldners zu begleichen. Dies können z. B. Bankguthaben, Wertpapiere oder Edelmetalle sein. Zur Verpfändung ist allerdings eine Übergabe der Sache notwendig. Die Verpfändung kann als Zwischenlösung genutzt werden, beispielsweise wenn festverzinslich angelegte Gelder noch durch eine Kündigungsfrist gebunden sind.

4.5 Kündigungsmöglichkeiten

Grundsätzlich werden in Darlehensverträgen auch Regelungen vereinbart, die die Kündigungsmöglichkeiten von Kreditnehmer und Kreditgeber betreffen. Darüber hinaus gibt es gesetzliche Regelungen (BGB). Für den Kreditnehmer kann es vielfältige Motive für eine Kündigung geben:

- unvorhergesehene Geldzuflüsse
  Der Kreditnehmer erhält eine (bei Abschluss des Kreditvertrages unvorhersehbare) Geldzahlung, z. B. eine Schenkung oder Erbschaft. Diese Mittel möchte er möglicherweise für die vorzeitige Tilgung verwenden, um Zinsen zu sparen. Wenn diese Mittel betragsmäßig größer sind als die vereinbarten Sondertilgungsrechte, muss er ggf. den Kreditvertrag kündigen.
- zwischenzeitlich gefallene Zinsen
  Sind die Zinsen seit Abschluss des Darlehensvertrages gefallen, ist der Kreditnehmer daran interessiert, sich von seinem Vertrag mit hohem Zinssatz durch Kündigung zu lö-

sen, um im Rahmen einer Umschuldung ein günstigeres Angebot in Anspruch nehmen zu können.

- Verkauf der Immobilie
  Kreditnehmer, die ihre Immobilie z. B. wegen eines beruflich veranlassten Umzugs verkaufen wollen, haben in der Regel ein Interesse an der Rückzahlung des Darlehens. Auch in diesem Fall muss das Darlehen gekündigt werden.

Bei der Kündigung eines Darlehens durch den Kreditnehmer gelten das ordentliche Kündigungsrecht nach § 489 BGB und – in bestimmten Fällen – das außerordentliche Kündigungsrecht nach § 490 BGB.

4.5.1 Ordentliches Kündigungsrecht

Die Art und das Ausmaß des Kündigungsrechts hängen von der Person des Kreditnehmers, den bereitgestellten Sicherheiten, der Zinsbindungsfrist und der getroffenen Zinsvereinbarung (variabler oder fester Zins) ab (§ 485 BGB).

- Kredite mit variablem Zins
  Enthält der Kreditvertrag eine variable Zinsvereinbarung, kann der Kreditnehmer jederzeit unter Einhaltung einer Kündigungsfrist von 3 Monaten kündigen (§ 489 Abs. 2 BGB); dies gilt auch für die sogenannten Cap-Darlehen (siehe Abschn. 5.6). Der Kreditnehmer soll vor dem Risiko steigender Zinsen und einer damit wachsenden finanziellen Belastung geschützt werden, indem er sich relativ einfach von dem Kreditvertrag lösen kann.
- Kredite mit festem Zins
  Kredite mit festem Zins können grundsätzlich zum Ablauf der Zinsbindungsfrist mit einer Kündigungsfrist von 1 Monat gekündigt werden (§ 489 Abs. 1 Nr. 1 BGB). Der Kreditnehmer kann also 1 Monat vor Ablauf der Zinsbindungsfrist durch ein formloses Kündigungsschreiben den Darlehensvertrag zum Ablauf der Zinsbindungsfrist beenden. Kredite mit einer Zinsbindungsfrist von 10 Jahren und mehr können nach Ablauf der 10 Jahre jederzeit unter Einhaltung der Kündigungsfrist von 6 Monaten gekündigt werden (§ 489 Abs. 1 Nr. 3).

Die genannten Kündigungsmöglichkeiten können nicht durch Allgemeine Geschäftsbedingungen (AGB) oder Vereinbarungen im Darlehensvertrag geschwächt oder außer Kraft gesetzt werden (§ 489 Abs. 4 BGB).

4.5.2 Außerordentliches Kündigungsrecht

Der Gesetzgeber hat sowohl dem Kreditgeber als auch dem Kreditnehmer unter bestimmten Voraussetzungen die Möglichkeit einer außerordentlichen Kündigung eingeräumt (§ 490 BGB).

Der Kreditgeber kann kündigen, wenn eine wesentliche Verschlechterung der Vermögensverhältnisse oder des Wertes (z. B. gesunkener Immobilienwert) einer für den Kredit gestellten Sicherheit eintritt (§ 490 Abs. 1 BGB).

Der Kreditnehmer kann den Vertrag jederzeit kündigen, wenn er ein berechtigtes Interesse vorweisen kann. Dies ist z. B. beim Verkauf des besicherten Objektes der Fall. Die Kündigung ist 6 Monate nach Auszahlung mit einer Kündigungsfrist von 3 Monaten möglich. In diesen Fällen steht dem Kreditinstitut eine sogenannte Vorfälligkeitsentschädigung (§ 490 Abs. 2 BGB) zu.

4.5.3 Vorfälligkeitsentschädigung

Wie bereits erläutert, können Darlehen bei einem berechtigten Interesse des Darlehensnehmers außerordentlich gekündigt werden. Aber auch bei der vorzeitigen Umschuldung (um einen neuen Vertrag mit niedrigeren Zinsen abzuschließen) kann die Bank der vorzeitigen Kündigung zustimmen. Wenn die Bank einer vorzeitigen Rückzahlung zustimmt, hat sie das Recht eine sogenannte Vorfälligkeitsentschädigung zu verlangen. Die Bank kann damit ihren entgangenen Zinsgewinn ausgleichen.

Die Höhe der Vorfälligkeitsentschädigung ist bei einem berechtigten Interesse des Kreditnehmers zur Darlehensablösung durch Rechtsprechung festgelegt. Dazu muss die Bank die Differenz zwischen dem Nominalzins des Darlehens und der Rendite der Hypothekenpfandbriefe der Deutschen Bundesbank bilden (Urteil vom 30.11.2004, Az. XI ZR 285/03). Wenn kein berechtigtes Interesse vorhanden ist, muss der Kreditnehmer keine Vorfälligkeitsentschädigung im eigentliche Sinne, sondern eine Entschädigung an die Bank zahlen. Dabei wird der Betrag frei ausgehandelt und kann höher als die gesetzliche Vorfälligkeitsentschädigung ausfallen.

Auf die folgenden Punkte sollte bei der Berechnung der Vorfälligkeitsentschädigung geachtet werden:

- Hat die Bank die richtige Hypothekenpfandbriefrendite für die Berechnung der Vorfälligkeitsentschädigung angenommen?
- Wurden Sondertilgungen bei der Berechnung berücksichtigt?
- Wurde für die Berechnung der Tag angenommen, an dem die Darlehenssumme zurücküberwiesen wurde?

Die Berechnung ist recht kompliziert und muss unter anderem einige BGH-Urteile berücksichtigen. Deshalb wird hier nicht weiter darauf eingegangen, sondern auf folgenden Online-Rechner als Hilfsmittel verwiesen: http://vorfaelligkeit.fmh-rechner.de/fmh/.

Wenn die geforderten Beträge der Bank von denen des Rechners maßgeblich abweichen und es Zweifel an der Richtigkeit der Vorfälligkeitsentschädigung gibt, sollten unabhängige Experten hinzugezogen werden. Bei einigen BGH-Urteilen ist den Banken ein gewisser Spielraum eingeräumt worden, unter anderem bei:

- der Risikoersparnis:
  Durch die vorzeitige Ablösung des Kredites, entfällt für die Bank das Risiko, dass der Darlehensnehmer in der Zukunft zahlungsunfähig wird. Die Risikoersparnis wird zu Gunsten des Darlehensnehmers von der Vorfälligkeitsentschädigung abgezogen.
- der Verwaltungskostenersparnis:
  Ebenfalls abgezogen werden die Verwaltungskosten die im weiteren Verlauf des Kredites entstanden wären. Die Verwaltungskosten werden von der Bank mit in den Nominalzins eingerechnet.
- dem Bearbeitungsentgelt:
  Die Berechnung und Abwicklung des Darlehens lässt sich die Bank bezahlen und erhebt ein Bearbeitungsentgelt, welches wiederum auf die Vorfälligkeitsentschädigung addiert wird.

Beispiel

Ein Annuitätendarlehen in Höhe von 100.000 € und einer Zinsbindungsfrist von 10 Jahren wird nach 6 Jahren außerordentlich gekündigt, da das Haus verkauft wird. Der Vertragsbeginn des Darlehens war am 01.05.2008. Die Annuität beträgt 14.903 € pro Jahr und der Nominalzinssatz 8,0 %. Somit verbleibt eine Restschuld von 49.360 € nach 6 Jahren. Im Vertrag ist ein jährliches Sondertilgungsrecht von 2000 € vereinbart.

Die Vorfälligkeitsentschädigung kann mithilfe eines Vorfälligkeitsentschädigungs-Rechners im Internet berechnet werden. Zum Beispiel auf der Webseite: http://vorfaelligkeit.fmh-rechner.de/fmh/.

Die Vorfälligkeitsentschädigung für das obige Beispiel beträgt danach 6063,86 €.

4.6 Immobilienfinanzierung und Scheidung

Eigengenutzte Immobilien können einer Person alleine gehören oder auch mehreren Personen zusammen. Die Immobilienfinanzierung von Ehepartnern oder Lebensgemeinschaften wird dann normalerweise auch von beiden Personen unterschrieben. Was jedoch passiert mit der Immobilienfinanzierung bei der Scheidung der Eheleute?

Für die Bank verändert sich bei einer Trennung nichts, da beide Vertragspartner gesamtschuldnerisch für den Kredit haften. Das bedeutet, dass die Bank jeweils von beiden Parteien die gesamte Kreditsumme einfordern darf, auch wenn die beiden Eheleute nicht mehr gemeinsam in der Immobilie leben. Folgende Möglichkeiten bieten sich für die beiden Parteien:

- Verkauf der Immobilie,
- Übernahme der Immobilie durch eine der Vertragsparteien,
- Zwangsversteigerung zum Zwecke der Aufhebung der Gemeinschaft und
- Vermietung der Immobilie.

Die Entscheidung für eine Möglichkeit hängt vor allem davon ab, ob gemeinsame Kinder vorhanden sind und die Eheleute an einem Strang ziehen, um eine gemeinsame Lösung zu finden.

Der Verkauf der Immobilie ermöglicht es beiden Parteien das gemeinschaftliche Eigentum aufzulösen, da dies ein außerordentlicher Kündigungsgrund für die Immobilienfinanzierung ist (siehe Abschn. 4.5.2). Die Restsumme wird in der Regel durch den erzielten Betrag beim Verkauf der Immobilie abgelöst. Die Bank verlangt jedoch eine Vorfälligkeitsentschädigung für den entgangenen Zinsgewinn, wodurch zusätzliche Kosten entstehen. Auch bei einer schnellen Scheidung sollte ein überstürzter Verkauf vermieden werden, um einen möglichst hohen Kaufpreis zu erzielen.

Die Übernahme der Immobilie durch einen der Ehepartner ist die häufigste Vorgehensweise bei Scheidungen. Grundsätzlich ändert sich dabei erstmal nichts am gemeinsamen Eigentum und an der gemeinsamen Darlehensverpflichtung. Der übernehmende Partner muss jedoch eine Entschädigung für die Übertragung des Eigentums zahlen. Falls das Eigentum noch nicht direkt übertragen wird, wird in der Regel ein Nutzungsentgelt vereinbart. In diesem Fall verbleiben beide Vertragspartner in der Immobilienfinanzierung, da kein außerordentliches Kündigungsrecht besteht. Daher sind viele Eheleute auch lange nach der Scheidung an die gekaufte Immobilie vertraglich gebunden.

Nicht immer können sich die beiden Vertragsparteien auf eine Lösung einigen. Im schlimmsten Fall wollen beide Eheleute in der Immobilie bleiben. Zur Trennung des Gemeinschaftseigentums der Ehepartner kann von beiden eine Zwangsversteigerung, die sogenannte Teilungsversteigerung, angestrebt werden. Dabei wird das Gemeinschaftseigentum aufgehoben und jeder der Ehepartner kann ein Gebot auf das Haus abgeben und so Alleineigentümer werden. Auch in diesem Fall besteht wie beim Verkauf der Immobilie ein außerordentliches Kündigungsrecht.

Als Alternative zum Verkauf könnte die Immobilie vermietet werden. In diesem Fall werden die Mieteinnahmen zur Rückzahlung des Darlehens genutzt. Dies ist vor allem dann sinnvoll, wenn zu dem Zeitpunkt kein guter Kaufpreis für die Immobilie zu erzielen oder in Zukunft eine Wertsteigerung zu erwarten ist.

Grundsätzlich besteht jedoch immer die Möglichkeit mit dem Kreditinstitut über die Änderung der Kreditverträge zu verhandeln. Falls das Kreditinstitut der Kündigung zustimmt, muss jedoch eine Vorfälligkeitsentschädigung gezahlt werden.

4.7 Beleihungswert

4.7.1 Beleihungswert und Beleihungsgrenze

Eine Beleihungsgrenze ist ein Limit, bis zu der eine Immobilie beliehen werden kann. Sie spiegelt den Wert wider, der im Falle einer Zwangsversteigerung aller Wahrscheinlichkeit nach erreicht wird. Damit schützen sich die Kreditinstitute, weil bei einer Zwangsversteigerung in der Regel nicht der volle Wert einer Immobilie erlöst wird. Die Beleihungsgrenze ist vom sogenannten Beleihungswert und vom Kreditgeber abhängig: Bei Bausparkassen sowie Geschäftsbanken beträgt sie 80 %, bei Realkreditinstituten und Sparkassen bis 60 % des Beleihungswertes.

Der Beleihungswert (siehe Abschn. 4.7.2) kann entweder durch den Kreditgeber aufgrund von Erfahrungswerten und entsprechenden Berechnungen oder durch ein externes Gutachten festgelegt werden. Ein Gutachten wird meist ab einer höheren Darlehenssumme oder bei komplizierten Objekten angefertigt. Die Kosten dafür dürfen dem Kreditnehmer nicht mehr als Gebühr berechnet werden, da die Wertermittlung ausschließlich den Interessen des Kreditinstitutes dient (siehe auch: Urteil LG Stuttgart vom 24.4.2007, 20 O 9/07). Einige Finanzdienstleister versuchen dieses Urteil zu umgehen, indem sie den Kreditnehmer dazu auffordern, ein Wertgutachten auf eigene Rechnung in Auftrag zu geben.

Reichen die 60 % vom Beleihungswert dem Kreditnehmer zur Finanzierung nicht aus, werden für darüber hinausgehende Darlehen Zinszuschläge erhoben, da der Kreditgeber ein höheres Risiko eingeht.

Vor wenigen Jahren waren 80 % des Beleihungswertes die Obergrenze des Kreditbetrages. Heute werden sogar Vollfinanzierungen mit bis zu 120 % des Beleihungswertes bei geplanten Reparaturarbeiten als Kreditbetrag zur Verfügung gestellt – bei entsprechenden Zinszuschlägen.

4.7.2 Immobilienwert- und Beleihungswertermittlung

Für ein Kreditinstitut ist der Immobilienwert von großer Bedeutung: Da die Immobilie als Sicherheit dient, muss aus dem Immobilienwert ein Beleihungswert abgeleitet werden. Hierfür wird zunächst eine Immobilienwertermittlung durchgeführt.

Die drei wichtigsten Verfahren zur Immobilienwertermittlung sind:

- Vergleichswertverfahren,
- Ertragswertverfahren,
- Sachwertverfahren.

In allen drei Verfahren wird zunächst der Wert des Grund und Bodens separat ermittelt. Hierfür gibt es Bodenrichtwertkarten der Gutachterausschüsse für Grundstückswerte, die bei den Kommunen eingerichtet sind. Für NRW können sie unter http://www.boris.nrw.de eingesehen werden.

Das Vergleichswertverfahren wird meist bei Baugrundstücken, Eigentumswohnungen oder Reihenhäusern angewendet. Hierbei werden bekannte, nachhaltig am Markt erzielbare Preise für vergleichbare Objekte als Grundlage des Wertes angesetzt. Der so ermittelte Vergleichswert stellt den Verkehrswert dar.

Das Ertragswertverfahren wird bei vermieteten Objekten wie z. B. Mehrfamilienhäusern angewendet. Wertbasis sind hier die nachhaltig am Markt erzielbaren Nettomieterträge, die für die Restnutzungsdauer kapitalisiert werden. Als Ergebnis erhält man den Ertragswert (Verkehrswert).

Beim Sachwertverfahren werden der Bodenwert und die Herstellungskosten des Gebäudes als Wert angesetzt. Unter Berücksichtigung des Baupreisindexes und der Alterswertminderung gelangt man zum Sachwert. Zur Ermittlung des Verkehrswertes ist noch der Marktanpassungszuschlag oder -abschlag (bis zu 50 %!) zu berücksichtigen. Der Marktanpassungsfaktor für Einfamilienhäuser kann den Grundstücksmarktberichten der Gutachterausschüsse für Grundstückswerte entnommen werden. Um vom Verkehrswert zum Beleihungswert zu gelangen, wird von den Kreditinstituten nach Maßgabe der Beleihungswertverordnung (BelWertV) eine separate Wertermittlung durchgeführt, die vom Prinzip her auch das Ertrags- bzw. das Sachwertverfahren beinhaltet. Der Beleihungswert entspricht dabei dem Wert, der bei einem späteren Verkauf unter normalen Umständen jederzeit erzielt werden kann. In der Regel ist er niedriger als der Verkehrswert der Immobilie. Als Faustregel kann mit einem Sicherheitsabschlag von 10 % auf den Verkehrswert gerechnet werden.

Für den Kreditnehmer kann es teuer werden, wenn der ermittelte Verkehrswert deutlich niedriger ist als der Kaufpreis?

Beispiel

Ein Ehepaar nimmt einen Kredit in Höhe von 220.000,– € auf, um ein zu teures Haus zu kaufen. Die Bank ermittelt einen Verkehrswert von 205.000,– € und kommt unter Abzug des Sicherheitsabschlages auf einen Beleihungswert von 184.500,– € (205.000,– € × 90 %). Bei einer Beleihungsgrenze von 80 % geht die Bank also davon aus, dass eine eingetragene Grundschuld nur zu 147.600,– € (184.500,– € × 80 %) werthaltig ist. Damit sind lediglich 147.600,– € des Kredites in Höhe von 220.000,– € abgesichert. Bei einer so niedrigen Absicherung müssen hohe Kreditzinsen gezahlt werden.

Grundsätzlich sollten vorteilhafte Besonderheiten des Objekts – z. B. eine Sanierung oder Modernisierung der Immobilie – hervorgehoben werden, damit die Bank eine möglichst günstige Wertermittlung erstellen kann. Aufgrund eines hohen Beleihungswertes ist die Bank grundbuchlich gut abgesichert und die Kreditzinsen werden niedriger angesetzt.

Weiterführende Literatur

Däumler, Klaus-Dieter, und Jürgen Grabe (2013): Betriebliche Finanzwirtschaft. Kiel: NWB Verlag

ENEV-ONLINE: www.enev-online.com

Ettmann, B., Wolff, K., Wurm, G. (2008): Kompaktwissen Bankbetriebslehre, 16. Aufl., Bildungsverlag EINS, Troisdorf

EXPERTENFINDER: www.expertenfinder.de

FINANZTIP: www.finanztip.de

FMH FINANZBERATUNG: vorfaelligkeit.fmh-rechner.de

GESETZE-IM-INTERNET: www.gesetze-im-internet.de

Grill, W., Perczynski, H., Grill, H. (2008): Wirtschaftslehre des Kreditwesens, 42. Aufl., Bildungsverlag EINS, Troisdorf

Hölting, M. (2011): WISO – Immobilienfinanzierung, 4. Aufl. Campus Verlag GmbH, Frankfurt/Main

Jung, W., Klöckner, B.W. (1997): Der FALKEN Bauherren Ratgeber. Planen. Finanzieren. Bauen., Falken Verlag, Niedernhausen/Ts

MEIN-ONLINEKREDIT: www.mein-onlinekredit.de

Noosten, D. (2013): Ratgeber Baufinanzierung, Noosten Verlag, Detmold

Oppel, K., Radtke, S. (2009): Immobilienfinanzierung, Neue Kredite, neue Wege – 2. Aufl.; Rudolf Haufe Verlag, Planegg

Schulze, E., Stein, A. (2014): Immobilien- und Baufinanzierung. Freiburg: Haufe Verlag

Seuß, H. (2000): Die Eigentumswohnung – Finanzierung, Erwerb, Nutzung, Verwaltung. 2. Aufl., Deutscher Taschenbuch Verlag, München

Siepe, W. (2011): Immobilienfinanzierung: Die richtige Strategie; 2. Aufl., Stiftung Warentest Verlag, Berlin

STADTSPARKASSE DÜSSELDORF: www.sskduesseldorf.de

Stiftung Warentest (Hrsg.) (2000): Bauen und Kaufen. Ullstein Taschenbuchverlag, München

TEST: www.test.de

Urteil LG Stuttgart vom 24.4.2007, 20 O 9/07

VERBAND PRIVATER BAUHERREN E. V.: (VPB) www.vpb.de

VERBRAUCHERZENTRALE NORDRHEIN-WESTFALEN: www.vz-nrw.de

5 Darlehensformen

5.1 Annuitätendarlehen (Bankdarlehen)

Die am weitesten verbreitete Form eines Immobilienkredits ist das Annuitätendarlehen. Die Besonderheit dieser Kreditart ist, dass die monatliche Zahlung während der Zinsbindungsdauer konstant bleibt. Diese gleichbleibende regelmäßige Zahlung wird als Annuität bezeichnet.

Die monatlich gleichbleibende Belastung setzt sich dabei aus zwei Größen zusammen: Zinsen und Tilgung. Beide Größen verändern sich im Laufe der Kreditdauer kontinuierlich: Da die Zinsen nur auf den ungetilgten Teil der Kreditsumme (die Restschuld) anfallen, sinkt der Anteil der Zinsen an der monatlichen Belastung und der Anteil der monatlichen Tilgung steigt.

Das Verhältnis von Zins und Tilgung im Laufe der Kreditdauer ist in Abb. 5.1 für einen Kredit in Höhe von 100.000,– €, einen Zinssatz von 6,1 % und eine anfängliche Tilgung von 1 % dargestellt.

Die übliche Formulierung bei Kreditverträgen lautet: „Tilgung zuzüglich ersparter Zinsen". Daher ist der Kreditnehmer bei einer monatlichen Rate von 591,67 € nach 32 Jahren und 3 Monaten, insgesamt ein Betrag von 228.722,05 €, schuldenfrei.

5.2 Tilgungsfreie Darlehen

Ein *tilgungsfreies* Darlehen, auch endfälliges Darlehen oder Festbetragsdarlehen genannt, ist ein Darlehen, das während der gesamten Laufzeit nicht getilgt wird. Dabei müssen lediglich die anfallenden Zinsbeträge an den Kreditgeber abgeführt werden. Der gesamte Darlehensbetrag verändert sich damit nicht und wird mit dem Ablauf der vereinbarten Dauer zur Zahlung fällig. Tilgungsfreie Darlehen werden mit einem Tilgungsersatz (Tilgungsträger) kombiniert (siehe Kap. 6).

D. Noosten, *Die private Bau- und Immobilienfinanzierung*, DOI 10.1007/978-3-658-09986-2_5

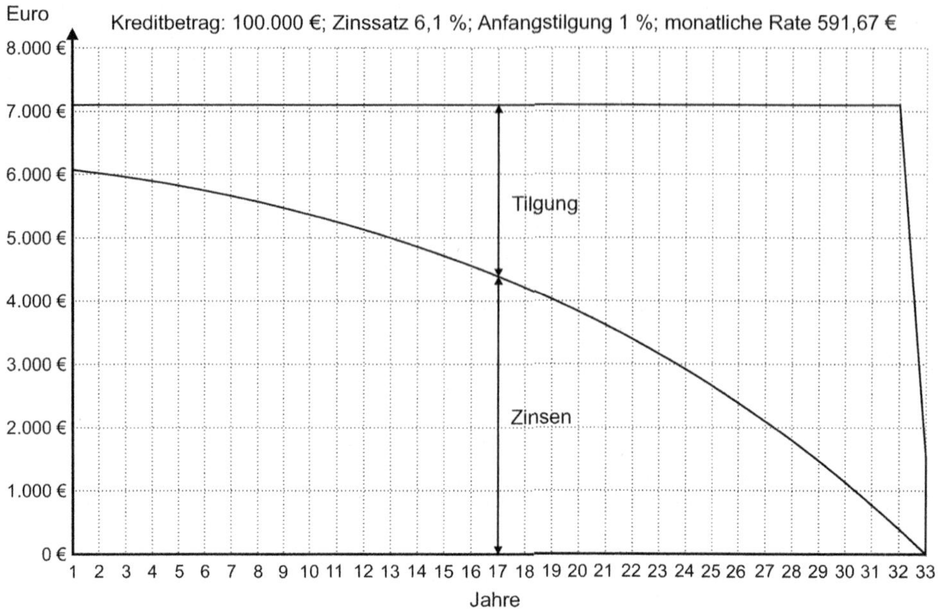

Abb. 5.1 Zusammensetzung der Ratenzahlung bei einem Annuitätendarlehen mit einem Zinssatz von 6,1 %

5.3 Riester-Bankdarlehen

Die Wohn-Riester-Förderung lässt sich mit einem Annuitätendarlehen einer Bank kombinieren, wenn die angebotene Kombination für diese Förderung zertifiziert ist. Die Zinszahlungen werden dabei zwar nicht gefördert, doch wird die Tilgungsleistung durch die Riester-Zulagen erhöht. Dadurch ist der Kreditnehmer schneller schuldenfrei.

Neben der Zertifizierung des Darlehens ist darauf zu achten, dass die Zinskonditionen nicht wesentlich höher sind als die der ungeförderten Darlehen. Oft verlangen die Banken einen Zinsaufschlag für den bei Wohn-Riester-Darlehen entstehenden Verwaltungsaufwand. Im ungünstigsten Fall werden die Zulagen durch die höheren Zinsen aufgezehrt.

5.4 Bauspardarlehen

Bei Bauspardarlehen gibt es eine Besonderheit: Bevor ein Anspruch auf ein Bauspardarlehen entsteht, muss zuerst ein Mindestbetrag vom Bausparer angespart werden. Darüber hinaus müssen weitere Voraussetzungen erfüllt sein. Die Guthabenverzinsung ist während der gesamten Sparphase sehr gering. Dafür ist der Sollzinssatz des Bauspardarlehens in der Regel auch niedriger als der Sollzinssatz vergleichbarer Annuitätendarlehen (siehe Abschn. 5.1).

Vorteile von Bauspardarlehen:

- vergleichsweise niedriger Darlehenszins,
- staatliche Prämien und Sparzulagen (einkommensabhängig),
- evtl. vermögenswirksame Leistungen (VL) des Arbeitgebers,
- hohe Beleihungsgrenze,
- zweitrangige Absicherung im Grundbuch,
- über die gesamte Laufzeit garantierter Darlehenszins,
- schnelle Entschuldung des Bausparers.

Nachteile von Bauspardarlehen:

- vorgelagerte Sparphase,
- niedrige Verzinsung des Sparguthabens,
- Abschlussgebühr,
- die Ungewissheit des genauen Zuteilungszeitpunktes,
- vergleichsweise hohe monatliche Belastung aufgrund des hohen Tilgungssatzes.

5.5 Versicherungsdarlehen

Neben den Banken und Bausparkassen vergeben auch Versicherungen Baukredite. Dabei kann eine vorhandene kapitalbildende Lebensversicherung als Sicherheit hinterlegt werden, um ein Darlehen bis zur Höhe des Rückkaufswertes zu erhalten. Das Darlehen kann sowohl ein Annuitätendarlehen als auch ein tilgungsfreies Darlehen sein.

Häufig wird ein tilgungsfreies Darlehen mit einer neu abzuschließenden Kapital-Lebensversicherung kombiniert. Die Versicherungsdauer variiert dabei zwischen 12 und 30 Jahren, das Darlehen wird dann durch die Versicherungsleistung getilgt (siehe Abschn. 6.3).

5.6 Cap-Darlehen

Ein *Cap-Darlehen* ist ein Darlehen mit einem variablen Zinssatz, der allerdings nach oben vertraglich begrenzt – gedeckelt – ist. Die Zinssätze werden in bestimmten Zeitabständen an einen Referenzzinssatz, z. B. EURIBOR (Euro Interbank Offered Rate) angepasst. Dies geschieht in der Regel alle 3 bis 6 Monate.

Die Deckelung (englisch: Cap) schützt den Kreditnehmer vor Zinsen, die über eine vereinbarte Zinsobergrenze hinausgehen. Außerdem kann er von fallenden Zinsen profitieren (Abb. 5.2). Sondertilgungen können, in unbegrenzter Höhe, jeweils zum Zeitpunkt der Zinsanpassung geleistet werden. Damit sichert sich der Kreditnehmer die Möglichkeit, während einer Niedrigzinsphase aus dem Cap-Darlehen durch eine Sondertilgung auszusteigen und durch einen Bankkredit mit langer Zinsbindung und niedrigem Zinssatz zu ersetzen.

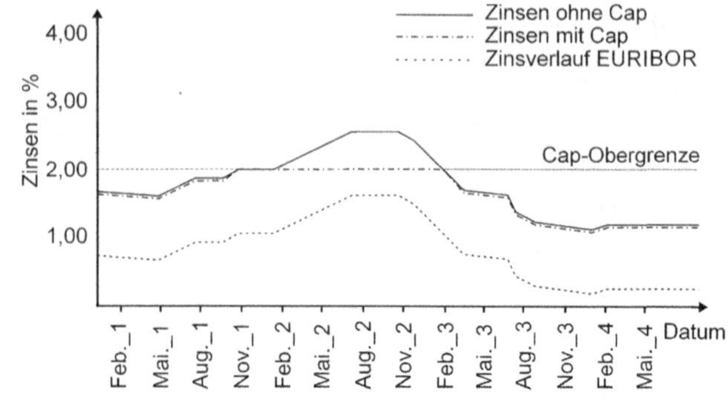

Abb. 5.2 Beispielverlauf einer Verzinsung mit Cap. (SSKDUESSELDORF, 2013)

Die hohe Flexibilität des Cap-Darlehens lassen sich die Kreditgeber bezahlen. Bei Abschluss wird eine „Cap-Prämie" fällig, die Provisionen und Bearbeitungsgebühren enthält. Sie kann mehrere Prozentpunkte der Darlehenssumme betragen und wird zu Beginn des Vertrages als Einmalbetrag gezahlt, durch den sich auch der Effektivzins erhöht. Die Cap-Prämie erhöht also den erforderlichen Darlehensbetrag.

Das Cap-Darlehen als abgesicherte Form des Darlehens mit variablem Zinssatz eignet sich bei mittlerem Zinsniveau und absehbarer Senkung der Sollzinssätze, um diese Zinsphase zu überbrücken. Allerdings findet diese Darlehensform in der Bankpraxis geringe Anwendung: Viele Kreditinstitute bieten ein Cap-Darlehen gar nicht an.

Abschließend ist zu erwähnen, dass der Kreditnehmer damit rechnen muss, den maximal vereinbarten Zinssatz (Cap-Obergrenze) und die damit verbundene monatliche Belastung auch über längere Zeit zu tragen. Andernfalls gerät die gesamte Finanzierung der Immobilie in Gefahr.

5.7 Arbeitgeber- und Verwandtendarlehen

Arbeitgeberdarlehen sind jede Art der vorübergehenden Kapitalüberlassung des Arbeitgebers an den Arbeitnehmer. Die Konditionen dieser Kredite sind meist günstiger als die der Kreditinstitute, teilweise sogar zinslos. Ziel des Arbeitgebers ist es, die Mitarbeiter an sich zu binden. Die Vorteile des Arbeitgeberdarlehens bestehen nicht nur in dem günstigen Zinssatz: Meistens begnügen sich die Arbeitgeber mit einer nachrangigen Besicherung oder verzichten ganz auf Sicherheiten. Dies führt dazu, dass viele Banken ein solches Darlehen als Eigenkapitalersatz anerkennen. In jedem Fall sollte man sich bei seinem Arbeitgeber danach erkundigen.

Bei dem Arbeitgeberdarlehen ist die Zinsersparnis (Differenz zwischen dem Zinssatz des Arbeitgeberdarlehens und dem marktüblichen Zinssatz) als geldwerter Vorteil zu versteuern. Das Darlehen wird steuerlich als Lohnvorschuss betrachtet.

Auch die Verwandten kommen als Kreditgeber infrage. Diese Form der Kapitalüberlassung heißt Familien- oder Verwandtendarlehen. Es wird bei Kreditinstituten als Eigenkapitalersatz anerkannt, wenn es unbesichert vergeben wurde. Hier sollte darauf geachtet werden, wann und wie die Rückzahlung erfolgen soll, da diese Zahlungen bei den Ausgaben (siehe Abschn. 2.1.2) berücksichtigt werden müssen.

Durch den eigenkapitalähnlichen Charakter des Arbeitgeber- bzw. Verwandtendarlehens wird die Verhandlungsposition gegenüber den Kreditinstituten gestärkt.

5.8 Fremdwährungsdarlehen

Fremdwährungsdarlehen sind Kredite, die nicht in Euro, sondern einer anderen (fremden) Währung aufgenommen werden. Hierfür eignen sich Währungsräume, in denen ein niedrigeres Zinsniveau herrscht als in Deutschland. Dies ist beispielsweise in der Schweiz (Schweizer Franken) oder in Japan (Japanischer Yen) der Fall (siehe Abb. 5.3).

Neben den günstigeren Zinsen kann sich der Wechselkurs zugunsten des Kreditnehmers entwickeln, d. h. der Kreditnehmer muss weniger zurückzahlen, als er erhalten hat. Der erhoffte Wechselkursvorteil und die niedrigen Zinsen können dieses Darlehen attraktiv machen. Jedoch darf nicht außer Acht gelassen werden, dass sich der Wechselkurs auch ungünstig entwickeln kann und der Kreditnehmer mehr zurückzahlen muss, als er bekommen hat.

Bei Fremdwährungsdarlehen handelt es sich häufig um eine Kombination aus Festbetragsdarlehen mit variabler Verzinsung und einer Art „Sparplan“. In diesem „Sparplan“ werden die sonst zur Tilgung des Darlehens verwendeten Mittel zu einem höheren Zinssatz angelegt. Der angesparte Betrag wird später zur Tilgung des Darlehens verwendet. Dieses Tilgungsmodell wird auch als „Tilgungsträger“ bezeichnet.

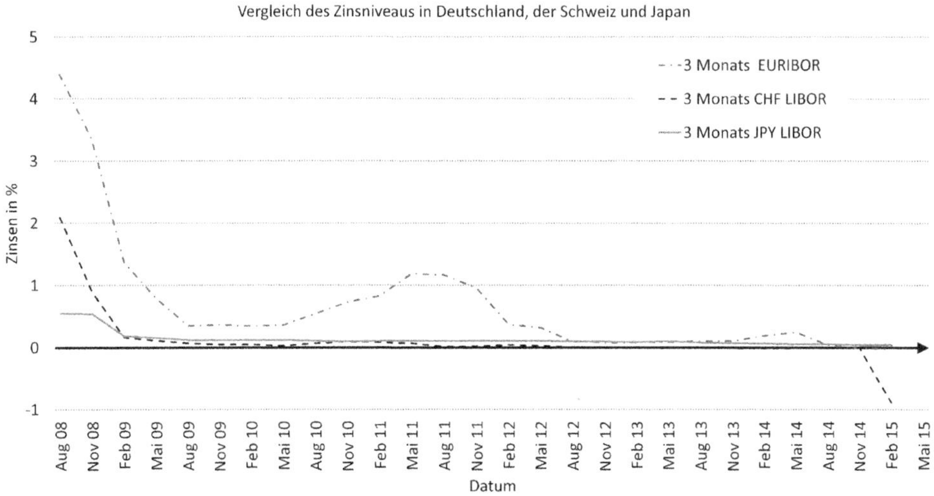

Abb. 5.3 Vergleich des Zinsniveaus in Deutschland, der Schweiz und Japan. (www.global-rates.com)

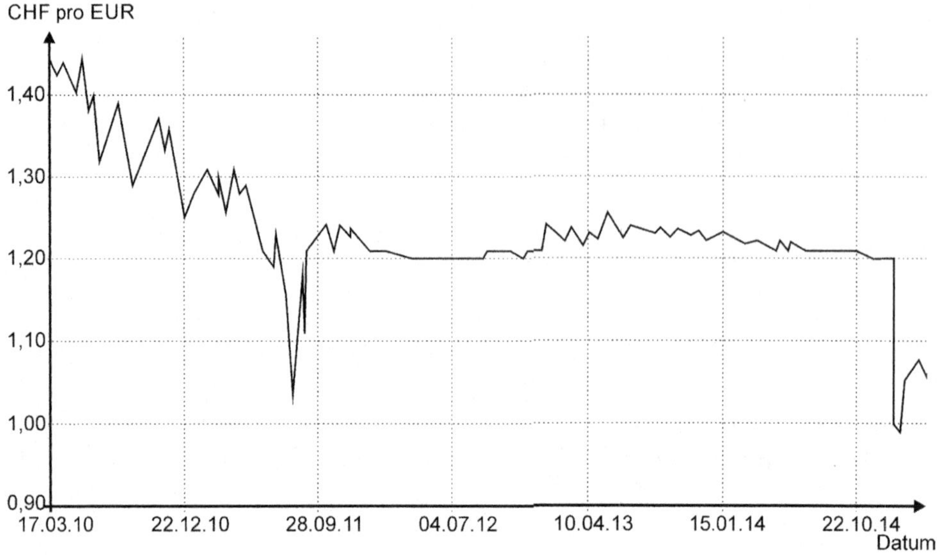

Abb. 5.4 Wechselkurs Schweizer Franken pro Euro; die Grafik zeigt, wie viele CHF man für 1 EUR bekommt. (finanzen.net, 2015)

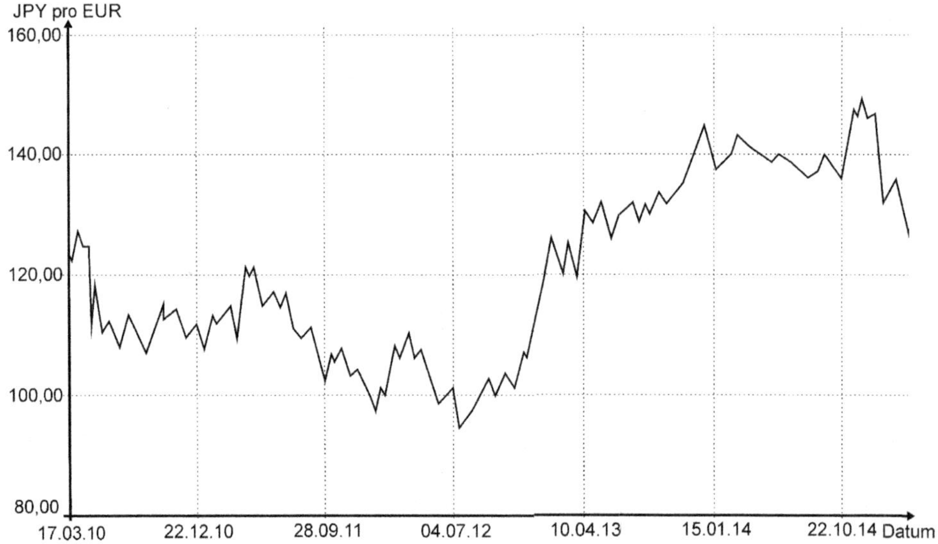

Abb. 5.5 Wechselkurs Japanische Yen pro Euro; diese Grafik zeigt, wie viele JPY man für 1 EUR bekommt. (finanzen.net, 2015)

Abbildungen 5.4 und 5.5 zeigen die Entwicklung der am meisten eingesetzten Währungen für die Fremdwährungsdarlehen – Schweizer Franken und Japanischer Yen. Die Chancen und Risiken sind für den Kreditnehmer gleichmäßig verteilt; es können sich sowohl steigende als auch fallende Wechselkurse ergeben.

Abschließend ist zu erwähnen, dass Fremdwährungsdarlehen ebenso wie Cap-Darlehen in der täglichen Praxis von Kreditinstituten eine untergeordnete Rolle spielen. Diese sehr speziellen Darlehensformen sind für die private Baufinanzierung wenig geeignet und werden hier nur der Vollständigkeit halber erläutert.

5.9 Das Umkehrdarlehen

Im Zusammenhang mit Immobilien wird manchmal auch der Begriff „Umkehrdarlehen" oder „Umkehrhypothek" verwendet. Dabei geht es allerdings nicht um die Finanzierung eines Eigenheimes bzw. um den Aufbau von Vermögen. Ganz im Gegenteil: mit der Beleihung einer Immobilie soll die finanzielle Situation (Liquidität) der Eigentümer verbessert werden. Dabei wird das Immobilienvermögen aufgezehrt.

Im Rahmen der Beleihung gewährt die Bank entweder die Auszahlung eines Einmalbetrages oder eine monatliche Rente. Wie hoch diese Beträge sein können, hängt entscheidend vom Immobilienwert und den Konditionen des jeweiligen Darlehensgebers ab.

In den USA und Großbritannien sind diese Umkehrdarlehen schon seit langer Zeit bekannt und werden seit einigen Jahren auch auf dem deutschen Markt vertrieben.

In Deutschland wird das Umkehrdarlehen ausschließlich für Senioren angeboten, die eine möglichst schuldenfreie Immobilie besitzen. Häufig legen die Banken für die Kreditvergabe bestimmte Altersgrenzen fest, sodass Umkehrdarlehen erst ab einem bestimmten Mindestalter erhältlich sind. Zusätzlich muss die Immobilie einen – vom jeweiligen Finanzinstitut abhängigen – Mindestwert aufweisen. So bietet die *Deutsche Grundstücksrente GmbH* beispielsweise Umkehrdarlehen für Personen ab 60 Jahren an, deren Eigenheim mindestens 100.000,– € wert ist.

Relevante Kriterien für die Kreditvergabe stellen unter anderem Zustand, Lage und Verschuldungsgrad des Objekts dar. In diesem Zusammenhang werden im Darlehensvertrag auch regelmäßig Verpflichtungen hinsichtlich des Werterhalts (Instandhaltung) vereinbart. Auch das Wertentwicklungspotential der Immobilie ist von großer Bedeutung. Beispielsweise sinken aufgrund von Reurbanisierungsprozessen die Immobilienpreise in etlichen Regionen Deutschlands, wodurch die Objektsicherheit für die Bank in diesen Gebieten abnimmt.

Da Banken risikoscheu sind, setzen sie bei der Bewertung des zu verrentenden Objekts einen zusätzlichen Sicherheitsabschlag an, um einer Überbewertung vorzubeugen.

Die eigentliche Verrentung läuft wie folgt ab: Das Objekt wird beliehen, woraufhin der Darlehensnehmer die vereinbarten Zahlungen erhält und weiterhin Eigentümer der Immobilie bleibt. Am Grundbucheintrag in Abteilung I „Eigentumsverhältnisse" ändert sich somit nichts. Während der – in der Regel lebenslangen – Darlehenslaufzeit, leistet der Darlehensnehmer keine Zahlungen an die Bank, d. h. keinen Kapitaldienst. Fällig wird das Umkehrdarlehen erst bei Tod, Auszug oder Verkauf der Immobilie. Im Todesfall obliegt es dann den Erben, ob sie den Kredit selbst tilgen, um das Objekt weiter bewohnen oder vermieten zu können oder ob sie einer Verwertung durch die Bank zustimmen. Sofern der Darlehensgeber die Immobilie zum Zweck der Kreditbegleichung veräußert, stehen den Erben des Darlehensnehmers etwaige Überschüsse zu.

Lohnenswert ist die sogenannte Verrentung einer Immobilie aber nur unter zwei Bedingungen: Zum einen sollte es Ziel des Kreditnehmers sein, sie noch lange Zeit selbst zu bewohnen, da Umzug oder Verkauf die Fälligkeit des Umkehrdarlehens auslösen. Zum anderen mindert dieses Finanzprodukt die Erbmasse und sollte deshalb insbesondere dann in Betracht gezogen werden, wenn die Immobilie nicht vererbt werden kann oder soll.

Umkehrdarlehen können Verbrauchern einige (wenige) Vorteile bieten. Der Darlehensnehmer bleibt Objekteigentümer und leistet während der gesamten Laufzeit keinen Kapitaldienst, da der Kredit erst bei Tod, Verkauf oder Auszug fällig wird. Zudem ist der Zinssatz über die Laufzeit festgeschrieben und die Auszahlungen sind steuerfrei. Oftmals wird seitens der Bank auch auf die persönliche Haftung des Darlehensnehmers verzichtet.

Nachteilig ist insbesondere der hohe Preis dieses Finanzprodukts. Dazu tragen überhöhte Zinssätze und die Kosten zur Absicherung des Kreditinstituts gegenüber dem „Langlebigkeitsrisiko" des Kreditnehmers bei. Dies führt letztlich zu einem schnellen Werteverzehr und zur Reduzierung der Erbmasse. Während bei einem gewöhnlichen Kredit die Verschuldung mit voranschreitender Laufzeit abnimmt, steigt sie beim Umkehrdarlehen kontinuierlich an. Aufgrund der Beleihung ist es dem Darlehensnehmer auch nicht möglich, die Immobilie anderweitig als Sicherheit einzusetzen.

Hervorzuheben ist, dass die Auszahlungsbeträge im Vergleich zu einem gewöhnlichen Darlehen aufgrund der niedrigen Beleihungsgrenze wesentlich geringer ausfallen. Die Beleihungsgrenze für ein Umkehrdarlehen liegt teilweise nur bei 30 bis 40 % des Beleihungswerts und damit etwa 50 % unterhalb der Beleihungsgrenze für einen gewöhnlichen Immobilienkredit. Um geringen Auszahlungsbeträgen entgegenzuwirken, kann die Darlehenslaufzeit vertraglich eingeschränkt werden. Eine zeitliche Begrenzung führt aus Sicht der Bank zur Risikoreduzierung, da auf diese Weise das „Langlebigkeitsrisiko" des Kreditnehmers ausgeschlossen und die Wertentwicklung der Immobilie besser kalkuliert werden kann.

Bei der so genannten „Immobilienrente" handelt es sich um ein ähnliches Finanzprodukt wie die Umkehrhypothek. Allerdings mit einem wesentlichen Unterschied: die Immobilie wird sofort verkauft und der Verkäufer (Alt-Eigentümer) erhält ein lebenslanges Wohnrecht.

Typischerweise wird in den Verträgen für die Immobilienrente bzw. Umkehrhypothek festgelegt, dass der Partner des Verstorbenen weiterhin ein lebenslanges Wohnrecht genießt. Ggf. wird an den Hinterbliebenen eine (evtl. verminderte) Immobilienrente weiter gezahlt.

Weiterführende Literatur

BAUSPARVERTRAG: www.bausparvertrag.net

BLOOMBERG: www.bloomberg.com

BOERSE-FRANKFURT: www.boerse-frankfurt.de

CECU: www.cecu.de

ECB: www.ecb.int

Ettmann, B., Wolff, K., Wurm, G. (2008): Kompaktwissen Bankbetriebslehre, 16. Aufl., Bildungsverlag EINS, Troisdorf

Grill, W., Perczynski, H., Grill, H. (2008): Wirtschaftslehre des Kreditwesens, 42. Aufl., Bildungsverlag EINS, Troisdorf

Hölting, M. (2011): WISO – Immobilienfinanzierung, 4. Aufl. Campus Verlag GmbH, Frankfurt/Main

Noosten, D. (2013): Ratgeber Baufinanzierung, Noosten Verlag, Detmold

Oppel, K., Radtke, S. (2009): Immobilienfinanzierung, Neue Kredite, neue Wege – 2. Aufl.; Rudolf Haufe Verlag, Planegg

Schulze, E., Stein, A. (2005): Baufinanzierung, Haufe-Lexware

Schulze, E., Stein, A. (2014): Immobilien- und Baufinanzierung. Freiburg: Haufe Verlag

Siepe, W. (2011): Immobilienfinanzierung: Die richtige Strategie; 2. Aufl., Stiftung Warentest Verlag, Berlin

TEST: www.test.de

VERBRAUCHERZENTRALE NORDRHEIN-WESTFALEN: www.vz-nrw.de

6 Tilgungsfreie Darlehen mit Tilgungsersatz

6.1 Vorausdarlehen und Bausparvertrag

Die Bausparkassen bieten Kreditnehmern ohne Bausparvertrag, die unmittelbar vor dem Kauf bzw. Bau einer Immobilie stehen, ein besonderes Finanzierungsmodell an. Dabei werden gleichzeitig ein Vorausdarlehen (d. h. tilgungsfreies Darlehen) und ein Bausparvertrag in Höhe des Darlehensbetrages abgeschlossen. Das Vorausdarlehen wird sofort an den Kreditnehmer ausgezahlt. Den Bausparvertrag bespart der Kreditnehmer in den folgenden Jahren mit gleichbleibenden Beträgen (siehe Abb. 6.1). Parallel dazu fallen Sollzinsen für das Vorausdarlehen an.

Mit der Auszahlung der Bausparsumme (Bausparguthaben plus Bauspardarlehen) wird das Vorausdarlehen abgelöst. Der Kreditnehmer zahlt von diesem Zeitpunkt an nur noch die für das Bauspardarlehen anfallende Tilgungsleistung (Zinsen und Tilgung). Allerdings ist der Zeitpunkt der Zuteilung ungewiss: Läuft das Festbetragsdarlehen aus, bevor der Bausparvertrag zugeteilt wird, muss der Bausparer unter Umständen den Gesamtbetrag zu einem höheren Zinssatz zwischenfinanzieren.

Einige Bausparkassen umgehen diese Zuteilungsproblematik, indem entweder die Sparraten erhöht werden, damit das Bauspardarlehen schneller zugeteilt wird, oder die Dauer des Festbetragsdarlehens so gewählt wird, dass der Zuteilungszeitpunkt auf jeden Fall erreicht wird. Diese Art der Absicherung belastet schlussendlich den Kreditnehmer.

Das Modell der Sofortfinanzierung mit gleichzeitigem Bausparvertrag ist nur sinnvoll in einer Niedrigzinsphase. Dann bietet es die entscheidenden Vorteile einer festgeschriebenen Zinsbindung bis zum Ende der Kreditlaufzeit mit entsprechender Planungssicherheit. Darüber hinaus hat es aber auch folgende Nachteile:

- Eine Tilgungsaussetzung wie bei Hypothekendarlehen ist nicht möglich, weil nicht getilgt wird.

D. Noosten, *Die private Bau- und Immobilienfinanzierung*, DOI 10.1007/978-3-658-09986-2_6

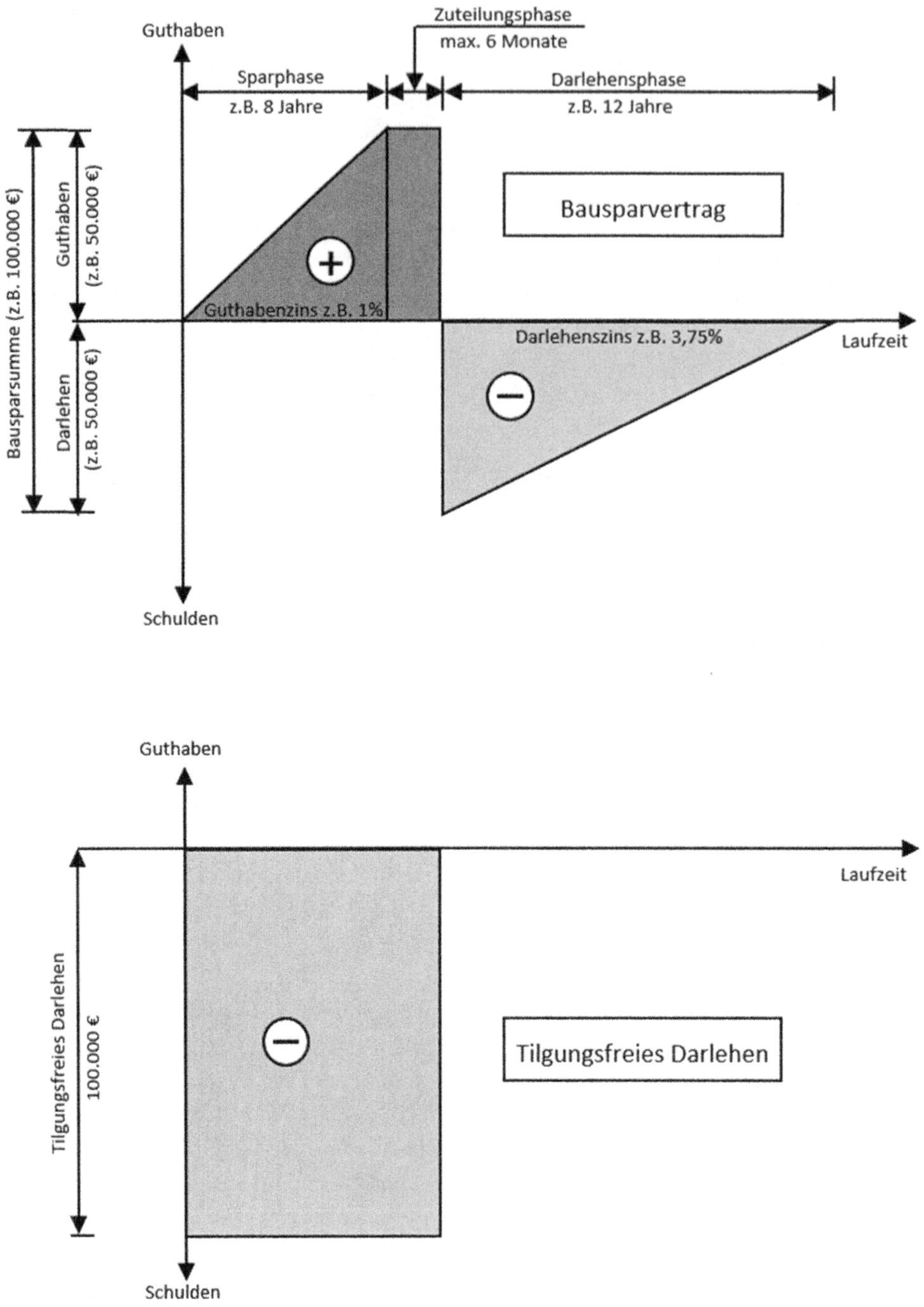

Abb. 6.1 Kombidarlehen der Bausparkassen

- Bei der Veräußerung der Immobilie vor der Inanspruchnahme des Bauspardarlehens wird auf das zinsgünstige Bauspardarlehen verzichtet. Darüber hinaus muss eine Vorfälligkeitsentschädigung (siehe Abschn. 4.5.3) gezahlt werden.
- Die Bausparkassen sind nicht verpflichtet, den Effektivzins der gesamten Kombinationsvariante zu nennen. Es werden lediglich die gesetzlich vorgeschriebenen Angaben der jeweiligen Finanzierungsphase gemacht. Beide Angaben sind korrekt und suggerieren eine günstige Finanzierungskombination. Doch die nähere Betrachtung solcher Angebote zeigt, dass die Gesamtbelastung wesentlich höher ist.

Eine spezielle Variante dieser Finanzierung ist das sogenannte Konstantmodell. Es bietet eine gleichbleibende (konstante) monatliche Belastung über die gesamte Finanzierungsdauer, d. h., die Summe aus Zinsen und Bausparbeiträgen pro Monat bis zur Zuteilung ist identisch mit dem Schuldendienst pro Monat ab der Zuteilung.

Des Weiteren ist es möglich vorhandene Riester-Verträge in diese Variante einzubauen. In diesem Fall sind die Banken auch verpflichtet den Effektivzins für das Kombidarlehen auszugeben. Mehr dazu im nächsten Kapitel.

6.2 Riester-Vorausdarlehen mit Bausparvertrag

Bei dem Riester-Vorausdarlehen mit Bausparvertrag handelt es sich um eine zertifizierte Kombination aus einem tilgungsfreien Darlehen und einem Bausparvertrag. Bei Vertragsabschluss wird vereinbart, dass das tilgungsfreie Darlehen durch die zugeteilte Bausparsumme abgelöst wird. Da die Bausparsumme der Tilgung des Vorausdarlehens dient, werden die Einzahlungen in den Bausparvertrag ebenso gefördert wie die Tilgungsleistungen eines Riester-Darlehensvertrages.

6.3 Tilgungsfreies Darlehen mit Kapital-Lebensversicherung

6.3.1 Aufbau

Bei dieser Finanzierung gewährt die Versicherung dem Kreditnehmer ein tilgungsfreies Darlehen und schließt zugleich eine kapitalbildende Lebensversicherung in Höhe des Darlehens ab (siehe Abb. 6.2). Für die Versicherungsgesellschaft lohnt sich ein solches Modell doppelt, da zum einen ein Neugeschäft im Kernbereich generiert wird und zum anderen die Versicherungsgesellschaft das Geld sicher und gewinnbringend anlegt. Dadurch können die Versicherer teilweise etwas günstigere Sollzins-Konditionen anbieten.

Dauer und Ablaufleistung der Lebensversicherung werden an den Darlehensbetrag angepasst. Damit soll der Kreditnehmer imstande sein, den kompletten Darlehensbetrag zum Ablauf der Versicherungsdauer tilgen zu können.

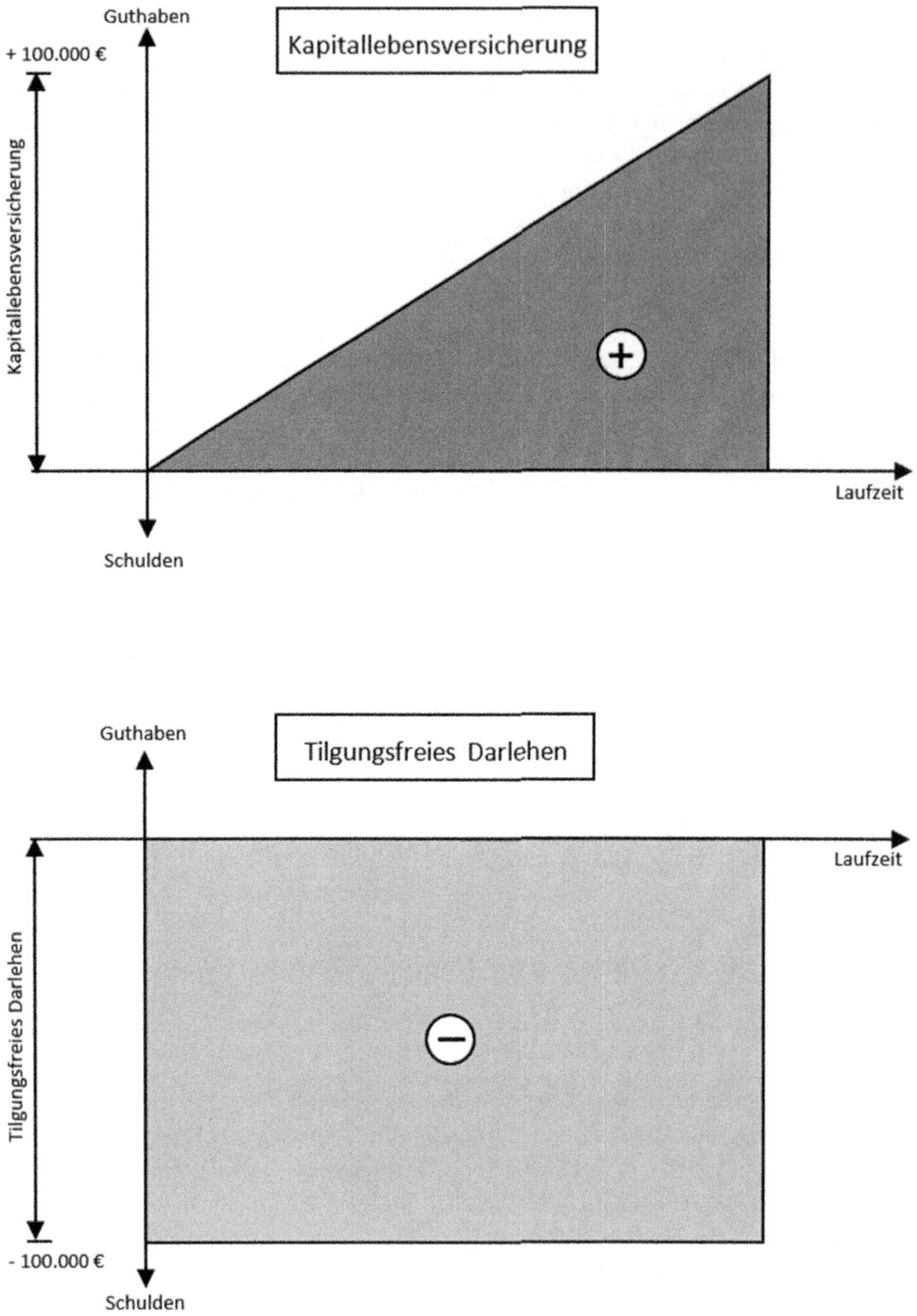

Abb. 6.2 Kombination einer Kapitallebensversicherung mit einem tilgungsfreien Darlehen

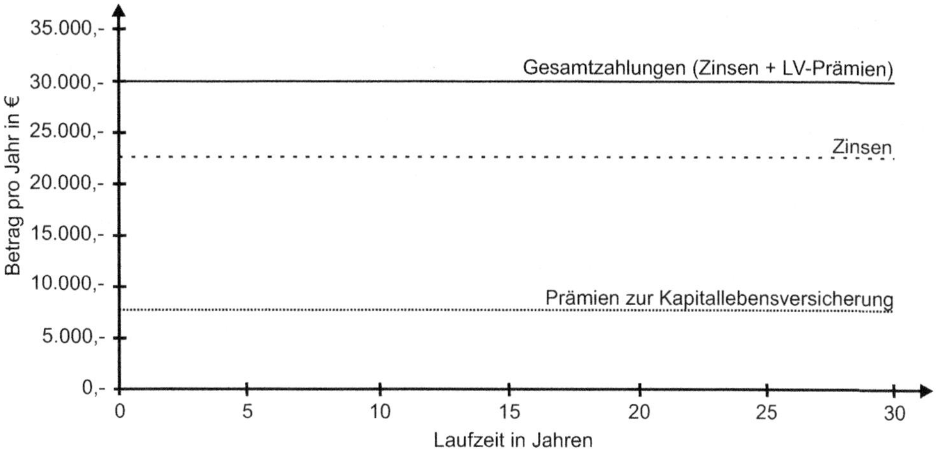

Abb. 6.3 Zusammensetzung des jährlichen Schuldendienstes

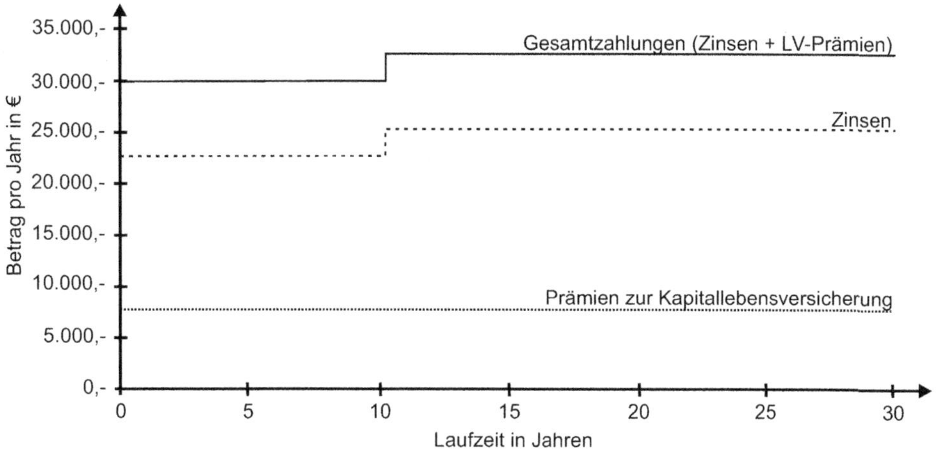

Abb. 6.4 Änderung des jährlichen Schuldendienstes bei steigenden Zinsen

Abbildung 6.3 zeigt die Zusammensetzung des jährlichen Schuldendienstes bei einem Versicherungsdarlehen, Abb. 6.4 dessen Entwicklung, wenn der Sollzinssatz nach Ablauf der 10-jährigen Zinsbindung steigt.

In Abb. 6.5 ist die Entwicklung des Schuldendienstes dargestellt, wenn der Zinssatz zuerst sinkt und danach wieder steigt.

Einige Versicherungsgesellschaften verlangen eine Mindestunterdeckung zwischen 60 und 100 % beim Abschluss eines Darlehensvertrages. Mindestunterdeckung bedeutet, dass die garantierte Leistung der Versicherungspolice den Darlehensbetrag zum vereinbarten Prozentsatz abdeckt. Der verbleibende Anteil soll aus der Überschussbeteiligung gedeckt werden. Bei einer guten Entwicklung der Überschussanteile und hoher Minde-

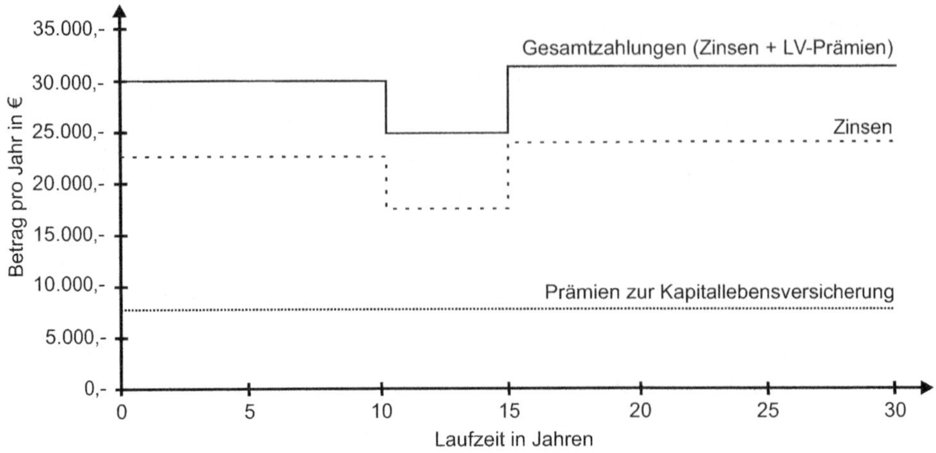

Abb. 6.5 Änderung des jährlichen Schuldendienstes bei wechselnden Zinssätzen

stunterdeckung über einen so langen Zeitraum kann die tatsächliche Ablaufleistung der Versicherungspolice den Darlehensbetrag übersteigen. Das hat zwar den positiven Effekt der zusätzlichen Kapitalbildung, allerdings muss der Kreditnehmer im Zeitraum der Beitragszahlung auch höhere Beiträge entrichten.

6.3.2 Vor- und Nachteile

Für die Eigenheimfinanzierung ist diese Art der Finanzierung eher ungeeignet. Allenfalls für die Finanzierung von Mietobjekten (oder einer beruflichen Nutzung) und bei einer hohen persönlichen Steuerbelastung kann diese Finanzierungsform sinnvoll sein, weil die Versicherungsbeiträge als Finanzierungskosten mit den Einnahmen aus Vermietung und Verpachtung verrechnet werden können. Von der Versicherungswirtschaft werden gerne folgende Vorteile genannt:

- In der kapitalbildenden Lebensversicherung ist der Todesfallschutz „kostenlos" enthalten. *Aber:* Er lässt sich auch sehr günstig mit einer Risiko-Lebensversicherung bzw. Restschuldversicherung absichern.
- Die Beiträge für die Lebensversicherung können ggf. als Vorsorgeaufwand steuerlich geltend gemacht werden. *Aber:* Die meisten Steuerpflichtigen schöpfen ihre Höchstbeträge für den Sonderausgabenabzug bereits durch die Sozialversicherungsbeiträge und andere Versicherungen aus, wodurch sich die Prämien steuerlich nicht mehr auswirken.

Allerdings gibt es auch Nachteile:

- Bei einem tilgungsfreien Darlehen wird der Zinssatz für eine bestimmte Dauer vertraglich festgelegt. Nach Ablauf der Zinsbindung besteht das Risiko einer Zinserhöhung, insbesondere dann, wenn das Darlehen während einer Niedrigzinsphase aufgenommen wurde. Da der Darlehensbetrag im Laufe der Vertragsdauer nicht getilgt wird, wirkt sich der neue Zinssatz auf den vollen Darlehensbetrag aus, was die jährliche Belastung erheblich steigern kann (siehe Abb. 6.4).

- Der Versicherer garantiert nur einen Teil der Ablaufleistung. Die Überschussbeteiligung – der andere Teil der Ablaufleistung – basiert auf den Werten der Vergangenheit und ist nur eine Hochrechnung, was bei zukünftig ähnlicher Geschäftslage der Versicherung zu erwarten ist. Bei einer schlechteren Geschäftslage als erwartet, wird die Überschussbeteiligung kleiner ausfallen. In diesem Fall hat der Kreditnehmer zum Ende der Laufzeit einen Nachfinanzierungsbedarf. Das Risiko der sinkenden Ablaufleistung lässt sich aber vermeiden, indem eine höhere Versicherungssumme abgeschlossen wird, was allerdings zu einer höheren monatlichen Prämie führt.
- Die insgesamt zu zahlenden Zinsen sind relativ hoch, weil das Darlehen zwischenzeitlich nicht getilgt wird.

6.4 Aktien oder Aktienfonds als Tilgungsträger

Eine ähnlich spekulative Finanzierungsvariante wie das Fremdwährungsdarlehen ist der Einsatz von Aktien oder Aktienfonds als Tilgungsträger (d. h. zur Tilgung eines Festbe-

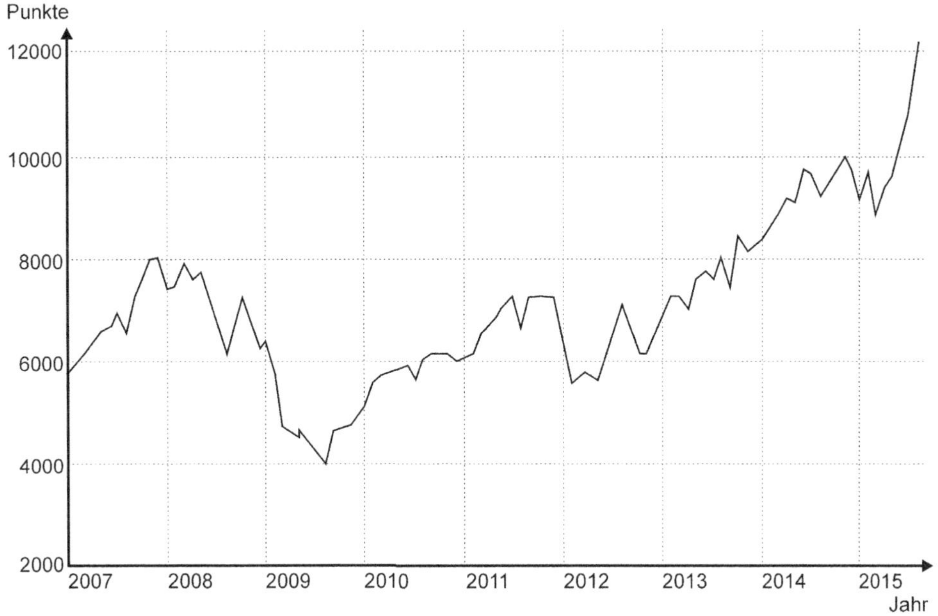

Abb. 6.6 Entwicklung des DAX vom 2007–2015. (Boerse-Frankfurt, 2015)

tragsdarlehens). Dabei werden die Gelder in Aktien oder Aktienfonds angelegt, damit die daraus resultierenden Gewinne zu einer schnelleren Entschuldung des Kreditnehmers beitragen.

Der Erfolg dieser Strategie hängt jedoch direkt von dem Börsenkurs der Aktie bzw. des Aktienfonds zum Zeitpunkt der Darlehenstilgung ab. Im schlimmsten Fall droht das Risiko des Totalverlustes des angesparten Kapitals. Dieser Tilgungsträger eignet sich daher nur für Kreditnehmer mit Börsenerfahrung, die das Risiko einschätzen und einen etwaigen Spekulationsverlust finanziell verkraften können.

Abbildung 6.6 zeigt den Verlauf des Deutschen Aktien Index (DAX) im Zeitraum von Januar 2000 bis August 2013.

Weiterführende Literatur

BAUSPARVERTRAG: www.bausparvertrag.net

BOERSE-FRANKFURT: www.boerse-frankfurt.de

Ettmann, B., Wolff, K., Wurm, G. (2008): Kompaktwissen Bankbetriebslehre, 16. Aufl., Bildungsverlag EINS, Troisdorf

GABLER WIRTSCHAFTSLEXIKON: www.wirtschaftslexikon.gabler.de

Grill, W., Perczynski, H., Grill, H. (2008): Wirtschaftslehre des Kreditwesens, 42. Aufl., Bildungsverlag EINS, Troisdorf

Hölting, M. (2011): WISO – Immobilienfinanzierung, 4. Aufl. Campus Verlag GmbH, Frankfurt/Main

Noosten, D. (2013): Ratgeber Baufinanzierung, Noosten Verlag, Detmold

NRW.BANK: www.nrwbank.de

Oppel, K., Radtke, S. (2009): Immobilienfinanzierung, Neue Kredite, neue Wege – 2. Aufl.; Rudolf Haufe Verlag, Planegg

Schulze, E., Stein, A. (2014): Immobilien- und Baufinanzierung. Freiburg: Haufe Verlag

Schulze, E., Stein, A., Fleschütz, K. (2008): Immobilien als Geldanlage. Planegg, Haufe Verlag

Siepe, W. (2011): Immobilienfinanzierung: Die richtige Strategie; 2. Aufl., Stiftung Warentest Verlag, Berlin

TEST: www.test.de

VERBRAUCHERZENTRALE NORDRHEIN-WESTFALEN: www.vz-nrw.de

7 Öffentliche Förderung

Der Bau und Erwerb sowie die Sanierung von Immobilien bzw. Wohneigentum werden auch durch die öffentliche Hand gefördert. Diese Förderung wird von den meisten Bundesländern, der KfW-Bankengruppe und weiteren staatlichen Stellen vergeben. Oft geschieht dies in Form zinsverbilligter Kredite. Bei der Einhaltung bestimmter Kriterien können Zuschüsse gewährt werden; diese werden entweder direkt gezahlt oder auf die Tilgung aufgenommener Darlehen angerechnet.

Da die Förderung in jedem Bundesland unterschiedlich geregelt ist und ständigen Änderungen unterliegt, nutzen viele Menschen ihre Fördermöglichkeiten nicht aus. Insofern ist es wichtig, potenziellen Kunden bzw. Kreditnehmern die Möglichkeiten zur Förderung aufzuzeigen. In diesem Kapitel werden nur einige der wichtigsten Förderungsmöglichkeiten kurz vorgestellt. So wird am Beispiel der NRW-Bank (siehe Abschn. 7.3) die Möglichkeit der öffentlichen Förderung durch Darlehensvergabe für den Bau oder Ersterwerb einer selbst genutzten Immobilie in Nordrhein-Westfalen aufgezeigt. Internetseiten mit weiteren Informationen zu Förderungen der Bundesländer können dem Anhang entnommen werden. Eine dringende Empfehlung:

Kontaktieren Sie vor der Baumaßnahme bzw. vor dem Kauf einer Immobilie die zuständigen Stellen, um aktuelle Informationen zur Höhe und zu den Bedingungen der Förderung zu erhalten. In der Regel muss die Förderung vor Beginn der Maßnahme beantragt werden.

Nur so kann sichergestellt werden, dass die Ansprüche gewahrt bleiben. Die frühzeitige Beantragung der Förderung erhöht die Chance auf Bewilligung der Mittel. Sind die vorgesehenen Fördertöpfe erschöpft, werden keine weiteren Mittel bewilligt, auch wenn die Voraussetzungen dafür erfüllt sind. Ein Rechtsanspruch auf Förderung besteht nicht.

D. Noosten, *Die private Bau- und Immobilienfinanzierung*, DOI 10.1007/978-3-658-09986-2_7

7.1 KfW-Darlehen

Parallel zu den Darlehen der Landesbanken werden auf Bundesebene vergünstigte Darlehen der staatseigenen KfW-Bankengruppe (im Folgenden KfW genannt) angeboten. Die KfW (Kreditanstalt für Wiederaufbau) legt Förderprogramme auf, um Anreize für Kreditnehmer zu schaffen, eine eigene Immobilie zu erbauen, zu erwerben oder aber eine vorhandene Immobilie energetisch zu sanieren oder barrierefrei zu gestalten. Dabei sind die von der KfW vergebenen Darlehen nicht an Einkommensgrenzen gebunden.

Die KfW-Darlehen werden nicht direkt, sondern über durchleitende Finanzinstitute vergeben. Das bedeutet, dass der Antrag über die Hausbank des Kreditnehmers laufen muss. Einige Kreditinstitute bieten diese Möglichkeiten aber nicht an.

Die meisten KfW-Darlehen können mit anderen öffentlichen Mitteln und anderen Darlehen kombiniert werden. Außerdem leistet die KfW auch Zuschüsse, wenn der Kreditnehmer zum Beispiel eine bestimmte Beratungsleistung in Anspruch nimmt oder Sanierungsarbeiten komplett aus Eigenmitteln finanziert und auf ein verbilligtes KfW-Darlehen verzichtet.

In Tab. 7.1 sind die für den Kreditnehmer wichtigsten Darlehens- und Zuschussprogramme der KfW zusammengefasst. Darüber hinaus gibt es noch Programme zur Erhöhung des Wohnkomforts, beispielsweise 159 (Altersgerecht Umbauen – Kredit) und 455 (Atersgerecht Umbauen – Investitionszuschuss), sowie Programme bezüglich erneuerbarer Energien. Insofern kann diese Tabelle lediglich einen Überblick über die Förderprogramme verschaffen. Auf die Darstellung der Zinssätze wird verzichtet, da diese der Marktentwicklung angepasst werden. Weitere Informationen zu den aktuellen Programmen, Zinskonditionen und Voraussetzungen finden sich auf den Internetseiten der KfW (www.kfw.de).

Bereits begonnene oder abgeschlossene Vorhaben werden generell nicht gefördert. Vor Baubeginn bzw. Kauf muss also zumindest ein protokolliertes Beratungsgespräch bei der überleitenden Bank stattgefunden haben, damit das Vorhaben nicht als „schon begonnen“ und damit als nicht förderungsfähig eingestuft wird.

Tab. 7.1 KfW-Programmübersicht. (Auswahl, Stand März 2015; www.kfw.de)

Programm-Nr.	KfW-Programm	Kredit/Zuschuss	Neubau	Ersterwerb/Neubau	Erwerb/Altbau	Sanierung	Ziel	€ pro Wohneinheit	Zinsbindung	Sondertilgung	Zuschuss
153	KfW-Programm Energieeffizient Bauen	K / Z	ja	ja	nein	nein	KfW-Effizienzhaus 70, 55 oder 40 oder vergleichbares Passivhaus	Kredit bis 50.000,-€ / Wohneinheit (ohne Grundstücks-kosten)	10 Jahre	ja	bis zu 10%, je nach erreichtem Standard
124 /(134)	KfW-Wohneigentumsprogramm (Genossenschaftsanteile)	K / Z	ja	ja	ja	nein	Bau oder Kauf von selbstgenutzten Immobilien (Genossenschaftsanteilen)	Kredit bis 50.000-€	5 oder 10 Jahre	nein (ja)	nein
431	Energieeffizient *Sanieren* - Baubegleitung	Z	*nein*	*nein*	*ja*	*ja*	*professionelle* Baubegleitung durch Sachverständige	Zuschuss bis 4.000,-€ / Objekt	/	/	Zuschuss von 50 %
430	Energieeffizient Sanieren - Investitionszuschuss	Z	nein	nein	ja	ja	Sanierung zum KfW-Effizienzhaus oder Einzelmaßnahme	Investitionszuschuss bis 18.750,-€	/	/	Investitionszuschuss bis zu 25 %, je nach erreichtem Standard
151	Energieeffizient Sanieren - Kredit, KfW-Effizienzhaus	K / Z	nein	nein	ja	ja	Sanierungsmaßnahmen zum KfW-Effizienzhaus	Kredit bis 75.000,-€	10 Jahre	ja	bis zu 22,5%, je nach erreichtem Standard
152	Energieeffizient Sanieren - Kredit, Einzelmaßnahmen	K / Z	nein	nein	ja	ja	einzelne Sanierungsmaßnahmen zur Energieeinsparung	Kredit bis 50.000,-€	10 Jahre	ja	bis zu 22,5%, je nach erreichtem Standard

7.2 BAFA-Förderung bei der Modernisierung einer Bestandsimmobilie

Das Bundesamt für Wirtschaft und Ausfuhrkontrolle (BAFA) fördert bundesweit Bauherren bei der Umstellung der Heizungsanlagen auf erneuerbare Energien. Im Rahmen dieser Förderprogramme werden Investitionszuschüsse vergeben, um Bestandsimmobilien energetisch zu modernisieren. Neubauten sind von der Förderung ausgeschlossen. Die Förderung ist auch für Darlehensnehmer interessant, die eine Bestandsimmobilie erwerben und eine anschließende Sanierung planen.

Dabei können folgende Maßnahmen gefördert werden:

- Solarthermie
  Es werden Solarkollektorenanlagen gefördert, die u. a. eingesetzt werden zur:
  - Raumheizung,
  - kombinierten Warmwasserbereitung und Raumheizung,
  - Einspeisung der Wärme in ein Wärmenetz.
- Biomasse
  Zur Verfeuerung fester Biomasse werden gefördert:
  - automatisch beschickte Biomasseanlagen, (Kessel zur Verfeuerung von Holzpellets und Holzhackschnitzeln), mit Nennwärmeleistung 5–100 kW,
  - Kombinationskessel zur Verfeuerung von Holzpellets bzw. Holzhackschnitzeln und Scheitholz,
  - besonders emissionsarme Scheitholzvergaserkessel.
- Wärmepumpen
  Gefördert werden effiziente Wärmepumpen für:
  - die kombinierte Raumbeheizung und Warmwasserbereitung von Wohngebäuden,
  - die Raumbeheizung von Nichtwohngebäuden.

Die Fördersätze variieren je nach Größe und Leistung der verbauten Anlagen. Zusätzlich zu der Basisförderung können bei Einhaltung bestimmter Voraussetzungen verschiedene Boni gewährt werden. Die Fördersätze sind Tab. 7.2 zu entnehmen.

Die Förderung kann noch innerhalb von 6 Monaten **nach** Inbetriebnahme der Anlage beim BAFA beantragt werden (Ausschlussfrist). Förderbar sind Vorhaben, die ab dem 01. Januar 2009 begonnen wurden und zum Zeitpunkt der Antragstellung fertiggestellt sind. Die aktuellen Antragsformulare, Förderbeträge und die Liste der benötigten Unterlagen sind den Interseiten der BAFA zu entnehmen (www.bafa.de). Häufig lassen sich Innovationszuschüsse der BAFA mit den KfW-Programmen kombinieren. In den jeweiligen Programmen werden hierzu entsprechende Angaben gemacht.

Tab. 7.2 BAFA-Förderung. (Auswahl, Stand März 2015; www.bafa.de)

Ausgewählte Maßnahmen, die über das BAFA gefördert werden	Förderbetrag
I. Solarkollektoranlagen (thermisch)	
bis 40 m² Bruttokollektorfläche für Warmwasserbereitung und Heizungsunterstützung	Mdst. 1.500,– €, sonst 90,– € / m²
über 40 m² Bruttokollektorfläche für Warmwasserbereitung und Heizungsunterstützung	3.600,– € für die ersten 40 m², danach 45,– € / m²
20 – 100 m² Bruttokollektorfläche bei Nichtwohngebäuden oder großen Wohngebäuden	180,– € /m²
II. Biomasseanlagen	
Pelletöfen mit Wassertasche	1.400,– € bis 3.600,– €
Pelletkessel	2.400,– € bis 3.600,– €
Pelletkessel mit Pufferspeicher (mind. 30 l/kW)	2.900,– € bis 3.600,– €
Hackschnitzelkessel mit Pufferspeicher	1.400,– €
Scheitholzvergaserkessel mit Pufferspeicher	1.400,– €
III. Wärmepumpen	
Sole/Wasser- und Wasser/Wasser-Wärmepumpen	2.800,– € bis 11.800,– €
Sole/Wasser- und Wasser/Wasser-Wärmepumpen mit Pufferspeicher	3.300,– € bis 12.300,– €
Luft/Wasser-Wärmepumpen	1.300,– € bzw. 1.600,– €
Luft/Wasser-Wärmepumpen mit Pufferspeicher	1.800,– € bzw. 2.100,– €

7.3 Zinsgünstige Darlehen am Beispiel der NRW.Bank

In bestimmten Fällen unterstützt das Land Nordrhein-Westfalen Eigentümer selbstgenutzter Immobilien durch ein zinsgünstiges Darlehen der NRW.Bank (früher auch als WfA-Darlehen bezeichnet). Die Fördermittel werden bei der Stadt- oder Kreisverwaltung beantragt, in deren Bereich das zu fördernde Objekt liegt. Zuständig ist in der Regel das Amt für Bauförderung.

Gefördert werden Haushalte, die aus mindestens einer volljährigen Person und einem Kind oder einer schwerbehinderten Person bestehen. Gefördert werden auch schwerbehinderte Personen, die in einem Einpersonenhaushalt leben. Voraussetzung ist, dass bestimmte Einkommensgrenzen nicht überschritten werden.

Tabelle 7.3 zeigt die gesetzlichen Einkommensgrenzen und das zur Einhaltung dieser Grenzen maximal mögliche Bruttojahreseinkommen eines Haushaltes als Beispiel für

Tab. 7.3 Einkommensgrenzen in der sozialen Wohnraumförderung

Personenanzahl	Einkommens-grenze in Euro	Mögliches Jahresbrutto-einkommen in Euro
Alleinstehend	18.010	28.288
2 Personen	21.710	39.955
Alleinerziehend (1 Kind)	22.350	40.924
3 Personen (1 Kind)	27.330	42.409
4 Personen (2 Kinder)	32.950	50.924
5 Personen (3 Kinder)	38.570	59.439
6 Personen (4 Kinder)	44.190	67.955

das Jahr 2015. Bei der Ermittlung wurde unterstellt, dass nur eine Person im Haushalt Einkünfte erzielt und Steuern, Kranken- und Rentenversicherungsbeiträge entrichtet werden. Werbungskosten sind mit einem Pauschalbetrag von 1000,– € berücksichtigt. Höhere Werbungskosten können im Einzelfall auch ein höheres Bruttoeinkommen erlauben.

Die Tabelle gilt nicht für Beamte und Selbstständige, andere als die aufgeführten Haushaltskonstellationen und bei Einkünften anderer Herkunft (z. B. aus Vermietung). Bestimmte Einkünfte werden nicht angerechnet (z. B. Ausbildungsvergütung von Kindern, die im Haushalt leben).

Zweipersonenhaushalte, junge Ehepaare, schwerbehinderte und/oder pflegebedürftige Menschen und gesetzliche Unterhaltsverpflichtungen erlauben unter Umständen (siehe unten) ein höheres Einkommen. In jedem Fall sollte man sich von der Bewilligungsbehörde (Stadt- oder Kreisverwaltung) beraten lassen. Auf der Homepage der NRW.Bank kann die Förderberechtigung online mit einem interaktiven Förderberater berechnet werden. Dort ist auch die Adresse der zuständigen Bewilligungsbehörde zu finden (www.nrwbank.de).

Bei anderen oder mehreren Einkunftsarten können sich andere Einkommensgrenzen ergeben.

Förderfähig sind u. a. folgende Objekte:

- die Erstellung eines Eigenheims/einer Eigentumswohnung in einem neuen selbstständigen Gebäude durch Neubau, Aufstockung eines Gebäudes oder Anbau an ein Gebäude,
- der Ersterwerb eines durch Neubau oder Erweiterung entstandenen Eigenheims oder einer Eigentumswohnung vom Bauträger,
- die erstmalige Schaffung eines Eigenheims/einer Eigentumswohnung durch Änderung/Nutzungsänderung eines Gebäudes oder der Ersterwerb eines solchen Förderobjektes,
- die Reduzierung von Barrieren,
- die Förderung von Mietwohnraum,
- die Verbesserung der Energieeffizienz.

Eine Förderung ist nicht möglich, wenn:

a) der Baubeginn bzw. Vertragsabschluss vor Erteilung der Förderzusage durch die Bewilligungsbehörde erfolgt ist,
b) die von der Bewilligungsbehörde als angemessen betrachteten Gesamtkosten überschritten werden,
c) bestimmte energetische Standards nicht erfüllt werden,
d) Wohn- und Schlafräume kleiner als 10 qm sind,
e) es sich um eine Eigentumswohnung in einem Hochhaus handelt.

Dabei muss ein Mindestanteil von 15 % der Gesamtsumme an Eigenleistung erbracht werden, die Hälfte davon aus eigenen Geldmitteln oder durch ein lastenfreies Grundstück.

Außerdem prüft die Bewilligungsbehörde, ob die Tragbarkeit der Belastung auf Dauer gesichert ist und folgenden monatlichen Mindestrückbehalt (nach Abzug der Belastungen aus der Baufinanzierung, den Betriebskosten und allen anderen Zahlungsverpflichtungen) zur Sicherung des Lebensunterhalts nicht unterschreitet:

- für einen Einpersonenhaushalt: 780,– €,
- für einen Zweipersonenhaushalt: 1000,– €,
- für jede weitere Person zusätzlich: 255,– €.

Die Höhe der Förderung hängt von verschiedenen Faktoren ab. Dazu gehören u. a.

- die Art des Vorhabens,
- die Anzahl der Kinder,
- die Gemeinde und
- ob das Objekt barrierefrei errichtet wird.

So kann die Höhe eines Darlehens bei einem Haushalt mit zwei Kindern, abhängig von den oben genannten Faktoren, stark variieren und bis ca. 90.000,– € betragen. Zusätzlich kann ein Starterdarlehen von 10.000,– € gewährt werden. Das Starterdarlehen kann als Eigenkapitalersatz angerechnet werden, um den geforderten Mindestanteil an Eigenleistung erbringen zu können.

Derzeit gelten für das Baudarlehen der NRW.Bank folgende Konditionen (Jahr 2015):

- Zinsen:
  In den ersten 5 Jahren beträgt der Zinssatz 0,5 % p. a., danach erhöht er sich stufenweise auf bis zu 6 %, abhängig von der Dauer. Eine Senkung ist je nach Einkommensverhältnissen möglich.
- Tilgung:
  - Baudarlehen:
    1 % p. a. zuzüglich ersparter Zinsen bei neuen Objekten.
    2 % p. a. zuzüglich ersparter Zinsen bei gebrauchten Objekten.
    Sondertilgungen sind möglich.

  - Starterdarlehen:
    5 % p. a. zuzüglich ersparter Zinsen.
    Sondertilgungen sind möglich.
    Bis zum Ablauf von 5 Jahren seit Erteilung der Förderzusage kann auf Antrag die Tilgung für einen Zeitraum von 5 Jahren ausgesetzt werden, wenn ein Kind zum Haushalt gehört, das bei Erteilung der Förderzusage nicht berücksichtigt worden ist.
- Verwaltungskosten:
  - einmalig:
    0,4 % (werden bei Auszahlung einbehalten).
  - laufend:
    0,5 % p. a. (berechnet vom ursprünglich bewilligten Darlehensbetrag – nach Tilgung des Darlehens um 50 % wird der Verwaltungskostenbeitrag vom halben Darlehensbetrag berechnet).

Darüber hinaus bietet die NRW.Bank auch Darlehen für andere Zwecke an, z. B. Wohnraummodernisierung/-ausbau oder Wohnraumsonderförderung. Detaillierte Angaben zu diesen Programmen, zu aktuellen Darlehenskonditionen und weiteren Fördergebern sind abrufbar auf der Homepage (www.nrw-bank.de) unter dem Bereich „Förderlotse".

7.4 Darlehen von Kirchen und Kommunen

Neben den bekannten Förderungen vom Bund und Land sind auch regionale Fördermöglichkeiten vorhanden. Zinsvergünstigte Darlehen, Grundstücke im Erbbaurecht und Baukostenzuschüsse werden teilweise auch von Kirchen und Kommunen angeboten. Diese Angebote sind vielen Privatpersonen nicht bekannt. Die Informationen dazu können bei der örtlichen Stadt- oder Kirchenverwaltung eingeholt werden.

7.4.1 Förderung von Kirchen und Kommunen

Derzeit fördern rund 800 Kommunen den Erwerb von Eigenheimen. Sie unterstützen vor allem junge Familien und wollen auf diese Weise ihre Kommune für den Zuzug und die Gründung von Familien attraktiver gestalten. Neben der Unterstützung bei der Immobilienfinanzierung werden die Familien tlw. durch beitragsfreie Kindergartenplätze oder stadteigene Pendlerpauschalen bezuschusst.

In einigen Regionen können Familien beim Immobilienkauf auch auf die katholischen und evangelischen Kirchen setzen, die zum Teil zinslose oder vergünstigte Darlehen vergeben.

Auf der Internetseite http://www.Aktion-pro-Eigenheim.de kann eine Liste der Kommunen, die Fördergelder vergeben, eingesehen werden.

Diese Internetseite enthält nicht nur eine laufend aktualisierte Liste von Kirchen und Kommunen, die Fördermittel zur Verfügung stellen, sondern informiert auch über KfW-Fördermittel, Arbeitgeberdarlehen und Fördermittel der Bundesländer. Des Weiteren findet sich dort auch eine Vielzahl von Tipps für den Erwerb eines Eigenheimes.

7.4.2 Erbbaurecht

Neben den Darlehenszuschüssen verpachten vor allem die Kirchen und Kommunen Grundstücke im Erbbaurecht. Dies ist für Personen interessant, die über wenig Eigenkapital bzw. nur über eine geringe monatliche Belastbarkeit (siehe Abschn. 2.1.3) verfügen.

Im Erbbaurecht wird dem Pächter das Grundstück in der Regel für 99 Jahre überlassen. Für dessen Nutzung zahlt der Grundstückspächter an den Grundstückseigentümer den Erbbauzins. Die Erbbauzinsen betragen in der Regel zwischen 3,0 und 5,0 % des Grundstückswerts. Auf diesem Grundstück kann dann ein Gebäude errichtet werden. Allerdings gibt es vertragliche Auflagen, was für ein Gebäude, beispielsweise ein Doppelhaus oder Reihenhaus, auf dem Grundstück erbaut werden darf. Wichtig ist daher, die Verträge hinsichtlich der Bauweise der Immobilie zu überprüfen.

Das Erbbaurecht kann veräußert und vererbt, jedoch weder vom Pächter noch vom Grundstückseigentümer gekündigt werden. Der Pächter ist dabei Eigentümer der Immobilie und kann diese umbauen, sanieren oder auch zurückbauen. Das Grundstück und das Gebäude werden getrennt voneinander veräußert. Nach den 99 Jahren werden Grundstück und Gebäude wieder zusammengeführt. Dies wird als sogenannter Heimfall bezeichnet.

Danach ergeben sich zwei Optionen:

- Das Gebäude geht gegen eine Entschädigungszahlung auf den Grundstückseigentümer über.
- Dem Pächter wurde im Erbbauvertrag eine Kaufoption eingeräumt.

Die Vorteile des Erbbaurechts sind:

- Der benötigte Darlehensbetrag ist geringer, da kein Grundstück erworben werden muss. Damit sinkt der Eigenkapitalbedarf für das Darlehen. Diese Art der Finanzierung ist für Menschen sinnvoll, bei denen nicht genügend Eigenkapital für ein Darlehen zum Kauf von Grundstück plus Gebäude vorhanden ist.
- Die monatliche Belastung kann durch den kleineren Darlehensbetrag und die evtl. niedrigeren Erbbauzinsen geringer ausfallen. Gerade in Hochzinsphasen ist das Erbbaurecht eine gute Alternative.
- Das Erbbaurecht kann veräußert, vererbt und auch beliehen werden.

Tab. 7.4 Auszug aus Anlage 9a zu § 13 BewG

Laufzeit in Jahren	Kapitalwert
30	14,933
60	17,930
90	18,531
99	18,589

Jedoch sind beim Erbbauchrecht auch Nachteile vorhanden:

- Der Pächter wird lediglich Nutzer, nicht jedoch Eigentümer des Grundstückes (des Grund und Bodens). Das bedeutet, er zahlt auch im Alter noch die Erbbauzinsen, wenn das Darlehen für das Haus bereits abgezahlt ist.
- Beim Verkauf der Immobilie werden i. d. R. geringere Kaufpreise erzielt.
- Eine etwaige Entschädigungszahlung am Ende der Laufzeit fällt häufig geringer als der Immobilienwert aus.

Den Zusammenhang zwischen Darlehenszinsen und Erbbauzinsen verdeutlicht das folgende Beispiel:

Beispiel

Der Grundstückspreis beträgt 100.000 €. Bei einem Darlehenszins von 5,0 % zuzüglich 1,0 % Tilgung ergibt sich eine jährlich Belastung von 6000 €. Bei einem Erbbauzins von 4,0 % fallen 3000 € im Jahr an.

Das Beispiel zeigt: Je höher die aktuellen Darlehenszinsen sind, umso eher rechnet sich die Erbbaupacht.

Auch beim Erbbaurecht ist eine Grunderwerbsteuer zu entrichten. Diese Steuer richtet sich nach dem Grunderwerbsteuersatz des jeweiligen Bundeslandes (siehe Abschn. 2.8.1, Tab. 2.4). Da im eigentlichen Sinne kein Grundstück gekauft wird, fehlt die Bemessungsgrundlage für die Berechnung der Grunderwerbsteuer. Aus diesem Grund hat der Gesetzgeber eine pauschale Berechnungsmethode entwickelt. Dabei wird der vereinbarte jährliche Erbbauzins mit einem Kapitalwert (siehe Tab. 7.4) multipliziert. Dieser ist abhängig von der Laufzeit der Erbbaupacht.

Beispiel

Frau M. erwirbt ein Erbbaurecht auf einem unbebauten Grundstück in Nordrhein-Westfalen (Grunderwerbssteuer = 5,0 %) mit einem Grundstückswert von 100.000 €. Das Erbbaurecht hat eine Laufzeit von 99 Jahren und einen Erbbauzins von 4,0 % pro Jahr.

$$\text{Jährlicher Erbbauzins} = 100.000\,€ \times 4{,}0\,\% = 4000\,€$$

Kapitalwert für eine Laufzeit von 99 Jahren laut Tab. 7.4: 18,589

$$\text{Gegenleistung} = 4000\,€ \times 18{,}589 = 74.356\,€$$

$$\text{Grunderwerbssteuer} = 74.356\,€ \times 5{,}0\,\% = 3717{,}80\,€$$

Weiterführende Literatur

AKTION PRO EIGENHEIM: www.Aktion-pro-Eigenheim.de

Anzenberger, Robert, und Kai Oppel (2009): Immobilienkauf, München: Verlag Franz Vahlen

BAFA: www.bafa.de

BAUSPARVERTRAG: www.bausparvertrag.net

BMVBS: www.bmvbs.de

Hölting, M. (2011): WISO – Immobilienfinanzierung, 4. Aufl. Campus Verlag GmbH, Frankfurt/Main

KFW BANKENGRUPPE: www.kfw.de

LBS: www.lbs.de

Noosten, D. (2013): Ratgeber Baufinanzierung, Noosten Verlag, Detmold

NRW.BANK: www.nrwbank.de

Oppel, K., Radtke, S. (2009): Immobilienfinanzierung, Neue Kredite, neue Wege – 2. Aufl.; Rudolf Haufe Verlag, Planegg

Schulze, E., Stein, A. (2014): Immobilien- und Baufinanzierung. Freiburg: Haufe Verlag

SCHWÄBISCH HALL (2012): Erläuterungen zum Antrag auf Wohnungsbau-Prämie für das Kalenderjahr 2012

Siepe, W. (2011): Immobilienfinanzierung: Die richtige Strategie; 2. Aufl., Stiftung Warentest Verlag, Berlin

VERBRAUCHERZENTRALE NORDRHEIN-WESTFALEN: www.vz-nrw.de

Wahl, A. (Hrsg.): Merkblatt Erbbaurecht. www.notare-wahl-adrian.de/downloads/ger/merkblatterbbaurecht.pdf

WOHN-RIESTER-EIGENHEIMRENTE: www.wohnriester-eigenheimrente.de

8 Anschlussfinanzierung und Forward-Darlehen

8.1 Anschlussfinanzierung

Baufinanzierungen weisen in der Regel am Ende der Zinsbindung noch eine Restschuld auf. Falls der Kreditnehmer diesen Betrag nicht aus eigenen Mitteln begleichen kann, ist er auf eine Anschlussfinanzierung angewiesen. Für eine Anschlussfinanzierung bieten sich verschiedene Möglichkeiten:

Eine Möglichkeit ist die sogenannte Prolongation. Hierbei handelt es sich um die Weiterführung des Vertrages bei derselben Bank zum Ende der Zinsbindungsfrist. Sie ist mit Abstand die häufigste, aber selten die beste Variante! Banken bzw. Kreditgeber sind dazu verpflichtet, spätestens drei Monate vor Ablauf des Darlehens ein Angebot mit neuen Konditionen zu unterbreiten. Der bequemste Weg für den Kreditnehmer wäre, das Verlängerungsangebot der Bank anzunehmen. Weil die Banken auf die Bequemlichkeit der Kunden setzen, bieten sie häufig nicht die besten Konditionen für den Folgevertrag an. Darüber hinaus ist das von den Banken vorgelegte Angebot nicht bindend. Der Kreditnehmer sollte sich also nicht darauf verlassen, den Kredit tatsächlich mit dem vorgeschlagenen Zinssatz verlängert zu bekommen. Wichtig:

Solche Verlängerungsangebote sollten nicht ohne nochmalige Verhandlung angenommen werden. Vergleichsangebote anderer Banken zeigen die Zinsspielräume und erleichtern so die Verhandlungen mit der Hausbank.

Bei der Anschlussfinanzierung ist der Kreditnehmer grundsätzlich nicht an seine Hausbank gebunden. Ein Wechsel zu einer anderen Bank ist also problemlos möglich. Dies bedeutet, dass zum Ende der Zinsbindungsfrist ein neues Darlehen bei einer anderen Bank aufgenommen und damit die Restschuld bei der bisherigen Bank getilgt werden kann. Diese sogenannte Umschuldung hat den Vorteil, dass einem Neukunden häufig bessere Konditionen, Sonder- und Tilgungsrechte eingeräumt werden als von der bisherigen Hausbank. Als Grundsatz gilt:

D. Noosten, *Die private Bau- und Immobilienfinanzierung*, DOI 10.1007/978-3-658-09986-2_8

Frühzeitiges Tätigwerden und das Einholen von Konditionen anderer Kreditinstitute im Vorfeld verhindern, dass Angebote unter Zeitdruck angenommen werden müssen.

Viele Kreditnehmer vermeiden diesen Schritt, weil sie die damit verbundenen Mühen und Kosten scheuen. Allerdings ist ein Bankenwechsel häufig nicht so aufwendig, wie viele glauben. Als Sicherheit für die neue Bank wird eine Grundschuld benötigt. Die Kosten hierfür können stark variieren, je nachdem, ob eine Brief- oder Buchgrundschuld eingetragen ist oder die neue Bank die Neueintragung der Grundschuld fordert. Für eine Neueintragung fallen Notarkosten für die Beglaubigung der Löschungsbewilligungen sowie die Beurkundung der neuen Grundschuld an. Zusätzlich werden hier Grundbuchkosten für die Löschung und Neueintragung fällig. Oftmals ist eine Neueintragung der Grundschuld jedoch nicht notwendig. Durch die Umschuldung hat die frühere Bank kein Recht mehr an der bereits bestehenden Grundschuld. Wenn beide Banken damit einverstanden sind, kann die bestehende Buchgrundschuld einfach an die neue Bank abgetreten werden. Hier werden dann nur die Kosten für die notarielle Beglaubigung der Abtretung und die Eintragung in das Grundbuch fällig. Diese sind jedoch weitaus geringer als die Kosten einer Neueintragung. Eine Briefgrundschuld kann hingegen ohne weitere Kosten übertragen werden.

Bei einer Anschlussfinanzierung entfallen viele Schritte der Erstfinanzierung, da die wichtigsten Eckdaten wie die Darlehenssumme, die Belastbarkeit etc. bereits bekannt sind und die Bewertung der Immobilie meistens nicht mehr vorgenommen wird. Sollte eine Bank bei einer Umschuldung dennoch eine Immobilienbewertung vornehmen, muss diese die dadurch entstehenden Kosten selbst tragen (LG Stuttgart vom 24.04.2007, 20 O 9/07). Achtung:

Einige Banken versuchen dieses Urteil zu umgehen, indem sie den Darlehensnehmer auffordern, ein Gutachten in Auftrag zu geben.

Beispiel

Ein Kreditnehmer hat im Jahr 2005 ein Darlehen mit einer Zinsbindung von 10 Jahren aufgenommen. Der Zinssatz beträgt 6,0 %. Kurz vor Ablauf der Zinsbindungsfrist unterbreitet die Hausbank ein Prolongationsangebot für eine Anschlussfinanzierung mit einem Zinssatz von 5,0 % und einer Zinsbindung von 10 Jahren. Die Restschuld beträgt 100.000 €.

Für den Kreditnehmer bedeutet das Angebot, dass seine jährliche Zinslast bei 5,0 % auf 5000 € sinkt. Wenn der Zinssatz bei 6,0 % bliebe, wäre die jährliche Zinslast 6000 €. Damit spart der Kreditnehmer 1000 € an Zinsen. Der Kreditnehmer kann entscheiden, ob er die monatliche Belastung senkt oder die Tilgung für den Kredit erhöht.

Einen vergleichbaren Kredit bietet eine andere Bank jedoch zu einem Zins von 4,5 % an, d. h. für 4500 € jährliche Zinslast (500 € weniger als die jetzige Hausbank). Bei einer 10-jährigen Zinsbindung bedeutet der Unterschied von 0,5 % (je nach Höhe der Tilgung) eine Zinseinsparung von mehr als 3000 €. Zudem können häufig Sondertilgungsrechte vereinbart werden.

Bevor das Angebot der neuen Bank angenommen wird, ist es empfehlenswert, noch einmal mit dem aktuellen Kreditgeber in Verhandlungen zu treten, um evtl. günstigere Konditionen auszuhandeln. Sollten die neuen Konditionen gleich gut oder nur unwesentlich schlechter sein, ist von einem Wechsel abzuraten, um die Kosten für die Umschuldung zu sparen. Ansonsten sollte sich der Kreditnehmer nicht scheuen, den Kreditgeber zu wechseln.

Als Faustformel gilt:
Ein Wechsel des Kreditgebers kann sich schon lohnen, wenn das Alternativangebot um mehr als einen Zehntel Prozentpunkt (> 0,1 %) günstiger ist, als das Verlängerungsangebot des aktuellen Kreditgebers.

Neben den beiden vorgestellten Möglichkeiten der Prolongation und der Umschuldung hat der Darlehensnehmer mit dem Abschluss eines Forward-Darlehens eine weitere Möglichkeit, sich noch vor Ablauf der Zinsbindungsfrist günstige Konditionen zu sichern.

8.2 Forward-Darlehen

Bei einem Forward-Darlehen oder auch Vorratsdarlehen können die aktuellen Zinsen für die zukünftige Anschlussfinanzierung festgeschrieben werden. Der Kreditnehmer hat die Möglichkeit sich bis zu fünf Jahre vor Ablauf der Zinsbindungsfrist günstige Zinsen zu sichern. Dies macht insbesondere dann Sinn, wenn die aktuellen Zinsen niedriger sind als die Zinsen, die nach der Zinsfestschreibung erwartet werden. Ein Forward-Darlehen kann bei der derzeitigen oder bei einer anderen Bank abgeschlossen werden. Der neue Darlehensbetrag entspricht dabei der Restschuld des alten Vertrages zum Auslauftermin. Zu diesem Termin wird das neue Darlehen ausgezahlt bzw. zur Tilgung der Restschuld an die alte Bank überwiesen.

Der Darlehensgeber lässt sich das Einfrieren des Zinssatzes bezahlen, in dem er einen Zinsaufschlag berechnet. Dieser Zinsaufschlag beträgt ca. 0,01 % bis 0,03 % für jeden Monat, den der Vertrag im Voraus abgeschlossen wird.

Beispiel

Die Zinsbindungsfrist für einen Immobilienkredit läuft im Dezember 2016 aus. Im Dezember 2014 sollen die aktuell niedrigen Zinsen von 4,0 % gesichert werden. Das Kreditinstitut verlangt einen Zinsaufschlag von 0,02 % für jeden Monat, den der Vertrag im Voraus abgeschlossen wird. Daraus ergibt sich ein Zinsaufschlag von (24 Monate × 0,02 % =) 0,48 %.

Der Zinssatz für das Forward-Darlehen beträgt somit:

$$4{,}0\,\%\ \text{Sollzinssatz} + 0{,}48\,\%\ \text{Zinsaufschlag} = 4{,}48\,\%$$

Ein solcher Vertrag lohnt sich also insbesondere in einer Niedrigzinsphase. Durch die aktuelle Zinspolitik der Europäischen Zentralbank (EZB) sind die Zinsen so niedrig wie noch nie. Dadurch sind Baufinanzierungen, aber auch Forward-Darlehen zu besonders günstigen Konditionen zu erhalten.

Kreditnehmer mit Immobiliendarlehen, die in den nächsten Jahren auslaufen, sollten in Erwägung ziehen, ein Forward-Darlehen abzuschließen. Einige Banken bieten auf Grund der derzeitigen Niedrigzinsphase Forward-Darlehen mit geringerem Zinsaufschlag an oder verzichten komplett auf diesen. Daher sollte man sich frühzeitig über die aktuellen Markt- und Zinskonditionen informieren.

Ein abgeschlossenes Forward-Darlehen kann sich als nachteilig erweisen, wenn die erwartete Zinsentwicklung nicht eintritt: Bei einem Forward-Darlehen wird auf eine Zinssteigerung in der Zukunft gewettet. Steigen die Zinsen jedoch nicht an, d. h. bleiben sie auf gleichem Niveau oder sinken sogar, hat der Kreditnehmer Pech gehabt. Denn egal, auf welchem Niveau sich die Zinsen zum Zeitpunkt des Inkrafttretens des Forward-Darlehens befinden, ist der Darlehensnehmer zur Abnahme verpflichtet.

8.3 Echtes/unechtes Forward-Darlehen

Bei einem echten Forward-Darlehen handelt es sich um ein Forward-Darlehen wie in Abschn. 8.2 beschrieben. Der wichtigste Unterschied zu einem unechten Forward-Darlehen ist der Beginn der Zinsbindungsfrist. Ein unechtes Forward-Darlehen ist eigentlich ein normales Annuitätendarlehen, bei dem jedoch die Auszahlung nach hinten verschoben wird. Für die Zeit in der das Darlehen noch nicht ausgezahlt wird, werden jedoch keine Bereitstellungszinsen fällig. Der Unterschied wird anhand des nachfolgenden Beispiels verdeutlicht:

Beispiel

Ein Kreditnehmer hat am 01.04.2007 ein Darlehen mit einer Zinsbindungsfrist von 10 Jahren aufgenommen. Nach acht Jahren, d. h. zwei Jahre vor dem Ende der Zinsbindungsfrist (01.04.2015), denkt er wegen des niedrigen Zinsniveaus, über die Anschlussfinanzierung zum 01.04.2017 nach.

Aktuelles Datum:	01.04.2015
Ende der ersten Zinsbindungsfrist:	01.04.2017
Gewünschte Dauer für die zweite Zinsbindung:	10 Jahre
Vorlaufzeit:	24 Monate

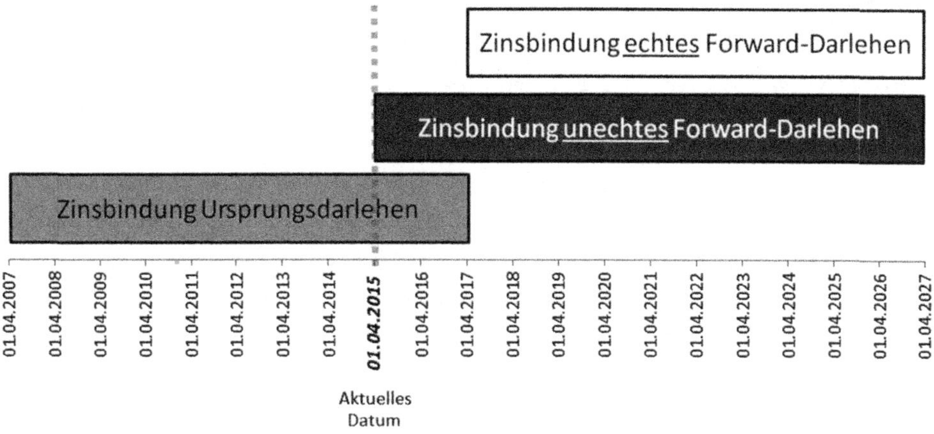

Abb. 8.1 Echtes und unechtes Forward-Darlehen

1. Echtes Forward-Darlehen
   Die Vertragslaufzeit bei dem echten Forward-Darlehen liegt bei 12 Jahren, aber die 10-jährige Zinsbindungsfrist beginnt am 01.04.2017 und endet am 01.04.2027. Bis zur Auszahlung des Darlehens werden keine Zinsen erhoben. Für die 24 Monate des vorzeitigen Vertragsabschlusses verlangt die Bank einen Forward-Aufschlag von beispielsweise 0,02 % pro Monat. Das Zinsniveau liegt bei 3,00 %.
   Der Zinssatz für das Forward-Darlehen beträgt somit:

$$3{,}0\,\%\ \text{Sollzinssatz} + 0{,}48\,\%\ \text{Zinsaufschlag} = 3{,}48\,\%$$

2. Unechtes Forward-Darlehen
   Bei einem unechten Forward-Darlehen muss – damit beide Varianten miteinander vergleichbar sind – eine Zinsbindungsfrist von 12 Jahren vereinbart werden. Nur dann hat der Darlehensnehmer in beiden Fällen die gleiche Planungssicherheit. Allerdings ist der Sollzins für Kredite mit längerer Zinsbindungsfrist höher. In diesem Fall beträgt der Sollzins beispielsweise 3,3 %. Damit wäre das unechte Forward-Darlehen günstiger als das echte.

Dies kann anhand der Abb. 8.1 verdeutlicht werden.

Weiterführende Literatur

DRKLEIN: www.drklein.de

FORWARD-DARLEHEN: www.forward-darlehen.eu

GABLER WIRTSCHAFTSLEXIKON: www.wirtschaftslexikon.gabler.de

Hölting, M. (2011): WISO – Immobilienfinanzierung, 4. Aufl. Campus Verlag GmbH, Frankfurt/Main

INTERHYP: www.interhyp.de

JUSTIZ IN BADEN-WÜRTTEMBERG: www.justizportal-bw.de

Noosten, D. (2013): Ratgeber Baufinanzierung, Noosten Verlag, Detmold

Oppel, K., Radtke, S. (2009): Immobilienfinanzierung, Neue Kredite, neue Wege – 2. Aufl.; Rudolf Haufe Verlag, Planegg

Schulze, E., Stein, A. (2014): Immobilien- und Baufinanzierung. Freiburg: Haufe Verlag

Siepe, W. (2011): Immobilienfinanzierung: Die richtige Strategie; 2. Aufl., Stiftung Warentest Verlag, Berlin

TEST: www.test.de

VERBRAUCHERZENTRALE NORDRHEIN-WESTFALEN: www.vz-nrw.de

Kreditvergleich und Tipps 9

9.1 Kreditvergleich

Um einen Kreditvergleich zu vereinfachen, sollte der Kreditnehmer vor dem Einholen der Angebote die Rahmenbedingungen für seine Finanzierung genau festlegen. Dazu gehören folgende Punkte:

- benötigter Auszahlungsbetrag,
- auf Dauer tragbare und gesicherte monatliche Belastung,
- gewünschte Zinsbindung.

Anhand dieser Kriterien können die Kreditinstitute ihre Kreditvorschläge ausarbeiten.

Trotz der Angabe der Effektivzinssätze (siehe Abschn. 4.2.1) ist es nicht leicht, die Angebote miteinander zu vergleichen, da einige Nebenkosten nicht in die Berechnung des Effektivzinses einfließen. Tabelle 9.1 gibt an, wie Kreditnebenkosten den Effektivzinssatz eines Darlehens erhöhen.

Beispielhaft wurde mit einem Sollzins in Höhe von 5 % (und einer anfänglichen Tilgung von 1 %) gerechnet. Sofern der Kreditnehmer keine Kreditnebenkosten zu zahlen hat, beträgt der Effektivzins für dieses Darlehen 5,12 %.

Für die verschiedenen prozentualen Kreditnebenkosten können der Tabelle einerseits der Effektivzins und andererseits die durch die Nebenkosten verursachte Erhöhung des Effektivzinses entnommen werden. Für andere Sollzinssätze ergeben sich etwas andere Erhöhungs-Werte.

Beispiel

Ein Darlehen über 200.000,– € hat eine 15-jährige Zinsbindung. Für den Kredit fallen Nebenkosten in Höhe von 2000,– €, d. h. 1,0 % des Darlehnsbetrages an, z. B. für Provisionen oder Bereitstellungszinsen. Gemäß Tabelle entspricht dies einer Effektivzinserhöhung um 0,11 %.

D. Noosten, *Die private Bau- und Immobilienfinanzierung*, DOI 10.1007/978-3-658-09986-2_9

Tab. 9.1 Erhöhung des tatsächlichen Effektivzinses durch die Kreditnebenkosten

	5 Jahre Zinsbindung		10 Jahre Zinsbindung		15 Jahre Zinsbindung		20 Jahre Zinsbindung	
Kreditneben-kosten in %	Effektivzins [%]	Erhöhung [%-Punkte]	Effektivzins [%]	Erhöhung [%-Punkte]	Effektivzins [%]	Erhöhung [%-Punkte]	Effektivzins [%]	Erhöhung [%-Punkte]
0,5	5,24	**0,12**	5,19	**0,07**	5,17	**0,05**	5,16	**0,04**
1,0	5,36	**0,24**	5,26	**0,14**	5,23	**0,11**	5,21	**0,09**
1,5	5,48	**0,36**	5,33	**0,21**	5,28	**0,16**	5,26	**0,14**
2,0	5,61	**0,49**	5,40	**0,28**	5,34	**0,22**	5,31	**0,19**
2,5	5,73	**0,61**	5,47	**0,35**	5,39	**0,27**	5,35	**0,23**
3,0	5,86	**0,74**	5,55	**0,43**	5,45	**0,33**	5,40	**0,28**
3,5	5,99	**0,87**	5,62	**0,50**	5,51	**0,39**	5,45	**0,33**
4,0	6,12	**1,00**	5,69	**0,57**	5,56	**0,44**	5,50	**0,38**

Um Angebote mit der gleichen Zinsbindungsdauer wirklich miteinander vergleichen zu können, müssen sie mindestens folgende Angaben enthalten:

- Auflistung aller Nebenkosten,
- Tilgungsplan und Restschuldberechnung bei Zinsbindungsende.

Werden sämtliche zu leistenden Zahlungen und die am Ende der Zinsbindung verbleibende Restschuld aufaddiert, erhält der Kreditnehmer eine Summe, die sich als ein Vergleichsmaßstab einsetzen lässt. Das Angebot mit der kleinsten Summe stellt dabei die günstigste Alternative dar. Dies ist jedoch nur eine überschlägige Methode.

9.2 Tipps und Tricks

Bei der Verhandlung mit Finanzinstituten sollten Sie als Kreditnehmer folgende Punkte bei der Finanzierung beachten:

- Machen Sie sich vor dem Beratungstermin eine Liste mit den zu klärenden Fragen.
- Lassen Sie sich von dem Berater eines Kreditinstituts zu nichts drängen.
- Lassen Sie sich alles in Ruhe erklären, wenn der Finanzberater eines Kreditinstituts unbekannte Fachausdrücke oder unverständliche Formulierungen benutzt. Eine falsch verstandene Formulierung kann unter Umständen sehr teuer werden!
- Nehmen Sie eine unbeteiligte und mit der Materie vertraute Person zu den Verhandlungsgesprächen mit. Das vermindert die Gefahr eines voreiligen Entschlusses. Außerdem haben Sie einen Zeugen, wenn es später zu Streitigkeiten kommt.

- Machen Sie sich selbst Notizen.
- Da Kreditkonditionen individuell vereinbart werden können, erreichen Sie durch geschicktes Verhandeln unter Umständen wesentlich bessere Konditionen. Aber achten Sie darauf, dass sämtliche im Verlauf des Verhandlungsgesprächs vereinbarten Absprachen schriftlich bestätigt und später in den Kreditvertrag aufgenommen werden.
- Die Kreditinstitute sind zwar verpflichtet, ein Protokoll des Gesprächs anzufertigen und dem Kunden zur Verfügung zu stellen, jedoch dient das nur der Absicherung des Kreditgebers gegen den Vorwurf einer Falschberatung. Prüfen Sie daher genau, ob alle im Protokoll genannten Punkte tatsächlich besprochen und vollständig geklärt wurden.
- Lassen Sie sich genug Zeit, um mehrere Angebote einzuholen und zu prüfen. Eine gut durchdachte und optimal auf die eigene finanzielle Situation abgestimmte Immobilienfinanzierung kann sehr viel Geld sparen.
- Schalten Sie bei zu großer Unsicherheit einen unabhängigen Finanzberater (Honorarberater) ein. Die dafür anfallenden Kosten werden meist durch deutlich bessere Kreditkonditionen aufgefangen.

Bei der Gestaltung des Darlehensvertrages bzw. bei der Verhandlung mit dem Kreditgeber sollten Sie als Kreditnehmer beachten:

- Falls Sie sich dauerhaft eine höhere monatliche Belastung leisten können, sollten Sie eine höhere Anfangstilgung in Betracht ziehen.
  Das verkürzt die Tilgungsdauer und spart Kreditkosten.
- Vereinbaren Sie eine veränderliche Tilgungsleistung, die je nach Lebenssituation und Einkommensverhältnissen mehrmals angepasst werden kann.
  Damit sind Sie flexibel, falls sich Ihre Einkommenssituation verändern sollte, und Sie sparen Kreditkosten wenn Sie sich eine höhere Tilgung leisten können.
- Vereinbaren Sie eine jährliche Sondertilgungsmöglichkeit von mindestens 5 % der Darlehenssumme.
  So können Sie unvorhergesehene Geldzuflüsse (Erbschaft, Schenkung, Bonus des Arbeitgebers, Steuerrückerstattung usw.) zur Tilgung einsetzen und verringern die Kreditkosten (Zinsen) immens.
- Vereinbaren Sie in einer Niedrigzinsphase eine möglichst lange Zinsbindung.
  So sichern Sie sich langfristig günstige Konditionen. Falls die Zinsen nach 10 Jahren im Vergleich zu den Darlehenskonditionen gefallen sind, können Sie den Kreditvertrag dann trotzdem kündigen und mit günstigeren Konditionen umschulden.
- Hüten Sie sich als Kreditnehmer vor zu geringer Tilgung in Niedrigzinsphasen (siehe folgendes Beispiel)!

Beispiel

Im Folgenden wird nochmals der Tilgungsverlauf eines Annuitätendarlehens in Höhe von 100.000,– € mit einem Zinssatz von 6,1 % und einer anfänglichen Tilgung von 1 % aufgegriffen (siehe Abschn. 5.1). Der Kreditnehmer ist bei einer monatlichen Rate von 591,67 € nach 32 Jahren und 3 Monaten schuldenfrei. Insgesamt zahlt der Kreditnehmer 128.722 € Zinsen (Abb. 9.1).

Ist das Zinsniveau niedriger, bei „nur" 4 %, und wird ebenfalls mit einer anfänglichen Tilgung von 1 % gerechnet, ergibt sich rechnerisch eine monatliche Belastung in Höhe von nur 416,67 €. Dadurch erscheint die Immobilienfinanzierung für viele erschwinglich. Allerdings muss dabei bedacht werden, dass der Kredit erst nach 40 Jahren und 4 Monaten getilgt ist, wie Abb. 9.2 zeigt. Insgesamt kostet den Kreditnehmer das Darlehen 101.514 € Zinsen.

Fazit: In einer Niedrigzinsphase muss die anfängliche Tilgung deutlich höher sein als die üblichen 1 %, weil andernfalls die Entschuldung viel zu spät erreicht wird (siehe auch Abschn. 4.3.1).

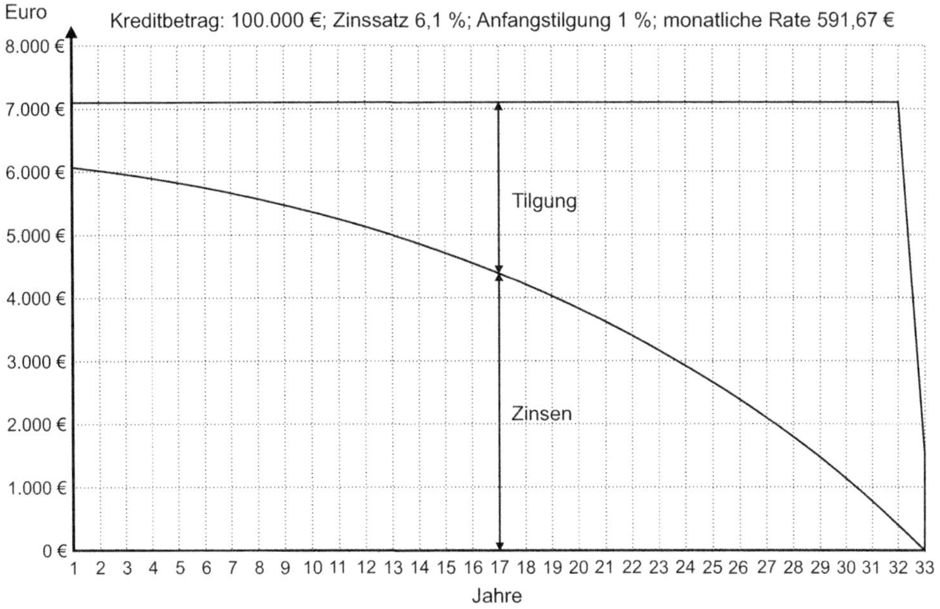

Abb. 9.1 Zusammensetzung der Ratenzahlung bei einem Annuitätendarlehen mit einem Zinssatz von 6,1 %

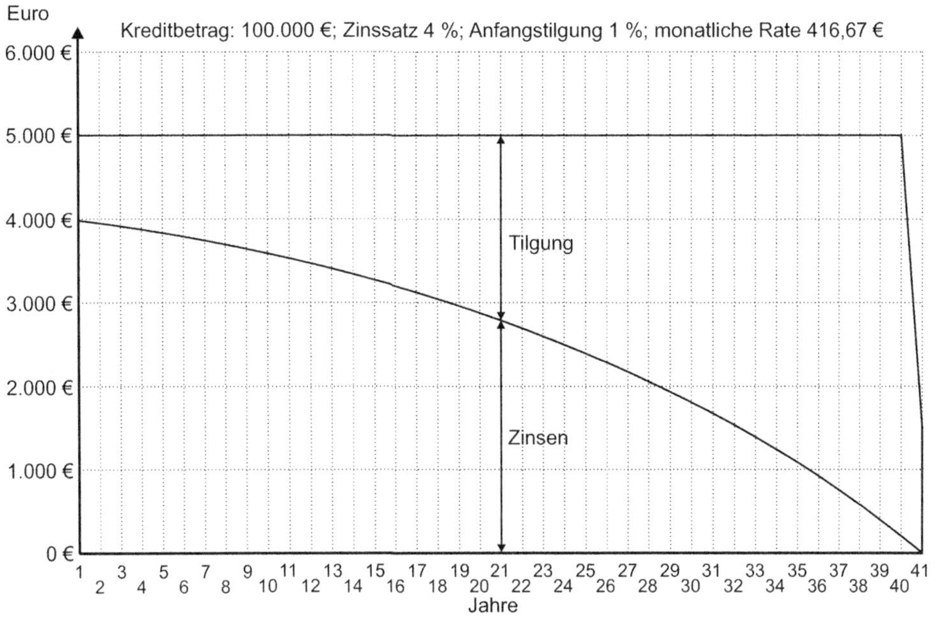

Abb. 9.2 Zusammensetzung der Rate eines Annuitätendarlehens mit einem Zinssatz von 4 %

Wichtiges für den Kauf- oder Bauvertrag 10

Beim Kauf oder Bau einer Immobilie spielen auch viele rechtliche Fragestellungen rund um die Immobilie eine wichtige Rolle:

- Kaufvertrag,
- Auflassung,
- Baumängel,
- Insolvenz von Bauträgern und Handwerkern,
- Schwarzarbeit und Nachbarschaftshilfe und
- Energieeinsparverordnung (EnEV).

Wenn im Folgenden von einem Grundstückskaufvertrag gesprochen wird, ist damit nicht nur der Grund und Boden gemeint, sondern auch die darauf stehende Immobilie.

10.1 Kaufvertrag

Die Tragweite des Kaufvertrages eines Grundstückes bzw. einer Immobilie ist mit einer hohen wirtschaftlichen Verpflichtung des Käufers verbunden. Daher ist vom Gesetzgeber nach § 311b BGB die notarielle Beurkundung für diesen Vertrag zwingend vorgeschrieben.

Der Verkäufer verpflichtet sich im Grundstückskaufvertrag zur Übertragung des Eigentums an dem Grundstück und der Käufer zur Zahlung des Kaufpreises. Dazu müssen beide Vertragsparteien nach der Einigung einen Notar aufsuchen. Der Notar ist neutral und achtet auf eine Ausgewogenheit zwischen den Vertragspartnern. Des Weiteren achtet er auf die Vollständigkeit der Unterlagen und kontrolliert die Umschreibung des Eigentums im Grundbuch. Die notarielle Beurkundung beinhaltet die folgenden Funktionen:

- Schutzfunktion: Sie soll beiden Parteien die Tragweite ihrer Entscheidung aufzeigen und vor unbedachtem Handeln schützen.

D. Noosten, *Die private Bau- und Immobilienfinanzierung*,
DOI 10.1007/978-3-658-09986-2_10

- Beratungsfunktion: Der Notar berät die beiden Vertragsparteien neutral über die jeweiligen rechtlichen Konsequenzen.
- Beweisfunktion: Sie ist eine sichere Beweisgrundlage für Streitfälle.
- Gültigkeitsfunktion: Durch die notarielle Beurkundung wird der Grundstückskaufvertrag gültig.

Kaufverträge können sich jedoch inhaltlich sehr unterscheiden, je nachdem ob ein Grundstück, eine Eigentumswohnung, ein Einfamilienhaus oder auch ein Erbbaurecht verkauft wird. Unerfahrenen Beteiligten ist daher zu raten, einen persönlichen Rechtsbeistand hinzuzuziehen. In dem Kaufvertrag sollten die folgenden Fragen geklärt werden:

- Sind Käufer und Verkäufer bei der Abwicklung des Kaufvertrages abgesichert?
- Wie wird mit bestehenden Belastungen des Grundstücks umgegangen?
- Wie sieht es mit der Gewährleistung bei Mängeln aus?
- Wann ist der Übergang von Besitz, Nutzung und Lasten?
- Wer trägt die Erschließungskosten?

Der Kaufvertrag ist in der Regel folgendermaßen aufgebaut:

1. **Vertragsparteien:** Zunächst werden die Vertragsparteien, d. h. Käufer und Verkäufer namentlich genannt.
2. **Kaufobjekt:** Hier werden das Grundstück einschließlich Immobilie sowie alle eingetragenen Lasten auf dem Grundstück aufgeführt.
3. **Vertragsstrafen:** Hier werden ggf. Strafen vereinbart, die der Verkäufer entrichten muss, wenn der vereinbarte Bezugstermin nicht eingehalten wird.
4. **Kaufpreis:** In diesem Teil werden neben der Höhe des Kaufpreises auch die Zahlungsbedingungen vereinbart. Gegebenenfalls wird dazu ein Notaranderkonto eingerichtet, auf das der Käufer den Kaufpreis einzahlt.
5. **Gewährleistung:** Im Vertrag sollten auch Regelungen zu etwaigen Zusicherungen oder Gewährleistungsausschlüssen enthalten sein.
6. **Vollstreckungsunterwerfung:** Wenn der Käufer den vereinbarten Kaufpreis bei Fälligkeit nicht zahlt, unterwirft er sich der sofortigen Zwangsvollstreckung. Dadurch kann der Verkäufer den Kaufvertrag ohne großen Aufwand wieder rückgängig machen.
7. **Auflassungsvormerkung:** Die Auflassungsvormerkung schützt den Käufer vor dem zweiten Verkauf der Immobilie durch den Verkäufer (siehe Abschn. 10.2).
8. **Übergabe der Immobilie:** Hier wird der konkrete Übergabetermin zur Nutzung der Immobilie an den Käufer vereinbart. Dieser Termin ist in der Regel unabhängig vom Eigentumsübergang der Immobilie.
9. **Teilungserklärung:** Bei einer Eigentumswohnung müssen die Größe und Lage der Wohnung und die Nutzungsrechte der Gemeinschaftsräume in einer Teilungserklärung eindeutig benannt werden.

10. **Vollständiges Erscheinen:** Vor dem Notar müssen alle Beteiligten erscheinen. Das bedeutet beispielsweise, dass beide Ehepartner erscheinen müssen, wenn sie die Immobilie gemeinsam kaufen.

Mit den Unterschriften auf dem Vertrag geht das Eigentum jedoch noch nicht sofort auf den Käufer über. Der Eigentumsübergang erfolgt erst durch die Eintragung des neuen Eigentümers in das Grundbuch. Die Änderung im Grundbuch erfolgt durch die Auflassung.

10.2 Auflassung

Mit der Auflassung erklären Verkäufer und Käufer ihre Einigkeit über die Übereignung des Grundstücks. Dazu wird beim Notar von beiden Parteien die sogenannte „Auflassungserklärung" abgegeben. Der Notar beantragt dann die Auflassungsvormerkung im Grundbuch. Die Auflassungsvormerkung gewährleistet, dass das Grundbuch zugunsten der neuen Eigentümer geändert wird. Zusätzlich sichert sie den Käufern in der Zeit des Eigentumsübergangs zu, dass die Immobilie nicht ein weiteres Mal verkauft werden kann.

Vor der Änderung des Grundbuches überweist der Käufer den Kaufpreis auf ein Notaranderkonto. Sobald das Geld beim Notar eingegangen ist, veranlasst er die Grundbuchumschreibung zugunsten des Käufers und überweist den Kaufpreis an den Verkäufer. Erst mit der Änderung des Grundbuches wird der Käufer der neue Eigentümer des Grundstückes.

10.3 Baumängel bei neuen Objekten

Bauherrn und Käufer eines neuen Gebäudes haben Anspruch auf ein mängelfreies Objekt. Jedoch treten beim Neubau wie auch bei der Modernisierung von Gebäuden immer wieder Baumängel auf: Feuchte Keller, undichte Dächer und eine nicht funktionierende Heizung sind nur ein paar Beispiele der häufigsten Mängel.

Ein Baumangel liegt nach § 633 BGB vor, wenn das ausgeführte Bauwerk von der vertraglich vereinbarten Beschaffenheit abweicht. Zur Vermeidung von Streitigkeiten sollten folgende Punkte beachtet werden:

- Vereinbarung einer detaillierten Bau- und Leistungsbeschreibung im Bauvertrag. Dort wird festgelegt, was der Unternehmer an Leistungen zu erbringen hat und wie diese auszuführen sind. Die detaillierte Bau- und Leistungsbeschreibung schützt zwar nicht vor Pfusch am Bau. Jedoch hat sich gezeigt, dass weniger Baumängel auftreten, je besser die Leistungsbeschreibung ist. Des Weiteren erleichtert die detaillierte Bau- und Leistungsbeschreibung das Erkennen und die direkte Beanstandung von Baumängel auf der Baustelle.

- Ggf. Beauftragung eines unabhängigen Sachverständigen, der die Bauausführung regelmäßig koordiniert und überwacht. Dadurch lassen sich viele Baumängel frühzeitig erkennen bzw. im Vorhinein verhindern.
- Möglichst genaue Dokumentation des Fortschritts und der Ausführung auf der Baustelle durch Fotos und Baustellentagebücher.

Trotz dieser Maßnahmen können Baumängel auftreten. Sobald ein Mangel auf der Baustelle erkannt wird, sollte der Mangel schriftlich gerügt werden und eine eindeutige Frist zur Nachbesserung gesetzt werden. Reagiert das Unternehmen nicht oder werden die Mängel nicht vollständig behoben, sollte ein Rechtsbeistand hinzugezogen werden.

Am Ende der Bauausführung wird ein Abnahmetermin vereinbart, in dem die mangelfreie Arbeit des Unternehmers überprüft und ein Abnahmeprotokoll erstellt wird. Darin werden die noch bestehenden Mängel aufgeführt. Mit der Unterschrift auf dem Abnahmeprotokoll beginnt die Gewährleistungsfrist, die Beweislast von Mängeln geht auf den Bauherrn über und die Schlusszahlung wird fällig. Daher sollte die Abnahme durch einen Sachverständigen begleitet werden.

10.4 Insolvenz von Bauträgern und Handwerkern

Die Insolvenz von Bauträgern und Handwerkern kann für den Bauherrn ein erhebliches Problem darstellen, das in der Regel mit weiteren Kosten verbunden ist. Daher sollte ein Bauträger, Bauunternehmer bzw. Handwerker sorgfältig ausgesucht werden.

Folgende Hinweise können das Risiko einer Beauftragung eines von Insolvenz bedrohten Unternehmens vor Vertragsabschluss verringern:

- Anfrage über den Bauträger oder den Handwerker an eine Wirtschaftsauskunftei stellen, die wirtschaftsrelevante Daten zu Unternehmen sammelt.
- Überprüfung, ob in dem Bau(träger)vertrag eine Vertragserfüllungs- und Gewährleistungsbürgschaft vorhanden ist.

Falls es doch zu einer Insolvenz kommt, sollte zuerst der Insolvenzverwalter kontaktiert werden. Der Insolvenzverwalter entscheidet über die Weiterführung von Verträgen oder über die Übernahme von bereits bestellten Baumaterialien.

Fordert ein Unternehmen Abschlagszahlungen, sollten diese erst beglichen werden nachdem das Unternehmen die Leistung vollständig erbracht hat. Der Bauherr ist nicht dazu verpflichtet in Vorkasse zu treten.

10.5 Schwarzarbeit/Nachbarschaftshilfe

Schwarzarbeit auf privaten Baustellen ist eine Straftat. Aber wann hört Nachbarschaftshilfe auf und wann fängt Schwarzarbeit an? Das Gesetz zur Bekämpfung der Schwarzarbeit und illegalen Beschäftigung (Schwarzarbeitsbekämpfungsgesetz – SchwarzArgG) definiert die Schwarzarbeit folgendermaßen (§ 1 Abs. 2, 3 SchwarzArgG):

(2) Schwarzarbeit leistet, wer Dienst- oder Werkleistungen erbringt oder ausführen lässt und dabei

1. als Arbeitgeber, Unternehmer oder versicherungspflichtiger Selbstständiger seine sich auf Grund der Dienst- oder Werkleistungen ergebenden sozialversicherungsrechtlichen Melde-, Beitrags- oder Aufzeichnungspflichten nicht erfüllt,
2. als Steuerpflichtiger seine sich auf Grund der Dienst- oder Werkleistungen ergebenden steuerlichen Pflichten nicht erfüllt,
3. als Empfänger von Sozialleistungen seine sich auf Grund der Dienst- oder Werkleistungen ergebenden Mitteilungspflichten gegenüber dem Sozialleistungsträger nicht erfüllt,
4. als Erbringer von Dienst- oder Werkleistungen seiner sich daraus ergebenden Verpflichtung zur Anzeige vom Beginn des selbstständigen Betriebes eines stehenden Gewerbes (§ 14 der Gewerbeordnung) nicht nachgekommen ist oder die erforderliche Reisegewerbekarte (§ 55 der Gewerbeordnung) nicht erworben hat,
5. als Erbringer von Dienst- oder Werkleistungen ein zulassungspflichtiges Handwerk als stehendes Gewerbe selbstständig betreibt, ohne in der Handwerksrolle eingetragen zu sein (§ 1 der Handwerksordnung).

(3) Absatz 2 findet keine Anwendung für nicht nachhaltig auf Gewinn gerichtete Dienst- oder Werkleistungen, die

1. von Angehörigen im Sinne des § 15 der Abgabenordnung oder Lebenspartnern,
2. aus Gefälligkeit,
3. im Wege der Nachbarschaftshilfe oder
4. im Wege der Selbsthilfe im Sinne des § 36 Abs. 2 und 4 des Zweiten Wohnungsbaugesetzes in der Fassung der Bekanntmachung vom 19. August 1994 (BGBl. I S. 2137) oder als Selbsthilfe im Sinne des § 12 Abs. 1 Satz 2 des Wohnraumförderungsgesetzes vom 13. September 2001 (BGBl. I S. 2376), zuletzt geändert durch Artikel 7 des Gesetzes vom 29. Dezember 2003 (BGBl. I S. 3076),

erbracht werden. Als nicht nachhaltig auf Gewinn gerichtet gilt insbesondere eine Tätigkeit, die gegen geringes Entgelt erbracht wird.

Jedoch werden immer noch viele Bauleistungen auf privaten Baustellen in Schwarzarbeit durchgeführt. Abgesehen davon, dass Schwarzarbeit gesetzlich verboten ist und mit bis zu fünf Jahren Haft bestraft werden kann, sollte folgendes bedacht werden: In den jüngsten BGH-Urteilen zur Schwarzarbeit wurde entschieden, dass Unternehmer keinen Anspruch auf Lohn und Auftraggeber keinen Anspruch auf Mängelbeseitigung haben.

So hat ein Bauherr keinen Anspruch auf die Beseitigung der Mängel bei (Bau)Leistungen, wenn sie ohne Rechnung ausgeführt worden sind (Urteil vom 1. August 2013 – VII ZR 6/13). Das Unternehmen hat keinen Anspruch auf Bezahlung der ausgeführten (Bau)Leistungen und der Materialkosten, die nachweislich verbaut wurden *(Az.: VII ZR 241/13)*.

10.6 Energieeinsparverordnung (EnEV)

Ein schlecht gedämmtes Haus führt nicht nur zu hohen Energiekosten, sondern belastet auch die Umwelt. Zum Schutz der Erdatmosphäre verpflichtete sich die Bundesrepublik Deutschland auf den Weltklimagipfeln in Rio (1992) und Berlin (1995), den Ausstoß von klimaschädigendem Kohlenstoffdioxid zu senken. Aus diesem Grund trat im Februar 2002 die erste Energieeinsparverordnung (kurz: EnEV) in Kraft. Der Zweck der EnEV ist die Einsparung von Energie in Gebäuden (§ 1 EnEV).[1] Die Anforderungen an die EnEV wurden seit 2002 über mehrere Etappen immer weiter verschärft. Die aktuelle Novellierung der EnEV 2014 trat am 01. Mai 2014 in Kraft und erhöhte dabei nochmals die Effizienzanforderungen an Gebäude.

Die Energieeinsparverordnung legt Anforderungen an die Anlagentechnik sowie an den Wärmedämmstandard fest und gilt für alle Gebäude, soweit sie unter dem Einsatz von Energie beheizt oder gekühlt werden. Die Bezugsgröße für die Berechnung ist die Primärenergie eines Gebäudes. Die Primärenergie ist die Energie, die direkt in natürlichen Energiequellen vorkommt, wie beispielsweise der Brennwert der Kohle. Zu den Primärenergieträgern gehören zum Beispiel die Steinkohle, Braunkohle, Erdgas, Erdöl sowie Wasser, Wind, Solarstrahlung.

Die EnEV ist eingehalten, wenn der Höchstwert des zulässigen Primärenergiebedarfs nicht überschritten ist. Entscheidend ist dabei auch die Wahl des Energieträgers. Regenerative Energien wirken sich positiver auf den Primärenergiefaktor aus, als nicht regenerative Energie wie Öl, Gas oder Strom.

In der Bundesrepublik Deutschland ist die EnEV ein Teil des deutschen Baurechts. Daher muss jeder der ein Haus bauen oder modernisieren will, auch die aktuell geltenden Richtlinien der EnEV einhalten. Für privat genutzte Immobilien sind nach der EnEV 2014 die folgenden Anforderungen einzuhalten.

Neubau

Beim Bau eines Wohngebäudes müssen immer die aktuell geltenden Anforderungen der EnEV an den Primärenergiebedarf des Gebäudes eingehalten werden. Die EnEV 2014 verschärft die primärenergetischen Anforderungen für Neubauten erst zum 1. Januar 2016 um 25 Prozent. Bis dahin gelten noch die Anforderungen der EnEV 2009.

Die EnEV-Berechnung muss mit der Baugenehmigung beim jeweils zuständigen Bauamt eingereicht werden. Daher sollte bereits in der Planung ein Energieberater hinzugezogen werden, um etwaige Mehrkosten in der Finanzierung zu berücksichtigen.

Bestand

Die Anforderungen an bereits bestehende Gebäude sind geringer als an den Neubau. Wer jedoch ein Haus erwirbt, sollte sich mit den Anforderungen der EnEV an den Bestand auseinandersetzen.

[1] Einen Auszug aus dem Gesetzestext finden Sie im Anhang.

Beim Kauf eines Gebäudes sollte darauf geachtet werden, ob die Heizungs- und Warmwasserrohre durch unbeheizte Räume und das Dach gedämmt sind. Ansonsten müssen diese verpflichtend nachgerüstet werden. Außerdem müssen seit dem 1. Januar 2015 Heizkessel, die mit Öl oder Gas heizen und vor 1985 eingebaut wurden oder älter als 30 Jahre sind, ausgetauscht werden. Niedertemperatur- und Brennwertkessel bilden jedoch eine Ausnahme, da sie einen besonders hohen Wirkungsgrad aufweisen. Die neuen Eigentümer des Gebäudes haben nach dem Kauf zwei Jahre Zeit, um die Maßnahmen durchzuführen. Daher sollten die Anforderungen der EnEV vor der Finanzierung überprüft und ggfs. berücksichtigt werden.

Modernisierung
Auch bei der Modernisierung von Gebäuden müssen Anforderungen der EnEV erfüllt werden:

1. Bei der umfassenden Modernisierung des gesamten Gebäudes – vergleichbar mit dem Neubau eines Gebäudes – müssen die Anforderungen der aktuellen EnEV 2014 eingehalten werden. Der Primärenergiebedarf darf jedoch bis zu 40 % höher sein als bei einem vergleichbaren Neubau.
2. Bei der Sanierung von einzelnen Bauteilen wie zum Beispiel der Dämmung der Fassade oder der Austausch der Fenster muss nicht das gesamte Gebäude die Anforderungen der EnEV einhalten. Die EnEV gibt dafür Anforderungswerte an den Wärmedurchgangskoeffizienten (U-Wert) der jeweiligen Bauteile vor.

Energieausweis
Der Energieausweis wird nach Fertigstellung des Gebäudes durch den Energieberater erstellt und bietet die Möglichkeit, die energetischen Eigenschaften eines Gebäudes zu vergleichen. Seit dem 1. Mai 2014 muss einem Interessenten beim Verkauf oder bei der Vermietung einer Wohnung der Energieausweis vorgelegt werden. Daher sollten Immobilieneigentümer beim Kauf bzw. Bau einer Immobilie drauf achten, dass sie ihren gebäudebezogenen Energieausweis erhalten. Alle Energieausweise, die nach dem 1. Mai 2014 ausgestellt wurden, enthalten zusätzlich zu den Energiekennwerten die neue Energieeffizienzklasse. Die Klassen reichen von A+ bis H, ähnlich dem bekannten System bei Wasch- und Spülmaschinen.

Weiterführende Literatur

Anzenberger, Robert, und Kai Oppel (2009): Immobilienkauf, München: Verlag Franz Vahlen

BAFA: www.bafa.de

BMVBS: www.bmvbs.de

DEUTSCHE ENERGIE AGENTUR: (dena) www.dena.de

ENEV-ONLINE: www.enev-online.com

GESETZE-IM-INTERNET: www.gesetze-im-internet.de

IMMONET: www.immonet.de

Noosten, D. (2015): Ratgeber Immobilienauswahl, Noosten Verlag, Detmold

Noosten, D., Fries, C. (2011): Gesamtleitung von Bauten, vdf Hochschulverlag, Zürich

Schulze, E., Stein, A. (2014): Immobilien- und Baufinanzierung. Freiburg: Haufe Verlag

Schulze, E., Stein, A., Fleschütz, K. (2008): Immobilien als Geldanlage. Planegg, Haufe Verlag

TEST: www.test.de

Tuschinski, M.: EnEV 2014 – Die neue Energieeinsparverordnung: www.enev-online.com

VERBAND PRIVATER BAUHERREN E. V.: (VPB) www.vpb.de

VERBRAUCHERZENTRALE NORDRHEIN-WESTFALEN: www.vz-nrw.de

Anhang 11

11.1 Tabellen

Die im Anhang abgebildeten Tabellen sind an die *nachschüssige jährliche Zahlungsweise* angepasst. Nachschüssige Zahlungsweise bedeutet, dass die Rate am Ende des Jahres fällig wird.

Werden die Zeitintervalle zwischen den Ratenzahlungen verringert, tritt die Entschuldung des Darlehensnehmers früher ein. Die Zahlungen werden eher verbucht und somit reduziert sich der vorhandene Restkredit. Die Zinsen werden auf Grundlage der Restschuld berechnet und sind folglich auch niedriger. Bei einer gleichbleibenden Annuität führt die Verringerung der Zahlungsintervalle zu einer höheren Tilgungsleistung.

D. Noosten, *Die private Bau- und Immobilienfinanzierung*,
DOI 10.1007/978-3-658-09986-2_11

11.1.1 Tabelle: Tilgungszeit

Fragestellung: Nach wie vielen Jahren bin ich schuldenfrei?

Gegebene Größen

- Darlehensbetrag (100.000,– €; 150.000,– €; 200.000,– €; 250.000,– €),
- Zinssatz (2 %; 2,5 %; . . . ; 9,5 % oder 10,0 %) und
- Annuität (3000,– €; 3600,– €; 4200,– €; . . . ; 17.400,– € oder 18.000,– €).

Gesuchte Größe
Laufzeit in Jahren (schuldenfrei nach wie vielen Jahren?)

Anwendungshinweise für die Tabellen
Auf den folgenden Seiten sind vier Tabellen für verschiedene Darlehensbeträge dargestellt:

- Tab. 11.1 Darlehensbetrag 100.000,– €,
- Tab. 11.2 Darlehensbetrag 150.000,– €,
- Tab. 11.3 Darlehensbetrag 200.000,– €,
- Tab. 11.4 Darlehensbetrag 250.000,– €.

Für die oben genannten Darlehensbeträge lässt sich in der jeweiligen Tabelle für verschiedene Zinssätze (2 %; 2,5 %; . . . ; 9,5 % oder 10,0 %) und verschiedene Annuitäten (3000,– €; 3600,– €; 4200,– €; . . . ; 17.400,– € oder 18.000,– €) ablesen, nach wie vielen Jahren der Kreditnehmer schuldenfrei ist (Darlehenslaufzeit).

Tab. 11.1 Tilgungszeit (Darlehensbetrag 100.000,– €

Laufzeit eines Darlehens Jahren in Abhängigkeit vom Sollzinssatz und jährlicher Annuität bei einem Kreditvolumen von 100.000 €
(nachschüssige Zahlungsweise; jährl. Zahlungsverrechnung)

	Jährliche Annuitätin Euro																									
Sollzinssatz in Prozent	3000	3600	4200	4800	5400	6000	6600	7200	7800	8400	9000	9600	10200	10800	11400	12000	12600	13200	13800	14400	15000	15600	16200	16800	17400	18000
2,00	55,5	41,0	32,7	27,2	23,4	20,5	18,2	16,4	15,0	13,7	12,7	11,8	11,0	10,3	9,7	9,2	8,7	8,3	7,9	7,6	7,2	6,9	6,7	6,4	6,2	5,9
2,25	62,3	44,1	34,5	28,4	24,2	21,1	18,7	16,8	15,3	14,0	12,9	12,0	11,2	10,5	9,9	9,3	8,8	8,4	8,0	7,6	7,3	7,0	6,7	6,5	6,2	6,0
2,50	72,6	48,0	36,6	29,8	25,2	21,8	19,3	17,3	15,6	14,3	13,2	12,2	11,4	10,7	10,0	9,5	9,0	8,5	8,1	7,7	7,4	7,1	6,8	6,5	6,3	6,1
2,75	91,6	53,2	39,2	31,4	26,2	22,6	19,9	17,7	16,0	14,6	13,4	12,4	11,6	10,8	10,2	9,6	9,1	8,6	8,2	7,8	7,5	7,1	6,9	6,6	6,3	6,1
3,00	-	60,6	42,4	33,2	27,4	23,4	20,5	18,2	16,4	14,9	13,7	12,7	11,8	11,0	10,3	9,7	9,2	8,7	8,3	7,9	7,5	7,2	6,9	6,7	6,4	6,2
3,25	-	72,9	46,5	35,3	28,8	24,4	21,2	18,8	16,9	15,3	14,0	12,9	12,0	11,2	10,5	9,9	9,3	8,8	8,4	8,0	7,6	7,3	7,0	6,7	6,5	6,2
3,50	-	104,2	52,1	38,0	30,4	25,4	22,0	19,4	17,3	15,7	14,3	13,2	12,2	11,4	10,7	10,0	9,5	9,0	8,5	8,1	7,7	7,4	7,1	6,8	6,5	6,3
3,75	-	-	60,7	41,3	32,2	26,6	22,8	20,0	17,8	16,1	14,6	13,5	12,4	11,6	10,8	10,2	9,6	9,1	8,6	8,2	7,8	7,5	7,2	6,9	6,6	6,3
4,00	-	-	77,6	45,7	34,4	28,0	23,8	20,7	18,3	16,5	15,0	13,7	12,7	11,8	11,0	10,3	9,7	9,2	8,7	8,3	7,9	7,6	7,2	6,9	6,7	6,4
4,25	-	-	-	52,1	37,2	29,6	24,8	21,4	18,9	16,9	15,4	14,0	12,9	12,0	11,2	10,5	9,9	9,3	8,8	8,4	8,0	7,6	7,3	7,0	6,7	6,5
4,50	-	-	-	63,0	40,7	31,5	26,0	22,3	19,5	17,4	15,7	14,4	13,2	12,2	11,4	10,7	10,0	9,5	9,0	8,5	8,1	7,7	7,4	7,1	6,8	6,5
4,75	-	-	-	98,4	45,6	33,8	27,4	23,2	20,2	18,0	16,2	14,7	13,5	12,5	11,6	10,9	10,2	9,6	9,1	8,6	8,2	7,8	7,5	7,2	6,9	6,6
5,00	-	-	-	-	53,3	36,7	29,0	24,3	21,0	18,5	16,6	15,1	13,8	12,7	11,8	11,0	10,4	9,8	9,2	8,7	8,3	7,9	7,6	7,2	6,9	6,7
5,25	-	-	-	-	70,0	40,6	31,0	25,5	21,9	19,2	17,1	15,5	14,1	13,0	12,1	11,2	10,5	9,9	9,4	8,9	8,4	8,0	7,7	7,3	7,0	6,7
5,50	-	-	-	-	-	46,4	33,5	27,0	22,8	19,9	17,6	15,9	14,5	13,3	12,3	11,5	10,7	10,1	9,5	9,0	8,5	8,1	7,7	7,4	7,1	6,8
5,75	-	-	-	-	-	56,8	36,7	28,7	23,9	20,6	18,2	16,3	14,8	13,6	12,6	11,7	10,9	10,2	9,6	9,1	8,6	8,2	7,8	7,5	7,2	6,9
6,00	-	-	-	-	-	-	41,2	30,7	25,2	21,5	18,9	16,8	15,2	13,9	12,8	11,9	11,1	10,4	9,8	9,3	8,8	8,3	7,9	7,6	7,3	7,0
6,25	-	-	-	-	-	-	48,4	33,4	26,7	22,5	19,6	17,4	15,6	14,3	13,1	12,1	11,3	10,6	9,9	9,4	8,9	8,4	8,0	7,7	7,3	7,0
6,50	-	-	-	-	-	-	66,5	37,0	28,5	23,6	20,3	17,9	16,1	14,6	13,4	12,4	11,5	10,8	10,1	9,5	9,0	8,6	8,1	7,8	7,4	7,1
6,75	-	-	-	-	-	-	-	42,4	30,7	24,9	21,2	18,6	16,6	15,0	13,7	12,7	11,7	11,0	10,3	9,7	9,2	8,7	8,3	7,9	7,5	7,2
7,00	-	-	-	-	-	-	-	53,0	33,7	26,5	22,2	19,3	17,1	15,4	14,1	12,9	12,0	11,2	10,5	9,8	9,3	8,8	8,4	8,0	7,6	7,3
7,25	-	-	-	-	-	-	-	-	37,9	28,4	23,4	20,1	17,7	15,9	14,4	13,2	12,2	11,4	10,6	10,0	9,4	8,9	8,5	8,1	7,7	7,4
7,50	-	-	-	-	-	-	-	-	45,1	30,9	24,8	21,0	18,4	16,4	14,8	13,6	12,5	11,6	10,8	10,2	9,6	9,1	8,6	8,2	7,8	7,5
7,75	-	-	-	-	-	-	-	-	67,7	34,3	26,4	22,1	19,1	16,9	15,3	13,9	12,8	11,9	11,0	10,4	9,7	9,2	8,7	8,3	7,9	7,5
8,00	-	-	-	-	-	-	-	-	-	39,6	28,5	23,3	19,9	17,5	15,7	14,3	13,1	12,1	11,3	10,5	9,9	9,3	8,8	8,4	8,0	7,6
8,25	-	-	-	-	-	-	-	-	-	50,8	31,3	24,7	20,9	18,2	16,2	14,7	13,4	12,4	11,5	10,7	10,1	9,5	9,0	8,5	8,1	7,7
8,50	-	-	-	-	-	-	-	-	-	-	35,4	26,6	22,0	19,0	16,8	15,1	13,8	12,7	11,7	10,9	10,3	9,6	9,1	8,6	8,2	7,8
8,75	-	-	-	-	-	-	-	-	-	-	42,7	28,9	23,3	19,8	17,4	15,6	14,1	13,0	12,0	11,2	10,4	9,8	9,3	8,8	8,3	7,9
9,00	-	-	-	-	-	-	-	-	-	-	-	32,2	24,8	20,8	18,1	16,1	14,5	13,3	12,3	11,4	10,6	10,0	9,4	8,9	8,5	8,0
9,25	-	-	-	-	-	-	-	-	-	-	-	37,4	26,8	21,9	18,9	16,7	15,0	13,6	12,5	11,6	10,8	10,2	9,6	9,0	8,6	8,2
9,50	-	-	-	-	-	-	-	-	-	-	-	50,3	29,5	23,3	19,7	17,3	15,5	14,0	12,8	11,9	11,1	10,3	9,7	9,2	8,7	8,3
9,75	-	-	-	-	-	-	-	-	-	-	-	-	33,5	25,1	20,8	18,0	16,0	14,4	13,2	12,1	11,3	10,5	9,9	9,3	8,8	8,4
10,00	-	-	-	-	-	-	-	-	-	-	-	-	41,3	27,3	22,0	18,8	16,6	14,9	13,5	12,4	11,5	10,7	10,1	9,5	9,0	8,5

Tab. 11.2 Tilgungszeit (Darlehensbetrag 150.000,– €

Laufzeit eines Darlehens in Jahren in Abhängigkeit vom Sollzinssatz und jährlicher Annuität bei einem Kreditvolumen von 150.000 €
(nachschüssige Zahlungsweise; jährl. Zahlungsverrechnung)

Sollzinssatz in Prozent	Jährliche Annuität in Euro																									
	4200	4800	5400	6000	6600	7200	7800	8400	9000	9600	10200	10800	11400	12000	12600	13200	13800	14400	15000	15600	16200	16800	17400	18000	18600	19200
2,00	63,3	49,5	41,0	35,0	30,6	27,2	24,5	22,3	20,5	18,9	17,6	16,4	15,4	14,5	13,7	13,0	12,4	11,8	11,3	10,8	10,3	9,9	9,6	9,2	8,9	8,6
2,25	73,1	54,6	44,1	37,2	32,2	28,4	25,5	23,1	21,1	19,5	18,1	16,8	15,8	14,8	14,0	13,3	12,6	12,0	11,5	11,0	10,5	10,1	9,7	9,3	9,0	8,7
2,50	90,5	61,5	48,0	39,7	34,0	29,8	26,5	23,9	21,8	20,1	18,6	17,3	16,2	15,2	14,3	13,5	12,8	12,2	11,7	11,1	10,7	10,2	9,8	9,5	9,1	8,8
2,75	148,4	72,3	53,2	42,9	36,2	31,4	27,7	24,9	22,6	20,7	19,1	17,7	16,6	15,5	14,6	13,8	13,1	12,4	11,9	11,3	10,8	10,4	10,0	9,6	9,2	8,9
3,00		93,8	60,6	46,9	38,7	33,2	29,1	26,0	23,4	21,4	19,7	18,2	17,0	15,9	14,9	14,1	13,4	12,7	12,1	11,5	11,0	10,5	10,1	9,7	9,4	9,0
3,25			72,9	52,3	42,0	35,3	30,7	27,2	24,4	22,2	20,3	18,8	17,4	16,3	15,3	14,4	13,6	12,9	12,3	11,7	11,2	10,7	10,3	9,9	9,5	9,2
3,50			104,2	60,4	46,1	38,0	32,5	28,5	25,4	23,0	21,0	19,4	17,9	16,7	15,7	14,7	13,9	13,2	12,5	11,9	11,4	10,9	10,4	10,0	9,6	9,3
3,75				75,3	51,9	41,3	34,7	30,1	26,6	24,0	21,8	20,0	18,5	17,2	16,1	15,1	14,2	13,5	12,8	12,1	11,6	11,1	10,6	10,2	9,8	9,4
4,00					61,1	45,7	37,4	31,9	28,0	25,0	22,6	20,7	19,1	17,7	16,5	15,5	14,5	13,7	13,0	12,4	11,8	11,3	10,8	10,3	9,9	9,6
4,25					81,2	52,1	40,8	34,2	29,6	26,2	23,6	21,4	19,7	18,2	16,9	15,8	14,9	14,0	13,3	12,6	12,0	11,5	11,0	10,5	10,1	9,7
4,50						63,0	45,6	37,0	31,5	27,6	24,6	22,3	20,4	18,8	17,4	16,3	15,3	14,4	13,6	12,9	12,2	11,7	11,2	10,7	10,2	9,8
4,75						98,4	52,7	40,6	33,8	29,2	25,8	23,2	21,1	19,4	18,0	16,7	15,7	14,7	13,9	13,1	12,5	11,9	11,4	10,9	10,4	10,0
5,00							66,8	45,8	36,7	31,2	27,2	24,3	22,0	20,1	18,5	17,2	16,1	15,1	14,2	13,4	12,7	12,1	11,6	11,0	10,6	10,2
5,25								54,2	40,6	33,5	28,9	25,5	22,9	20,9	19,2	17,7	16,5	15,5	14,5	13,7	13,0	12,4	11,8	11,2	10,8	10,3
5,50								75,2	46,4	36,6	30,9	27,0	24,0	21,7	19,9	18,3	17,0	15,9	14,9	14,1	13,3	12,6	12,0	11,5	10,9	10,5
5,75									56,8	40,9	33,4	28,7	25,3	22,7	20,6	19,0	17,5	16,3	15,3	14,4	13,6	12,9	12,2	11,7	11,1	10,7
6,00										47,6	36,7	30,7	26,7	23,8	21,5	19,7	18,1	16,8	15,7	14,8	13,9	13,2	12,5	11,9	11,4	10,9
6,25										61,9	41,5	33,4	28,5	25,1	22,5	20,4	18,8	17,4	16,2	15,2	14,3	13,5	12,8	12,1	11,6	11,1
6,50											49,6	37,0	30,7	26,6	23,6	21,3	19,5	17,9	16,7	15,6	14,6	13,8	13,0	12,4	11,8	11,3
6,75											75,2	42,4	33,5	28,4	24,9	22,3	20,3	18,6	17,2	16,0	15,0	14,1	13,4	12,7	12,0	11,5
7,00												53,0	37,5	30,7	26,5	23,5	21,1	19,3	17,8	16,5	15,4	14,5	13,7	12,9	12,3	11,7
7,25													44,0	33,8	28,4	24,8	22,2	20,1	18,4	17,1	15,9	14,9	14,0	13,2	12,6	11,9
7,50													59,9	38,3	30,9	26,4	23,3	21,0	19,2	17,7	16,4	15,3	14,4	13,6	12,8	12,2
7,75														46,4	34,3	28,5	24,8	22,1	20,0	18,3	16,9	15,8	14,8	13,9	13,1	12,5
8,00															39,6	31,2	26,5	23,3	20,9	19,1	17,5	16,3	15,2	14,3	13,5	12,7
8,25															50,8	35,0	28,6	24,7	22,0	19,9	18,2	16,8	15,7	14,7	13,8	13,0
8,50																41,4	31,6	26,6	23,3	20,8	19,0	17,4	16,2	15,1	14,2	13,4
8,75																61,6	36,0	28,9	24,8	21,9	19,8	18,1	16,7	15,6	14,6	13,7
9,00																	44,4	32,2	26,7	23,3	20,8	18,9	17,4	16,1	15,0	14,1
9,25																		37,4	29,3	24,9	21,9	19,8	18,0	16,7	15,5	14,5
9,50																		50,3	33,0	27,0	23,3	20,8	18,8	17,3	16,0	14,9
9,75																			39,7	29,8	25,1	22,0	19,7	18,0	16,6	15,4
10,00																				34,2	27,3	23,4	20,8	18,8	17,2	15,9

Tab. 11.3 Tilgungszeit (Darlehensbetrag 200.000,– €

Laufzeit eines Darlehens in Jahren in Abhängigkeit vom Sollzinssatz und jährlicher Annuität bei einem Kreditvolumen von 200.000 € (nachschüssige Zahlungsweise; jährl. Zahlungsverrechnung)																										
	Jährliche Annuität in Euro																									
Sollzinssatz in Prozent	7200	7800	8400	9000	9600	10200	10800	11400	12000	12600	13200	13800	14400	15000	15600	16200	16800	17400	18000	18600	19200	19800	20400	21000	21600	22200
2,00	41,0	36,3	32,7	29,7	27,2	25,1	23,4	21,8	20,5	19,3	18,2	17,3	16,4	15,7	15,0	14,3	13,7	13,2	12,7	12,2	11,8	11,4	11,0	10,7	10,3	10,0
2,25	44,1	38,7	34,5	31,2	28,4	26,2	24,2	22,6	21,1	19,9	18,7	17,7	16,8	16,0	15,3	14,6	14,0	13,4	12,9	12,4	12,0	11,6	11,2	10,8	10,5	10,2
2,50	48,0	41,5	36,6	32,8	29,8	27,3	25,2	23,4	21,8	20,5	19,3	18,2	17,3	16,4	15,6	14,9	14,3	13,7	13,2	12,7	12,2	11,8	11,4	11,0	10,7	10,3
2,75	53,2	45,0	39,2	34,8	31,4	28,6	26,2	24,3	22,6	21,1	19,9	18,7	17,7	16,8	16,0	15,3	14,6	14,0	13,4	12,9	12,4	12,0	11,6	11,2	10,8	10,5
3,00	60,6	49,6	42,4	37,2	33,2	30,0	27,4	25,3	23,4	21,9	20,5	19,3	18,2	17,3	16,4	15,7	14,9	14,3	13,7	13,2	12,7	12,2	11,8	11,4	11,0	10,7
3,25	72,9	56,0	46,5	40,1	35,3	31,7	28,8	26,4	24,4	22,7	21,2	19,9	18,8	17,8	16,9	16,0	15,3	14,6	14,0	13,4	12,9	12,4	12,0	11,6	11,2	10,8
3,50	104,2	66,2	52,1	43,7	38,0	33,7	30,4	27,7	25,4	23,6	22,0	20,6	19,4	18,3	17,3	16,4	15,7	15,0	14,3	13,7	13,2	12,7	12,2	11,8	11,4	11,0
3,75	-	88,5	60,7	48,7	41,3	36,1	32,2	29,1	26,6	24,6	22,8	21,3	20,0	18,8	17,8	16,9	16,1	15,3	14,6	14,0	13,5	12,9	12,4	12,0	11,6	11,2
4,00	-	-	77,6	56,0	45,7	39,1	34,4	30,8	28,0	25,7	23,8	22,1	20,7	19,4	18,3	17,4	16,5	15,7	15,0	14,3	13,7	13,2	12,7	12,2	11,8	11,4
4,25	-	-	-	69,4	52,1	43,0	37,2	32,9	29,6	27,0	24,8	23,0	21,4	20,1	18,9	17,9	16,9	16,1	15,4	14,7	14,0	13,5	12,9	12,5	12,0	11,6
4,50	-	-	-	-	63,0	48,6	40,7	35,4	31,5	28,5	26,0	24,0	22,3	20,8	19,5	18,4	17,4	16,5	15,7	15,0	14,4	13,8	13,2	12,7	12,2	11,8
4,75	-	-	-	-	98,4	57,7	45,6	38,6	33,8	30,2	27,4	25,1	23,2	21,6	20,2	19,0	18,0	17,0	16,2	15,4	14,7	14,1	13,5	13,0	12,5	12,0
5,00	-	-	-	-	-	80,6	53,3	43,0	36,7	32,3	29,0	26,4	24,3	22,5	21,0	19,7	18,5	17,5	16,6	15,8	15,1	14,4	13,8	13,3	12,7	12,3
5,25	-	-	-	-	-	-	70,0	49,6	40,6	35,0	31,0	28,0	25,5	23,5	21,9	20,4	19,2	18,1	17,1	16,2	15,5	14,8	14,1	13,5	13,0	12,5
5,50	-	-	-	-	-	-	-	62,6	46,4	38,5	33,5	29,8	27,0	24,7	22,8	21,2	19,9	18,7	17,6	16,7	15,9	15,1	14,5	13,9	13,3	12,8
5,75	-	-	-	-	-	-	-	-	56,8	43,6	36,7	32,0	28,7	26,0	23,9	22,1	20,6	19,3	18,2	17,2	16,3	15,6	14,8	14,2	13,6	13,1
6,00	-	-	-	-	-	-	-	-	-	52,2	41,2	35,0	30,7	27,6	25,2	23,2	21,5	20,1	18,9	17,8	16,8	16,0	15,2	14,5	13,9	13,3
6,25	-	-	-	-	-	-	-	-	-	79,8	48,4	39,0	33,4	29,6	26,7	24,4	22,5	20,9	19,6	18,4	17,4	16,5	15,6	14,9	14,3	13,7
6,50	-	-	-	-	-	-	-	-	-	-	66,5	45,2	37,0	32,0	28,5	25,8	23,6	21,8	20,3	19,1	17,9	17,0	16,1	15,3	14,6	14,0
6,75	-	-	-	-	-	-	-	-	-	-	-	58,6	42,4	35,3	30,7	27,4	24,9	22,9	21,2	19,8	18,6	17,5	16,6	15,8	15,0	14,3
7,00	-	-	-	-	-	-	-	-	-	-	-	-	53,0	40,0	33,7	29,5	26,5	24,1	22,2	20,6	19,3	18,1	17,1	16,2	15,4	14,7
7,25	-	-	-	-	-	-	-	-	-	-	-	-	-	48,6	37,9	32,2	28,4	25,6	23,4	21,6	20,1	18,8	17,7	16,8	15,9	15,1
7,50	-	-	-	-	-	-	-	-	-	-	-	-	-	-	45,1	36,0	30,9	27,4	24,8	22,7	21,0	19,6	18,4	17,3	16,4	15,6
7,75	-	-	-	-	-	-	-	-	-	-	-	-	-	-	67,7	42,1	34,3	29,7	26,4	24,0	22,1	20,5	19,1	17,9	16,9	16,0
8,00	-	-	-	-	-	-	-	-	-	-	-	-	-	-	-	57,1	39,6	32,7	28,5	25,6	23,3	21,4	19,9	18,6	17,5	16,6
8,25	-	-	-	-	-	-	-	-	-	-	-	-	-	-	-	-	50,8	37,4	31,3	27,5	24,7	22,6	20,9	19,4	18,2	17,2
8,50	-	-	-	-	-	-	-	-	-	-	-	-	-	-	-	-	-	46,2	35,4	30,1	26,6	24,0	22,0	20,3	19,0	17,8
8,75	-	-	-	-	-	-	-	-	-	-	-	-	-	-	-	-	-	-	42,7	33,7	28,9	25,7	23,3	21,4	19,8	18,5
9,00	-	-	-	-	-	-	-	-	-	-	-	-	-	-	-	-	-	-	-	39,8	32,2	27,8	24,8	22,6	20,8	19,3
9,25	-	-	-	-	-	-	-	-	-	-	-	-	-	-	-	-	-	-	-	59,1	37,4	30,8	26,8	24,1	21,9	20,3
9,50	-	-	-	-	-	-	-	-	-	-	-	-	-	-	-	-	-	-	-	-	50,3	35,4	29,5	25,9	23,3	21,3
9,75	-	-	-	-	-	-	-	-	-	-	-	-	-	-	-	-	-	-	-	-	-	45,0	33,5	28,4	25,1	22,6
10,00	-	-	-	-	-	-	-	-	-	-	-	-	-	-	-	-	-	-	-	-	-	-	41,3	31,9	27,3	24,3

Tab. 11.4 Tilgungszeit (Darlehensbetrag 250.000,– €

Laufzeit eines Darlehens in Jahren in Abhängigkeit vom Sollzinssatz und jährlicher Annuität bei einem Kreditvolumen von 250.000 €
(nachschüssige Zahlungsweise; jährl. Zahlungsverrechnung)

Sollzinssatz in Prozent	Jährliche Annuität in Euro																								
	7200	7800	8400	9000	9600	10200	10800	11400	12000	12600	13200	13800	14400	15000	15600	16200	16800	17400	18000	18600	19200	19800	20400	21000	21600	22200
2,00	59,9	51,7	45,7	41,0	37,2	34,0	31,4	29,2	27,2	25,5	24,0	22,7	21,5	20,5	19,5	18,6	17,8	17,1	16,4	15,8	15,2	14,7	14,2	13,7	13,3	12,9
2,25	68,3	57,4	49,8	44,1	39,6	36,0	33,1	30,6	28,4	26,6	25,0	23,5	22,3	21,1	20,1	19,2	18,3	17,5	16,8	16,2	15,6	15,0	14,5	14,0	13,6	13,1
2,50	82,0	65,4	55,2	48,0	42,6	38,4	35,0	32,2	29,8	27,8	26,0	24,4	23,1	21,8	20,7	19,7	18,8	18,0	17,3	16,6	15,9	15,4	14,8	14,3	13,8	13,4
2,75	114,2	78,6	62,9	53,2	46,4	41,3	37,3	34,1	31,4	29,1	27,1	25,4	23,9	22,6	21,4	20,4	19,4	18,5	17,7	17,0	16,3	15,7	15,1	14,6	14,1	13,7
3,00	-	110,2	75,6	60,6	51,4	45,0	40,1	36,3	33,2	30,6	28,4	26,5	24,9	23,4	22,2	21,0	20,0	19,1	18,2	17,5	16,8	16,1	15,5	14,9	14,4	13,9
3,25	-	-	106,9	72,9	58,6	49,8	43,6	39,0	35,3	32,4	29,9	27,8	26,0	24,4	23,0	21,8	20,7	19,7	18,8	18,0	17,2	16,5	15,9	15,3	14,8	14,2
3,50	-	-	-	104,2	70,5	56,7	48,3	42,4	38,0	34,5	31,6	29,2	27,2	25,4	23,9	22,6	21,4	20,3	19,4	18,5	17,7	17,0	16,3	15,7	15,1	14,6
3,75	-	-	-	-	102,0	68,3	55,0	46,9	41,3	37,0	33,6	30,9	28,6	26,6	25,0	23,5	22,2	21,0	20,0	19,0	18,2	17,4	16,7	16,1	15,5	14,9
4,00	-	-	-	-	-	100,2	66,4	53,5	45,7	40,2	36,1	32,9	30,2	28,0	26,1	24,5	23,1	21,8	20,7	19,7	18,8	17,9	17,2	16,5	15,9	15,3
4,25	-	-	-	-	-	-	99,0	64,6	52,1	44,5	39,3	35,3	32,2	29,6	27,5	25,6	24,0	22,7	21,4	20,3	19,4	18,5	17,7	16,9	16,3	15,6
4,50	-	-	-	-	-	-	-	98,4	63,0	50,7	43,4	38,4	34,5	31,5	29,0	26,9	25,2	23,6	22,3	21,1	20,0	19,1	18,2	17,4	16,7	16,1
4,75	-	-	-	-	-	-	-	-	98,4	61,5	49,5	42,4	37,5	33,8	30,9	28,5	26,4	24,7	23,2	21,9	20,8	19,7	18,8	18,0	17,2	16,5
5,00	-	-	-	-	-	-	-	-	-	99,1	60,2	48,4	41,5	36,7	33,1	30,3	27,9	26,0	24,3	22,9	21,6	20,5	19,4	18,5	17,7	17,0
5,25	-	-	-	-	-	-	-	-	-	-	101,0	59,0	47,4	40,6	36,0	32,5	29,7	27,4	25,5	23,9	22,5	21,2	20,2	19,2	18,3	17,5
5,50	-	-	-	-	-	-	-	-	-	-	-	105,0	57,9	46,4	39,8	35,3	31,9	29,2	27,0	25,1	23,5	22,1	20,9	19,9	18,9	18,0
5,75	-	-	-	-	-	-	-	-	-	-	-	-	113,7	56,8	45,5	39,1	34,6	31,3	28,7	26,5	24,7	23,2	21,8	20,6	19,6	18,7
6,00	-	-	-	-	-	-	-	-	-	-	-	-	-	-	55,9	44,7	38,3	34,0	30,7	28,2	26,1	24,3	22,8	21,5	20,3	19,3
6,25	-	-	-	-	-	-	-	-	-	-	-	-	-	-	-	55,1	43,9	37,7	33,4	30,2	27,7	25,7	24,0	22,5	21,2	20,1
6,50	-	-	-	-	-	-	-	-	-	-	-	-	-	-	-	-	54,3	43,1	37,0	32,9	29,7	27,3	25,3	23,6	22,2	20,9
6,75	-	-	-	-	-	-	-	-	-	-	-	-	-	-	-	-	-	53,6	42,4	36,4	32,3	29,3	26,9	24,9	23,3	21,9
7,00	-	-	-	-	-	-	-	-	-	-	-	-	-	-	-	-	-	-	53,0	41,8	35,8	31,8	28,8	26,5	24,6	22,9
7,25	-	-	-	-	-	-	-	-	-	-	-	-	-	-	-	-	-	-	-	52,4	41,2	35,3	31,3	28,4	26,1	24,2
7,50	-	-	-	-	-	-	-	-	-	-	-	-	-	-	-	-	-	-	-	-	51,9	40,6	34,8	30,9	28,0	25,7
7,75	-	-	-	-	-	-	-	-	-	-	-	-	-	-	-	-	-	-	-	-	-	51,5	40,1	34,3	30,5	27,6
8,00	-	-	-	-	-	-	-	-	-	-	-	-	-	-	-	-	-	-	-	-	-	-	51,1	39,6	33,8	30,0
8,25	-	-	-	-	-	-	-	-	-	-	-	-	-	-	-	-	-	-	-	-	-	-	-	50,8	39,1	33,4
8,50	-	-	-	-	-	-	-	-	-	-	-	-	-	-	-	-	-	-	-	-	-	-	-	-	50,5	38,6
8,75	-	-	-	-	-	-	-	-	-	-	-	-	-	-	-	-	-	-	-	-	-	-	-	-	-	50,4
9,00	-	-	-	-	-	-	-	-	-	-	-	-	-	-	-	-	-	-	-	-	-	-	-	-	-	-
9,25	-	-	-	-	-	-	-	-	-	-	-	-	-	-	-	-	-	-	-	-	-	-	-	-	-	-
9,50	-	-	-	-	-	-	-	-	-	-	-	-	-	-	-	-	-	-	-	-	-	-	-	-	-	-
9,75	-	-	-	-	-	-	-	-	-	-	-	-	-	-	-	-	-	-	-	-	-	-	-	-	-	-
10,00	-	-	-	-	-	-	-	-	-	-	-	-	-	-	-	-	-	-	-	-	-	-	-	-	-	-

11.1.2 Tabelle: Höhe der jährlichen Zahlung (Annuität)

Fragestellung: Wie hoch ist die notwendige jährliche Annuität für ein Darlehen in Höhe von 100.000,– €, damit ich nach einer bestimmten Anzahl von Jahren schuldenfrei bin?

Gegebene Größen

- Darlehensbetrag 100.000,– €,
- Zinssatz (2 %; 2,5 %; . . . ; 9,5 % oder 10,0 %) und
- Laufzeit in Jahren (schuldenfrei nach 5; 6; . . . ; 28; 29 oder 30 Jahren).

Gesuchte Größe

- Tab. 11.5 Annuität (jährliche Belastung in €)

Anwendungshinweis für die Tabelle
Für einen Darlehensbetrag von 100.000,– € lässt sich für verschiedene Zinssätze (2 %; 2,5 %; . . . ; 9,5 % oder 10,0 %) und verschiedene Laufzeiten (schuldenfrei nach 5; 6; . . . ; 28; 29 oder 30 Jahren) ablesen, wie hoch die notwendige jährliche Annuität zur Volltilgung ist.

Tab. 11.5 Höhe der jährlichen Zahlung (Annuität)

Notwendige jährliche Annuität (€) zur Volltilgung eines 100.000 € Darlehens innerhalb eines vorgegebenen Zeitraumes in Abhängigkeit vom gültigen Sollzins.
(Darlehensbetrag 100.000,00 Euro; Auszahlung des Darlehensbetrages: 100%; jährliche Zins- und Tilgungsverrechnung; nachschüssige Zahlungsweise)

Sollzinssatz in Prozent	Dauer in Jahren																									
	5	6	7	8	9	10	11	12	13	14	15	16	17	18	19	20	21	22	23	24	25	26	27	28	29	30
2,00	21216	17853	15451	13651	12252	11133	10218	9456	8812	8260	7783	7365	6997	6670	6378	6116	5878	5663	5467	5287	5122	4970	4829	4699	4578	4465
2,25	21370	18003	15600	13798	12398	11279	10364	9602	8958	8406	7929	7512	7144	6818	6526	6264	6028	5813	5617	5438	5274	5122	4982	4853	4732	4620
2,50	21525	18155	15750	13947	12546	11426	10511	9749	9105	8554	8077	7660	7293	6967	6676	6415	6179	5965	5770	5591	5428	5277	5138	5009	4889	4778
2,75	21680	18307	15900	14096	12694	11574	10659	9897	9253	8702	8226	7810	7443	7118	6828	6567	6332	6119	5924	5747	5584	5434	5296	5168	5049	4938
3,00	21835	18460	16051	14246	12843	11723	10808	10046	9403	8853	8377	7961	7595	7271	6981	6722	6487	6275	6081	5905	5743	5594	5456	5329	5211	5102
3,25	21992	18613	16202	14396	12994	11873	10958	10197	9554	9004	8529	8114	7749	7425	7137	6878	6644	6433	6241	6065	5904	5756	5620	5494	5377	5268
3,50	22148	18767	16354	14548	13145	12024	11109	10348	9706	9157	8683	8268	7904	7582	7294	7036	6804	6593	6402	6227	6067	5921	5785	5660	5545	5437
3,75	22305	18921	16507	14700	13297	12176	11262	10501	9860	9311	8838	8424	8061	7740	7453	7196	6965	6756	6565	6392	6233	6087	5953	5830	5715	5609
4,00	22463	19076	16661	14853	13449	12329	11415	10655	10014	9467	8994	8582	8220	7899	7614	7358	7128	6920	6731	6559	6401	6257	6124	6001	5888	5783
4,25	22621	19232	16815	15006	13603	12483	11569	10810	10170	9624	9152	8741	8380	8061	7776	7522	7293	7086	6899	6728	6571	6428	6297	6175	6063	5960
4,50	22779	19388	16970	15161	13757	12638	11725	10967	10328	9782	9311	8902	8542	8224	7941	7688	7460	7255	7068	6899	6744	6602	6472	6352	6241	6139
4,75	22938	19545	17126	15316	13913	12794	11881	11124	10486	9942	9472	9064	8705	8388	8107	7855	7629	7425	7240	7072	6919	6778	6649	6531	6422	6321
5,00	23097	19702	17282	15472	14069	12950	12039	11283	10646	10102	9634	9227	8870	8555	8275	8024	7800	7597	7414	7247	7095	6956	6829	6712	6605	6505
5,25	23257	19860	17439	15629	14226	13108	12197	11442	10806	10265	9798	9392	9036	8723	8444	8195	7972	7771	7589	7424	7274	7137	7011	6896	6790	6692
5,50	23418	20018	17596	15786	14384	13267	12357	11603	10968	10428	9963	9558	9204	8892	8615	8368	8146	7947	7767	7604	7455	7319	7195	7081	6977	6881
5,75	23578	20177	17755	15945	14543	13426	12518	11765	11132	10593	10129	9726	9374	9063	8788	8542	8323	8125	7946	7785	7638	7504	7381	7269	7166	7072
6,00	23740	20336	17914	16104	14702	13587	12679	11928	11296	10758	10296	9895	9544	9236	8962	8718	8500	8305	8128	7968	7823	7690	7570	7459	7358	7265
6,25	23901	20496	18073	16263	14863	13748	12842	12092	11462	10926	10465	10066	9717	9410	9138	8896	8680	8486	8311	8153	8009	7879	7760	7651	7552	7460
6,50	24063	20657	18233	16424	15024	13910	13006	12257	11628	11094	10635	10238	9891	9585	9316	9076	8861	8669	8496	8340	8198	8069	7952	7845	7747	7658
6,75	24226	20818	18394	16585	15186	14074	13170	12423	11796	11264	10807	10411	10066	9763	9495	9257	9044	8854	8683	8528	8389	8262	8146	8041	7945	7857
7,00	24389	20980	18555	16747	15349	14238	13336	12590	11965	11434	10979	10586	10243	9941	9675	9439	9229	9041	8871	8719	8581	8456	8343	8239	8145	8059
7,25	24553	21142	18717	16909	15512	14403	13502	12758	12135	11607	11153	10762	10421	10121	9857	9623	9415	9229	9062	8911	8775	8652	8540	8439	8346	8262
7,50	24716	21304	18880	17073	15677	14569	13670	12928	12306	11780	11329	10939	10600	10303	10041	9809	9603	9419	9254	9105	8971	8850	8740	8641	8550	8467
7,75	24881	21468	19043	17237	15842	14735	13838	13098	12479	11954	11505	11118	10781	10486	10226	9996	9792	9610	9447	9301	9169	9049	8942	8844	8755	8674
8,00	25046	21632	19207	17401	16008	14903	14008	13270	12652	12130	11683	11298	10963	10670	10413	10185	9983	9803	9642	9498	9368	9251	9145	9049	8962	8883
8,25	25211	21796	19372	17567	16175	15071	14178	13442	12827	12306	11862	11479	11146	10856	10601	10375	10176	9998	9839	9697	9569	9454	9350	9256	9170	9093
8,50	25377	21961	19537	17733	16342	15241	14349	13615	13002	12484	12042	11661	11331	11043	10790	10567	10370	10194	10037	9897	9771	9658	9556	9464	9381	9305
8,75	25543	22126	19703	17900	16511	15411	14522	13790	13179	12663	12223	11845	11517	11231	10981	10760	10565	10391	10237	10099	9975	9864	9764	9674	9592	9519
9,00	25709	22292	19869	18067	16680	15582	14695	13965	13357	12843	12406	12030	11705	11421	11173	10955	10762	10590	10438	10302	10181	10072	9973	9885	9806	9734
9,25	25876	22458	20036	18236	16850	15754	14869	14141	13535	13025	12590	12216	11893	11612	11367	11150	10960	10791	10641	10507	10388	10281	10184	10098	10020	9950
9,50	26044	22625	20204	18405	17020	15927	15044	14319	13715	13207	12774	12403	12083	11805	11561	11348	11159	10993	10845	10713	10596	10491	10397	10312	10236	10168
9,75	26211	22793	20372	18574	17192	16100	15220	14497	13896	13390	12960	12592	12274	11998	11757	11546	11360	11196	11050	10921	10806	10703	10611	10528	10454	10387
10,00	26380	22961	20541	18744	17364	16275	15396	14676	14078	13575	13147	12782	12466	12193	11955	11746	11562	11401	11257	11130	11017	10916	10826	10745	10673	10608

11.1.3 Tabelle: Darlehenshöhe

Fragestellung: Wie hoch ist der mögliche Darlehensbetrag, wenn ich jährlich einen bestimmten Betrag für die Darlehensrückzahlung (Schuldendienst) aufbringen kann und nach einer bestimmten Laufzeit schuldenfrei sein möchte?

Gegebene Größen

- Zinssatz (2 %; 2,5 %; ...; 9,5 % oder 10,0 %),
- Laufzeit in Jahren (schuldenfrei nach 5; 10; 15; 20; 25 oder 30 Jahren) und
- Annuität (6000,– €; 6600,– €; 7200,– €; ...; 23.400,– € oder 24.000,– €).

Gesuchte Größe

- Möglicher Darlehensbetrag (in €)

Anwendungshinweis für die Tabellen
Auf den folgenden Seiten sind sechs Tabellen für verschiedene Laufzeiten dargestellt:

- Tab. 11.6 Laufzeit 5 Jahre,
- Tab. 11.7 Laufzeit 10 Jahre,
- Tab. 11.8 Laufzeit 15 Jahre,
- Tab. 11.9 Laufzeit 20 Jahre,
- Tab. 11.10 Laufzeit 25 Jahre,
- Tab. 11.11 Laufzeit 30 Jahre.

Für die oben genannten Laufzeiten lässt sich in der jeweiligen Tabelle für verschiedene Zinssätze (2 %; 2,5 %; ...; 9,5 % oder 10,0 %) und verschiedene Annuitäten (6000,– €; 6600,– €; 7200,– €; ...; 23.400,– € oder 24.000,– €) ablesen, wie hoch der Darlehensbetrag sein kann.

Tab. 11.6 Darlehenshöhe (Laufzeit 5 Jahre)

Höhe des möglichen Darlehensbetrages (€) in Abhängigkeit vom Zinssatz und der jährlichen Annuität bei einer geplanten Volltilgung innerhalb von 5 Jahren
(Gebühren nicht berücksichtigt; jährl. Verrechnung der Zins- und Tilgungszahlungen; nachschüssige Zahlungsweise; auf volle Euro gerundet)

	Zinssatz in Prozent																				
5	2,0	2,4	2,8	3,2	3,6	4,0	4,4	4,8	5,2	5,6	6,0	6,4	6,8	7,2	7,6	8,0	8,4	8,8	9,2	9,6	10,0
Die Höhe der jährlichen Annuität in Euro																					
6000	28281	27955	27636	27322	27014	26711	26413	26121	25834	25552	25274	25002	24733	24470	24211	23956	23706	23460	23217	22979	22745
6600	31109	30751	30399	30054	29715	29382	29055	28733	28417	28107	27802	27502	27207	26917	26632	26352	26076	25805	25539	25277	25019
7200	33937	33546	33163	32786	32417	32053	31696	31345	31001	30662	30329	30002	29680	29364	29053	28748	28447	28151	27861	27575	27294
7800	36765	36342	35927	35519	35118	34724	34337	33957	33584	33217	32856	32502	32154	31811	31474	31143	30818	30497	30182	29873	29568
8400	39593	39138	38690	38251	37819	37395	36979	36570	36167	35772	35384	35002	34627	34258	33895	33539	33188	32843	32504	32171	31843
9000	42421	41933	41454	40983	40521	40066	39620	39182	38751	38327	37911	37502	37100	36705	36316	35934	35559	35189	34826	34469	34117
9600	45249	44729	44217	43715	43222	42737	42261	41794	41334	40883	40439	40002	39574	39152	38738	38330	37929	37535	37148	36766	36392
10200	48077	47524	46981	46447	45923	45409	44903	44406	43918	43438	42966	42503	42047	41599	41159	40726	40300	39881	39469	39064	38666
10800	50905	50320	49745	49180	48625	48080	47544	47018	46501	45993	45494	45003	44520	44046	43580	43121	42670	42227	41791	41362	40940
11400	53733	53115	52508	51912	51326	50751	50186	49630	49084	48548	48021	47503	46994	46493	46001	45517	45041	44573	44113	43660	43215
12000	56562	55911	55272	54644	54028	53422	52827	52242	51668	51103	50548	50003	49467	48940	48422	47913	47412	46919	46435	45958	45489
12600	59390	58706	58035	57376	56729	56093	55468	54854	54251	53658	53076	52503	51940	51387	50843	50308	49782	49265	48756	48256	47764
13200	62218	61502	60799	60108	59430	58764	58110	57466	56835	56214	55603	55003	54414	53834	53264	52704	52153	51611	51078	50554	50038
13800	65046	64297	63562	62841	62132	61435	60751	60079	59418	58769	58131	57503	56887	56281	55685	55099	54523	53957	53400	52852	52313
14400	67874	67093	66326	65573	64833	64106	63392	62691	62001	61324	60658	60004	59360	58728	58106	57495	56894	56303	55722	55150	54587
15000	70702	69888	69090	68305	67534	66777	66034	65303	64585	63879	63185	62504	61834	61175	60527	59891	59265	58649	58043	57448	56862
15600	73530	72684	71853	71037	70236	69448	68675	67915	67168	66434	65713	65004	64307	63622	62948	62286	61635	60995	60365	59746	59136
16200	76358	75480	74617	73769	72937	72120	71316	70527	69751	68989	68240	67504	66780	66069	65370	64682	64006	63341	62687	62043	61411
16800	79186	78275	77380	76502	75639	74791	73958	73139	72335	71544	70768	70004	69254	68516	67791	67078	66376	65687	65008	64341	63685
17400	82014	81071	80144	79234	78340	77462	76599	75751	74918	74100	73295	72504	71727	70963	70212	69473	68747	68033	67330	66639	65960
18000	84842	83866	82908	81966	81041	80133	79240	78363	77502	76655	75823	75005	74200	73410	72633	71869	71117	70379	69652	68937	68234
18600	87670	86662	85671	84698	83743	82804	81882	80975	80085	79210	78350	77505	76674	75857	75054	74264	73488	72725	71974	71235	70509
19200	90498	89457	88435	87430	86444	85475	84523	83588	82668	81765	80877	80005	79147	78304	77475	76660	75859	75070	74295	73533	72783
19800	93326	92253	91198	90163	89145	88146	87164	86200	85252	84320	83405	82505	81621	80751	79896	79056	78229	77416	76617	75831	75058
20400	96155	95048	93962	92895	91847	90817	89806	88812	87835	86875	85932	85005	84094	83198	82317	81451	80600	79762	78939	78129	77332
21000	98983	97844	96726	95627	94548	93488	92447	91424	90419	89431	88460	87505	86567	85645	84738	83847	82970	82108	81261	80427	79607
21600	101811	100639	99489	98359	97250	96159	95088	94036	93002	91986	90987	90005	89041	88092	87159	86243	85341	84454	83582	82725	81881
22200	104639	103435	102253	101092	99951	98830	97730	96648	95585	94541	93514	92506	91514	90539	89581	88638	87712	86800	85904	85023	84155
22800	107467	106231	105016	103824	102652	101502	100371	99260	98169	97096	96042	95006	93987	92986	92002	91034	90082	89146	88226	87320	86430
23400	110295	109026	107780	106556	105354	104173	103012	101872	100752	99651	98569	97506	96461	95433	94423	93429	92453	91492	90547	89618	88704
24000	113123	111822	110543	109288	108055	106844	105654	104484	103335	102206	101097	100006	98934	97880	96844	95825	94823	93838	92869	91916	90979

Tab. 11.7 Darlehenshöhe (Laufzeit 10 Jahre)

Höhe des möglichen Darlehensbetrages (€) in Abhängigkeit vom Zinssatz und der jährlichen Annuität bei einer geplanten Volltilgung innerhalb von 10 Jahren

(Gebühren nicht berücksichtigt; jährl. Verrechnung der Zins-und Tilgungszahlungen; nachschüssige Zahlungsweise; auf volle Euro gerundet)

Die Höhe der jährlichen Annuität in Euro

	Zinssatz in Prozent																		
10	2,0	2,4	2,8	3,2	3,6	4,0	4,4	4,8	5,2	5,6	6,0	6,4	6,8	7,2	7,6	8,0	8,4	8,8	9,2	9,6	10,0
6000	53896	52785	51708	50663	49649	48665	47711	46784	45884	45010	44161	43336	42534	41755	40997	40260	39544	38847	38169	37510	36867
6600	59285	58063	56878	55729	54614	53532	52482	51462	50472	49511	48577	47669	46787	45930	45097	44287	43499	42732	41986	41260	40554
7200	64675	63342	62049	60795	59579	58398	57253	56140	55060	54012	52993	52003	51041	50106	49197	48313	47453	46617	45803	45011	44241
7800	70064	68620	67220	65862	64544	63265	62024	60819	59649	58512	57409	56336	55294	54281	53296	52339	51407	50501	49620	48762	47928
8400	75454	73899	72391	70928	69509	68132	66795	65497	64237	63013	61825	60670	59547	58456	57396	56365	55362	54386	53437	52513	51614
9000	80843	79177	77561	75994	74474	72998	71566	70176	68826	67514	66241	65003	63801	62632	61496	60391	59316	58271	57254	56264	55301
9600	86233	84456	82732	81060	79439	77865	76337	74854	73414	72015	70657	69337	68054	66807	65595	64417	63271	62156	61071	60015	58988
10200	91622	89734	87903	86127	84403	82731	81108	79532	78002	76516	75073	73670	72308	70983	69695	68443	67225	66040	64888	63766	62675
10800	97012	95013	93074	91193	89368	87598	85879	84211	82591	81017	79489	78004	76561	75158	73795	72469	71179	69925	68705	67517	66361
11400	102401	100291	98244	96259	94333	92464	90650	88889	87179	85518	83905	82338	80814	79334	77894	76495	75134	73810	72522	71268	70048
12000	107791	105570	103415	101326	99298	97331	95421	93567	91767	90019	88321	86671	85068	83509	81994	80521	79088	77695	76339	75019	73735
12600	113181	110848	108586	106392	104263	102197	100192	98246	96356	94520	92737	91005	89321	87685	86094	84547	83043	81579	80155	78770	77422
13200	118570	116127	113757	111458	109228	107064	104963	102924	100944	99021	97153	95338	93574	91860	90194	88573	86997	85464	83972	82521	81108
13800	123960	121405	118927	116524	114193	111930	109734	107603	105533	103522	101569	99672	97828	96036	94293	92599	90951	89349	87789	86272	84795
14400	129349	126683	124098	121591	119158	116797	114505	112281	110121	108023	105985	104005	102081	100211	98393	96625	94906	93233	91606	90023	88482
15000	134739	131962	129269	126657	124123	121663	119277	116959	114709	112524	110401	108339	106335	104387	102493	100651	98860	97118	95423	93774	92169
15600	140128	137240	134440	131723	129088	126530	124048	121638	119298	117025	114817	112672	110588	108562	106592	104677	102815	101003	99240	97525	95855
16200	145518	142519	139611	136789	134052	131397	128819	126316	123886	121526	119233	117006	114841	112738	110692	108703	106769	104888	103057	101276	99542
16800	150907	147797	144781	141856	139017	136263	133590	130994	128474	126027	123649	121340	119095	116913	114792	112729	110723	108772	106874	105027	103229
17400	156297	153076	149952	146922	143982	141130	138361	135673	133063	130528	128066	125673	123348	121088	118892	116755	114678	112657	110691	108778	106915
18000	161687	158354	155123	151988	148947	145996	143132	140351	137651	135029	132482	130007	127602	125264	122991	120781	118632	116542	114508	112529	110602
18600	167076	163633	160294	157055	153912	150863	147903	145030	142239	139530	136898	134340	131855	129439	127091	124808	122587	120426	118325	116280	114289
19200	172466	168911	165464	162121	158877	155729	152674	149708	146828	144031	141314	138674	136108	133615	131191	128834	126541	124311	122142	120030	117976
19800	177855	174190	170635	167187	163842	160596	157445	154386	151416	148532	145730	143007	140362	137790	135290	132860	130496	128196	125959	123781	121662
20400	183245	179468	175806	172253	168807	165462	162216	159065	156005	153033	150146	147341	144615	141966	139390	136886	134450	132081	129776	127532	125349
21000	188634	184747	180977	177320	173772	170329	166987	163743	160593	157534	154562	151674	148869	146141	143490	140912	138404	135965	133592	131283	129036
21600	194024	190025	186147	182386	178737	175195	171758	168421	165181	162035	158978	156008	153122	150317	147590	144938	142359	139850	137409	135034	132723
22200	199413	195304	191318	187452	183702	180062	176529	173100	169770	166536	163394	160342	157375	154492	151689	148964	146313	143735	141226	138785	136409
22800	204803	200582	196489	192518	188666	184928	181300	177778	174358	171037	167810	164675	161629	158668	155789	152990	150268	147620	145043	142536	140096
23400	210192	205861	201660	197585	193631	189795	186071	182456	178946	175537	172226	169009	165882	162843	159889	157016	154222	151504	148860	146287	143783
24000	215582	211139	206830	202651	198596	194661	190842	187135	183535	180038	176642	173342	170135	167019	163988	161042	158176	155389	152677	150038	147470

Tab. 11.8 Darlehenshöhe (Laufzeit 15 Jahre)

Höhe des möglichen Darlehnsbetrages (€) in Abhängigkeit vom Zinssatz und der jährlichen Annuität bei einer geplanten Volltilgung innerhalb von 15 Jahren
(Gebühren nicht berücksichtigt; jährl. Verrechnung der Zins- und Tilgungszahlungen; nachschüssige Zahlungsweise; auf volle Euro gerundet)

Die Höhe der jährlichen Annuität in Euro

	Zinssatz in Prozent																				
15	2,0	2,4	2,8	3,2	3,6	4,0	4,4	4,8	5,2	5,6	6,0	6,4	6,8	7,2	7,6	8,0	8,4	8,8	9,2	9,6	10,0
6000	77096	74838	72675	70602	68616	66710	64883	63128	61445	59827	58273	56780	55345	53964	52635	51357	50126	48940	47798	46698	45636
6600	84805	82321	79942	77663	75477	73381	71371	69441	67589	65810	64101	62458	60879	59360	57899	56493	55139	53835	52578	51367	50200
7200	92515	89805	87210	84723	82339	80052	77859	75754	73733	71793	69928	68136	66413	64757	63162	61628	60151	58729	57358	56037	54764
7800	100224	97289	94477	91783	89200	86723	84347	82067	79878	77775	75756	73814	71948	70153	68426	66764	65164	63623	62138	60707	59327
8400	107934	104773	101745	98843	96062	93394	90836	88380	86022	83758	81583	79492	77482	75549	73690	71900	70176	68517	66918	65377	63891
9000	115643	112257	109012	105904	102923	100065	97324	94693	92167	89741	87410	85170	83017	80946	78953	77035	75189	73411	71698	70046	68455
9600	123353	119740	116280	112964	109785	106737	103812	101006	98311	95724	93238	90848	88551	86342	84217	82171	80202	78305	76477	74716	73018
10200	131062	127224	123547	120024	116646	113408	110300	107318	104456	101706	99065	96526	94086	91738	89480	87307	85214	83199	81257	79386	77582
10800	138772	134708	130815	127084	123508	120079	116789	113631	110600	107689	104892	102204	99620	97135	94744	92442	90227	88093	86037	84056	82146
11400	146482	142192	138082	134144	130370	126750	123277	119944	116745	113672	110720	107882	105155	102531	100007	97578	95239	92987	90817	88726	86709
12000	154191	149675	145350	141205	137231	133421	129765	126257	122889	119654	116547	113560	110689	107928	105271	102714	100252	97881	95597	93395	91273
12600	161901	157159	152617	148265	144093	140092	136253	132570	129033	125637	122374	119238	116224	113324	110534	107849	105265	102775	100377	98065	95837
13200	169610	164643	159885	155325	150954	146763	142742	138883	135178	131620	128202	124916	121758	118720	115798	112985	110277	107669	105156	102735	100400
13800	177320	172127	167152	162385	157816	153434	149230	145196	141322	137603	134029	130595	127292	124117	121061	118121	115290	112563	109936	107405	104964
14400	185029	179610	174420	169446	164677	160105	155718	151508	147467	143585	139856	136273	132827	129513	126325	123256	120302	117457	114716	112074	109528
15000	192739	187094	181687	176506	171539	166776	162206	157821	153611	149568	145684	141951	138361	134910	131588	128392	125315	122351	119496	116744	114091
15600	200449	194578	188955	183566	178401	173447	168695	164134	159756	155551	151511	147629	143896	140306	136852	133528	130328	127245	124276	121414	118655
16200	208158	202062	196222	190626	185262	180118	175183	170447	165900	161534	157338	153307	149430	145702	142116	138664	135340	132139	129056	126084	123218
16800	215868	209546	203490	197687	192124	186789	181671	176760	172045	167516	163166	158985	154965	151099	147379	143799	140353	137033	133835	130753	127782
17400	223577	217029	210757	204747	198985	193460	188159	183073	178189	173499	168993	164663	160499	156495	152643	148935	145365	141927	138615	135423	132346
18000	231287	224513	218025	211807	205847	200131	194648	189385	184334	179482	174820	170341	166034	161891	157906	154071	150378	146821	143395	140093	136909
18600	238996	231997	225292	218867	212708	206802	201136	195698	190478	185464	180648	176019	171568	167288	163170	159206	155390	151716	148175	144763	141473
19200	246706	239481	232560	225927	219570	213473	207624	202011	196622	191447	186475	181697	177103	172684	168433	164342	160403	156610	152955	149432	146037
19800	254415	246964	239827	232988	226431	220144	214112	208324	202767	197430	192303	187375	182637	178081	173697	169478	165416	161504	157735	154102	150600
20400	262125	254448	247095	240048	233293	226815	220601	214637	208911	203413	198130	193053	188172	183477	178960	174613	170428	166398	162514	158772	155164
21000	269835	261932	254362	247108	240155	233486	227089	220950	215056	209395	203957	198731	193706	188873	184224	179749	175441	171292	167294	163442	159728
21600	277544	269416	261630	254168	247016	240157	233577	227263	221200	215378	209785	204409	199240	194270	189487	184885	180453	176186	172074	168112	164291
22200	285254	276899	268897	261229	253878	246828	240065	233575	227345	221361	215612	210087	204775	199666	194751	190020	185466	181080	176854	172781	168855
22800	292963	284383	276165	268289	260739	253499	246554	239888	233489	227344	221439	215765	210309	205062	200014	195156	190479	185974	181634	177451	173419
23400	300673	291867	283432	275349	267601	260170	253042	246201	239634	233326	227267	221443	215844	210459	205278	200292	195491	190868	186414	182121	177982
24000	308382	299351	290699	282409	274462	266841	259530	252514	245778	239309	233094	227121	221378	215855	210542	205427	200504	195762	191193	186791	182546

Tab. 11.9 Darlehenshöhe (Laufzeit 20 Jahre)

Höhe des möglichen Darlehensbetrages (€) in Abhängigkeit vom Zinssatz und der jährlichen Annuität bei einer geplanten Volltilgung innerhalb von 20 Jahren
(Gebühren nicht berücksichtigt; jährl. Verrechnung der Zins- und Tilgungszahlungen; nachschüssige Zahlungsweise; auf volle Euro gerundet)

Zeilen: Die Höhe der jährlichen Annuität in Euro; Spalten: Zinssatz in Prozent

20	2,0	2,4	2,8	3,2	3,6	4,0	4,4	4,8	5,2	5,6	6,0	6,4	6,8	7,2	7,6	8,0	8,4	8,8	9,2	9,6	10,0
6000	98109	94425	90938	87636	84508	81542	78728	76058	73521	71111	68820	66639	64564	62588	60705	58909	57196	55561	54000	52508	51081
6600	107919	103867	100032	96400	92959	89696	86601	83663	80873	78222	75701	73303	71021	68847	66775	64800	62915	61117	59399	57758	56190
7200	117730	113310	109126	105164	101410	97850	94474	91269	88226	85333	82583	79967	77477	75105	72845	70691	68635	66673	64799	63009	61298
7800	127541	122752	118219	113927	109860	106005	102347	98875	95578	92444	89465	86631	83934	81364	78916	76582	74355	72229	70199	68260	66406
8400	137352	132194	127313	122691	118311	114159	110220	106481	102930	99556	96347	93295	90390	87623	84986	82472	80074	77785	75599	73511	71514
9000	147163	141637	136407	131455	126762	122313	118092	114087	110282	106667	103229	99959	96846	93882	91057	88363	85794	83341	80999	78761	76622
9600	156974	151079	145501	140218	135213	130467	125965	121692	117634	113778	110111	106623	103303	100141	97127	94254	91513	88897	86399	84012	81730
10200	166785	160522	154595	148982	143664	138621	133838	129298	124986	120889	116993	113287	109759	106399	103198	100145	97233	94454	91799	89263	86838
10800	176595	169964	163688	157745	152114	146776	141711	136904	132338	128000	123875	119951	116216	112658	109268	106036	102953	100010	97199	94514	91946
11400	186406	179407	172782	166509	160565	154930	149584	144510	139691	135111	130757	126615	122672	118917	115339	111927	108672	105566	102599	99764	97055
12000	196217	188849	181876	175273	169016	163084	157457	152115	147043	142222	137639	133279	129129	125176	121409	117818	114392	111122	107999	105015	102163
12600	206028	198292	190970	184036	177467	171238	165329	159721	154395	149333	144521	139943	135585	131435	127480	123709	120111	116678	113399	110266	107271
13200	215839	207734	200064	192800	185917	179392	173202	167327	161747	156445	151403	146607	142041	137693	133550	129600	125831	122234	118799	115517	112379
13800	225650	217177	209158	201564	194368	187547	181075	174933	169099	163556	158285	153271	148498	143952	139620	135490	131551	127790	124199	120768	117487
14400	235461	226619	218251	210327	202819	195701	188948	182538	176451	170667	165167	159935	154954	150211	145691	141381	137270	133346	129599	126018	122595
15000	245272	236062	227345	219091	211270	203855	196821	190144	183803	177778	172049	166599	161411	156470	151761	147272	142990	138902	134999	131269	127703
15600	255082	245504	236439	227855	219721	212009	204694	197750	191156	184889	178931	173263	167867	162728	157832	153163	148709	144458	140399	136520	132812
16200	264893	254946	245533	236618	228171	220163	212566	205356	198508	192000	185813	179926	174323	168987	163902	159054	154429	150014	145799	141771	137920
16800	274704	264389	254627	245382	236622	228317	220439	212962	205860	199111	192695	186590	180780	175246	169973	164945	160149	155571	151199	147021	143028
17400	284515	273831	263720	254145	245073	236472	228312	220567	213212	206222	199577	193254	187236	181505	176043	170836	165868	161127	156599	152272	148136
18000	294326	283274	272814	262909	253524	244626	236185	228173	220564	213333	206459	199918	193693	187764	182114	176727	171588	166683	161999	157523	153244
18600	304137	292716	281908	271673	261975	252780	244058	235779	227916	220445	213341	206582	200149	194022	188184	182618	177307	172239	167398	162774	158352
19200	313948	302159	291002	280436	270425	260934	251931	243385	235268	227556	220222	213246	206606	200281	194255	188508	183027	177795	172798	168024	163460
19800	323758	311601	300096	289200	278876	269088	259803	250990	242620	234667	227104	219910	213062	206540	200325	194399	188746	183351	178198	173275	168569
20400	333569	321044	309189	297964	287327	277243	267676	258596	249973	241778	233986	226574	219518	212799	206395	200290	194466	188907	183598	178526	173677
21000	343380	330486	318283	306727	295778	285397	275549	266202	257325	248889	240868	233238	225975	219058	212466	206181	200186	194463	188998	183777	178785
21600	353191	339929	327377	315491	304229	293551	283422	273808	264677	256000	247750	239902	232431	225316	218536	212072	205905	200019	194398	189027	183893
22200	363002	349371	336471	324255	312679	301705	291295	281413	272029	263111	254632	246566	238888	231575	224607	217963	211625	205575	199798	194278	189001
22800	372813	358814	345565	333018	321130	309859	299168	289019	279381	270222	261514	253230	245344	237834	230677	223854	217344	211131	205198	199529	194109
23400	382624	368256	354658	341782	329581	318014	307040	296625	286733	277333	268396	259894	251801	244093	236748	229745	223064	216688	210598	204780	199217
24000	392434	377698	363752	350546	338032	326168	314913	304231	294085	284445	275278	266558	258257	250351	242818	235636	228784	222244	215998	210030	204326

Tab. 11.10 Darlehenshöhe (Laufzeit 25 Jahre)

Höhe des möglichen Darlehensbetrages (€) in Abhängigkeit vom Zinssatz und der jährlichen Annuität bei einer geplanten Volltilgung innerhalb von 25 Jahren
(Gebühren nicht berücksichtigt; jährl. Verrechnung der Zins- und Tilgungszahlungen; nachschüssige Zahlungsweise; auf volle Euro gerundet)

	Zinssatz in Prozent																				
25	2,0	2,4	2,8	3,2	3,6	4,0	4,4	4,8	5,2	5,6	6,0	6,4	6,8	7,2	7,6	8,0	8,4	8,8	9,2	9,6	10,0
Die Höhe der jährlichen Annuität in Euro																					
6000	117141	111821	106846	102188	97824	93732	89892	86285	82894	79704	76700	73869	71200	68680	66299	64049	61919	59903	57993	56181	54462
6600	128855	123003	117530	112407	107607	103106	98881	94914	91184	87674	84370	81256	78320	75548	72929	70454	68111	65894	63792	61800	59908
7200	140569	134186	128215	122626	117389	112479	107871	103542	99473	95645	92040	88643	85439	82415	79559	76858	74303	71884	69592	67418	65355
7800	152283	145368	138900	132845	127172	121852	116860	112171	107763	103615	99710	96030	92559	89283	86189	83263	80495	77874	75391	73036	70801
8400	163997	156550	149584	143064	136954	131225	125849	120799	116052	111586	107380	103417	99679	96151	92819	89668	86687	83865	81190	78654	76247
9000	175711	167732	160269	153282	146737	140599	134838	129428	124341	119556	115050	110804	106799	103019	99449	96073	92879	89855	86990	84272	81693
9600	187425	178914	170953	163501	156519	149972	143828	138056	132631	127526	122720	118191	113919	109887	106079	102478	99071	95845	92789	89890	87140
10200	199139	190096	181638	173720	166302	159345	152817	146685	140920	135497	130390	125578	121039	116755	112708	108883	105263	101836	98588	95508	92586
10800	210853	201278	192323	183939	176084	168718	161806	155313	149210	143467	138060	132965	128159	123623	119338	115288	111455	107826	104388	101127	98032
11400	222567	212460	203007	194158	185866	178092	170795	163942	157499	151438	145730	140352	135279	130491	125968	121692	117647	113817	110187	106745	103478
12000	234281	223643	213692	204377	195649	187465	179784	172570	165789	159408	153400	147739	142399	137359	132598	128097	123839	119807	115986	112363	108924
12600	245996	234825	224376	214595	205431	196838	188774	181199	174078	167378	161070	155126	149519	144227	139228	134502	130031	125797	121785	117981	114371
13200	257710	246007	235061	224814	215214	206211	197763	189827	182367	175349	168740	162513	156639	151095	145858	140907	136223	131788	127585	123599	119817
13800	269424	257189	245746	235033	224996	215585	206752	198456	190657	183319	176410	169900	163759	157963	152488	147312	142415	137778	133384	129217	125263
14400	281138	268371	256430	245252	234779	224958	215741	207084	198946	191290	184080	177286	170879	164831	159118	153717	148607	143768	139183	134836	130709
15000	292852	279553	267115	255471	244561	234331	224730	215713	207236	199260	191750	184673	177999	171699	165748	160122	154799	149759	144983	140454	136156
15600	304566	290735	277799	265689	254344	243704	233720	224341	215525	207231	199420	192060	185119	178567	172378	166527	160991	155749	150782	146072	141602
16200	316280	301918	288484	275908	264126	253078	242709	232970	223815	215201	207090	199447	192239	185435	179008	172931	167183	161739	156581	151690	147048
16800	327994	313100	299168	286127	273908	262451	251698	241598	232104	223171	214760	206834	199359	192303	185637	179336	173374	167730	162381	157308	152494
17400	339708	324282	309853	296346	283691	271824	260687	250227	240393	231142	222430	214221	206479	199171	192267	185741	179566	173720	168180	162926	157940
18000	351422	335464	320538	306565	293473	281197	269677	258855	248683	239112	230100	221608	213599	206039	198897	192146	185758	179710	173979	168544	163387
18600	363136	346646	331222	316784	303256	290571	278666	267484	256972	247083	237770	228995	220719	212907	205527	198551	191950	185701	179778	174163	168833
19200	374850	357828	341907	327002	313038	299944	287655	276112	265262	255053	245440	236382	227839	219775	212157	204956	198142	191691	185578	179781	174279
19800	386564	369010	352591	337221	322821	309317	296644	284741	273551	263023	253110	243769	234959	226643	218787	211361	204334	197681	191377	185399	179725
20400	398279	380192	363276	347440	332603	318690	305633	293369	281840	270994	260780	251156	242078	233511	225417	217765	210526	203672	197176	191017	185172
21000	409993	391375	373961	357659	342386	328064	314623	301998	290130	278964	268450	258543	249198	240379	232047	224170	216718	209662	202976	196635	190618
21600	421707	402557	384645	367878	352168	337437	323612	310626	298419	286935	276120	265930	256318	247246	238677	230575	222910	215652	208775	202253	196064
22200	433421	413739	395330	378097	361950	346810	332601	319255	306709	294905	283791	273317	263438	254114	245307	236980	229102	221643	214574	207871	201510
22800	445135	424921	406014	388315	371733	356183	341590	327883	314998	302875	291461	280704	270558	260982	251937	243385	235294	227633	220374	213490	206957
23400	456849	436103	416699	398534	381515	365557	350580	336512	323288	310846	299131	288090	277678	267850	258567	249790	241486	233623	226173	219108	212403
24000	468563	447285	427383	408753	391298	374930	359569	345140	331577	318816	306801	295477	284798	274718	265196	256195	247678	239614	231972	224726	217849

Tab. 11.11 Darlehenshöhe (Laufzeit 30 Jahre)

Höhe des möglichen Darlehensbetrages (€) in Abhängigkeit vom Zinssatz und der jährlichen Annuität bei einer geplanten Volltilgung innerhalb von 30 Jahren
(Gebühren nicht berücksichtigt; jährl. Verrechnung der Zins- und Tilgungszahlungen; nachschüssige Zahlungsweise; auf volle Euro gerundet)

	Zinssatz in Prozent																				
30	2,0	2,4	2,8	3,2	3,6	4,0	4,4	4,8	5,2	5,6	6,0	6,4	6,8	7,2	7,6	8,0	8,4	8,8	9,2	9,6	10,0
Die Höhe der jährlichen Annuität in Euro																					
6000	134379	127273	120702	114620	108983	103752	98894	94375	90169	86248	82589	79171	75975	72983	70178	67547	65075	62752	60565	58505	56561
6600	147817	140000	132772	126082	119881	114127	108783	103813	99186	94872	90848	87088	83572	80281	77196	74301	71583	69027	66621	64355	62218
7200	161254	152727	144843	137544	130779	124503	118672	113250	108202	103497	99107	95005	91170	87579	84214	81056	78090	75302	72678	70205	67874
7800	174692	165454	156913	149006	141677	134878	128562	122688	117219	112122	107366	102923	98767	94877	91231	87811	84598	81577	78734	76056	73530
8400	188130	178182	168983	160468	152576	145253	138451	132125	126236	120747	115625	110840	106365	102176	98249	94565	91106	87853	84791	81906	79186
9000	201568	190909	181053	171929	163474	155628	148340	141563	135253	129372	123883	118757	113962	109474	105267	101320	97613	94128	90847	87757	84842
9600	215006	203636	193123	183391	174372	166004	158230	151001	144270	137996	132142	126674	121560	116772	112285	108075	104121	100403	96904	93607	90498
10200	228444	216364	205194	194853	185270	176379	168119	160438	153287	146621	140401	134591	129157	124070	119303	114829	110628	106678	102960	99458	96155
10800	241882	229091	217264	206315	196169	186754	178009	169876	162304	155246	148660	142508	136755	131369	126320	121584	117136	112953	109017	105308	101811
11400	255320	241818	229334	217777	207067	197129	187898	179313	171320	163871	156919	150425	144352	138667	133338	128339	123643	119228	115073	111159	107467
12000	268757	254545	241404	229239	217965	207504	197787	188751	180337	172495	165178	158342	151950	145965	140356	135093	130151	125504	121130	117009	113123
12600	282195	267273	253474	240701	228863	217880	207677	198188	189354	181120	173437	166259	159547	153263	147374	141848	136658	131779	127186	122860	118779
13200	295633	280000	265545	252163	239762	228255	217566	207626	198371	189745	181696	174177	167145	160562	154392	148603	143166	138054	133243	128710	124435
13800	309071	292727	277615	263625	250660	238630	227455	217063	207388	198370	189955	182094	174742	167860	161409	155357	149673	144329	139299	134561	130091
14400	322509	305454	289685	275087	261558	249005	237345	226501	216405	206994	198214	190011	182340	175158	168427	162112	156181	150604	145356	140411	135748
15000	335947	318182	301755	286549	272456	259380	247234	235938	225422	215619	206472	197928	189937	182456	175445	168867	162688	156879	151412	146261	141404
15600	349385	330909	313825	298011	283355	269756	257123	245376	234438	224244	214731	205845	197535	189755	182463	175621	169196	163155	157469	152112	147060
16200	362823	343636	325896	309473	294253	280131	267013	254813	243455	232869	222990	213762	205132	197053	189481	182376	175703	169430	163525	157962	152716
16800	376260	356363	337966	320935	305151	290506	276902	264251	252472	241494	231249	221679	212730	204351	196498	189131	182211	175705	169582	163813	158372
17400	389698	369091	350036	332397	316049	300881	286792	273688	261489	250118	239508	229596	220327	211649	203516	195885	188719	181980	175638	169663	164028
18000	403136	381818	362106	343859	326948	311257	296681	283126	270506	258743	247767	237514	227925	218948	210534	202640	195226	188255	181695	175514	169684
18600	416574	394545	374177	355321	337846	321632	306570	292563	279523	267368	256026	245431	235522	226246	217552	209395	201734	194531	187751	181364	175341
19200	430012	407273	386247	366783	348744	332007	316460	302001	288540	275993	264285	253348	243120	233544	224570	216149	208241	200806	193808	187215	180997
19800	443450	420000	398317	378245	359642	342382	326349	311439	297557	284617	272544	261265	250717	240842	231587	222904	214749	207081	199864	193065	186653
20400	456888	432727	410387	389707	370541	352757	336238	320876	306573	293242	280803	269182	258315	248141	238605	229659	221256	213356	205921	198916	192309
21000	470326	445454	422457	401169	381439	363133	346128	330314	315590	301867	289061	277099	265912	255439	245623	236413	227764	219631	211977	204766	197965
21600	483763	458182	434528	412631	392337	373508	356017	339751	324607	310492	297320	285016	273510	262737	252641	243168	234271	225906	218034	210616	203621
22200	497201	470909	446598	424093	403236	383883	365906	349189	333624	319116	305579	292933	281107	270035	259659	249923	240779	232182	224090	216467	209278
22800	510639	483636	458668	435555	414134	394258	375796	358626	342641	327741	313838	300850	288705	277334	266676	256677	247286	238457	230147	222317	214934
23400	524077	496363	470738	447017	425032	404634	385685	368064	351658	336366	322097	308768	296302	284632	273694	263432	253794	244732	236203	228168	220590
24000	537515	509091	482808	458479	435930	415009	395575	377501	360675	344991	330356	316685	303900	291930	280712	270187	260301	251007	242260	234018	226246

11.1.4 Tabelle: Höhe der Restschuld

Fragestellung: Wie hoch ist die Restschuld nach 5, 10, 15 oder 20 Jahren bei einem Darlehensbetrag von 100.000,– €, wenn ich jährlich einen bestimmten Betrag für die Darlehensrückzahlung (Schuldendienst) aufbringen kann und nach einer bestimmten Laufzeit schuldenfrei sein möchte?

Gegebene Größen

- Darlehensbetrag 100.000,– €,
- Zinssatz (2 %; 2,5 %; ...; 9,5 % oder 10,0 %),
- Laufzeit in Jahren (schuldenfrei nach 5; 10; 15; 20; 25 oder 30 Jahren) und
- Annuität (6000,– €; 6600,– €; 7200,– €; ...; 23.400,– € oder 24.000,– €).

Gesuchte Größe

- Restschuld (in €)

Anwendungshinweis für die Tabellen
Auf den folgenden Seiten sind vier Tabellen für verschiedene Zeiträume dargestellt:

- Tab. 11.12 Zeitraum 5 Jahre,
- Tab. 11.13 Zeitraum 10 Jahre,
- Tab. 11.14 Zeitraum 15 Jahre,
- Tab. 11.15 Zeitraum 20 Jahre.

Für die oben genannten Zeiträume lässt sich in der jeweiligen Tabelle für verschiedene Zinssätze (2 %; 2,5 %; ...; 9,5 % oder 10,0 %) und verschiedene Annuitäten (6000,– €; 6600,– €; 7200,– €; ...; 23.400,– € oder 24.000,– €) ablesen, wie hoch die Restschuld nach 5, 10, 15 oder 20 Jahren ist.

Tab. 11.12 Höhe der Restschuld (nach 5 Jahren)

Höhe der Restschuld (€) in Abhängigkeit vom Zinssatz und der jährlichen Annuität nach 5 Jahren bei einem ursprünglichen Darlehensbetrag von 100.000 €
(Gebühren nicht berücksichtigt; jährl. Verrechnung der Zins- und Tilgungs- Zahlungen; nachschüssige Zahlungsweise; auf volle Euro gerundet)

		Zinssatz in Prozent																				
	5	2,0	2,4	2,8	3,2	3,6	4,0	4,4	4,8	5,2	5,6	6,0	6,4	6,8	7,2	7,6	8,0	8,4	8,8	9,2	9,6	10,0
Die Höhe der jährlichen Annuität in Euro	6000	79184	81115	83079	85075	87104	89167	91264	93396	95562	97763	100000	102273	104582	106928	109312	111733	114193	116691	119228	121804	124420
	6600	76061	77968	79906	81877	83880	85918	87988	90094	92233	94408	96618	98864	101146	103464	105820	108213	110644	113114	115622	118170	120757
	7200	72939	74820	76733	78678	80656	82668	84713	86791	88904	91052	93235	95454	97709	100000	102328	104693	107096	109537	112017	114536	117094
	7800	69817	71673	73560	75480	77433	79418	81437	83489	85576	87697	89853	92045	94272	96536	98836	101173	103548	105961	108412	110902	113431
	8400	66694	68525	70387	72282	74209	76168	78161	80187	82247	84342	86471	88635	90835	93072	95344	97653	100000	102384	104807	107268	109768
	9000	63572	65378	67215	69084	70985	72918	74885	76885	78919	80986	83089	85226	87399	89607	91852	94133	96452	98808	101202	103634	106105
	9600	60449	62230	64042	65885	67761	69669	71609	73583	75590	77631	79706	81817	83962	86143	88360	90613	92904	95231	97597	100000	102442
	10200	57327	59083	60869	62687	64537	66419	68333	70281	72261	74276	76324	78407	80525	82679	84868	87093	89356	91655	93991	96366	98779
	10800	54204	55935	57696	59489	61313	63169	65057	66978	68933	70920	72942	74998	77089	79215	81376	83574	85807	88078	90386	92732	95116
	11400	51082	52788	54524	56291	58089	59919	61781	63676	65604	67565	69560	71589	73652	75750	77884	80054	82259	84502	86781	89098	91453
	12000	47960	49640	51351	53092	54865	56669	58506	60374	62275	64210	66177	68179	70215	72286	74392	76534	78711	80925	83176	85464	87790
	12600	44837	46493	48178	49894	51641	53420	55230	57072	58947	60854	62795	64770	66779	68822	70900	73014	75163	77349	79571	81830	84127
	13200	41715	43345	45005	46696	48417	50170	51954	53770	55618	57499	59413	61360	63342	65358	67408	69494	71615	73772	75966	78196	80464
	13800	38592	40198	41833	43498	45193	46920	48678	50468	52289	54144	56031	57951	59905	61893	63916	65974	68067	70195	72360	74562	76801
	14400	35470	37050	38660	40299	41969	43670	45402	47165	48961	50788	52648	54542	56468	58429	60424	62454	64519	66619	68755	70928	73138
	15000	32347	33903	35487	37101	38746	40420	42126	43863	45632	47433	49266	51132	53032	54965	56932	58934	60970	63042	65150	67294	69475
	15600	29225	30755	32314	33903	35522	37171	38850	40561	42303	44078	45884	47723	49595	51501	53440	55414	57422	59466	61545	63660	65811
	16200	26103	27608	29141	30705	32298	33921	35574	37259	38975	40722	42502	44314	46158	48036	49948	51894	53874	55889	57940	60026	62148
	16800	22980	24460	25969	27506	29074	30671	32299	33957	35646	37367	39119	40904	42722	44572	46456	48374	50326	52313	54335	56392	58485
	17400	19858	21313	22796	24308	25850	27421	29023	30655	32317	34011	35737	37495	39285	41108	42964	44854	46778	48736	50729	52758	54822
	18000	16735	18165	19623	21110	22626	24171	25747	27353	28989	30656	32355	34085	35848	37644	39472	41334	43230	45160	47124	49124	51159
	18600	13613	15018	16450	17912	19402	20922	22471	24050	25660	27301	28973	30676	32412	34179	35980	37814	39682	41583	43519	45490	47496
	19200	10491	11870	13278	14714	16178	17672	19195	20748	22331	23945	25590	27267	28975	30715	32488	34294	36133	38007	39914	41856	43833
	19800	7368	8723	10105	11515	12954	14422	15919	17446	19003	20590	22208	23857	25538	27251	28996	30774	32585	34430	36309	38222	40170
	20400	4246	5575	6932	8317	9730	11172	12643	14144	15674	17235	18826	20448	22101	23787	25504	27254	29037	30853	32704	34588	36507
	21000	1123	2428	3759	5119	6506	7923	9367	10842	12346	13879	15444	17039	18665	20322	22012	23734	25489	27277	29098	30954	32844
	21600	0	0	587	1921	3282	4673	6092	7540	9017	10524	12061	13629	15228	16858	18520	20214	21941	23700	25493	27320	29181
	22200	0	0	0	0	59	1423	2816	4237	5688	7169	8679	10220	11791	13394	15028	16694	18393	20124	21888	23686	25518
	22800	0	0	0	0	0	0	0	935	2360	3813	5297	6810	8355	9930	11536	13174	14845	16547	18283	20052	21855
	23400	0	0	0	0	0	0	0	0	0	458	1915	3401	4918	6466	8044	9654	11296	12971	14678	16418	18192
	24000	0	0	0	0	0	0	0	0	0	0	0	0	1481	3001	4552	6134	7748	9394	11073	12784	14529

Tab. 11.13 Höhe der Restschuld (nach 10 Jahren)

Höhe der Restschuld (€) in Abhängigkeit vom Zinssatz und der jährlichen Annuität nach 10 Jahren bei einem ursprünglichen Darlehensbetrag von 100.000 €
(Gebühren nicht berücksichtigt; jährl. Verrechnung der Zins-und Tilgungs-Zahlungen; nachschüssige Zahlungsweise; auf volle Euro gerundet)

		Zinssatz in Prozent																				
	10	2,0	2,4	2,8	3,2	3,6	4,0	4,4	4,8	5,2	5,6	6,0	6,4	6,8	7,2	7,6	8,0	8,4	8,8	9,2	9,6	10,0
Die Höhe der jährlichen Annuität in Euro	3000	89050	93309	97728	102314	107071	112006	117124	122430	127931	133633	139542	145666	152009	158580	165386	172433	179729	187282	195100	203191	211562
	3600	82480	86617	90913	95372	100000	104802	109785	114953	120313	125872	131634	137607	143797	150212	156857	163741	170870	178253	185897	193810	202000
	4200	75911	79926	84098	88430	92929	97599	102446	107477	112696	118110	123725	129548	135585	141843	148329	155049	162012	169224	176694	184429	192437
	4800	69341	73235	77282	81488	85857	90395	95108	100000	105078	110349	115817	121490	127373	133474	139800	146357	153153	160195	167490	175048	182875
	5400	62771	66544	70467	74546	78786	83191	87769	92523	97461	102587	107908	113431	119161	125106	131271	137665	144294	151165	158287	165667	173312
	6000	56201	59852	63652	67604	71714	75988	80430	85047	89843	94826	100000	105372	110949	116737	122743	128973	135435	142136	149084	156286	163750
	6600	49631	53161	56836	60662	64643	68784	73091	77570	82226	87064	92092	97314	102737	108369	114214	120281	126576	133107	139881	146905	154187
	7200	43061	46470	50021	53720	57571	61580	65753	70093	74608	79303	84183	89255	94525	100000	105686	111589	117718	124078	130677	137524	144625
	7800	36492	39779	43206	46778	50500	54377	58414	62617	66991	71541	76275	81197	86313	91631	97157	102897	108859	115049	121474	128143	135062
	8400	29922	33087	36390	39836	43428	47173	51075	55140	59373	63780	68366	73138	78101	83263	88629	94205	100000	106019	112271	118762	125500
	9000	23352	26396	29575	32894	36357	39969	43737	47663	51755	56018	60458	65079	69889	74894	80100	85513	91141	96990	103068	109381	115937
	9600	16782	19705	22760	25952	29285	32766	36398	40187	44138	48257	52549	57021	61677	66526	71571	76822	82282	87961	93865	100000	106375
	10200	10212	13014	15945	19010	22214	25562	29059	32710	36520	40495	44641	48962	53466	58157	63043	68130	73424	78932	84661	90619	96813
	10800	3642	6322	9129	12068	15143	18358	21720	25233	28903	32734	36732	40903	45254	49788	54514	59438	64565	69903	75458	81238	87250
	11400	0	0	2314	5126	8071	11155	14382	17757	21285	24972	28824	32845	37042	41420	45986	50746	55706	60873	66255	71857	77688
	12000	0	0	0	0	1000	3951	7043	10280	13668	17211	20915	24786	28830	33051	37457	42054	46847	51844	57052	62476	68125
	12600	0	0	0	0	0	0	0	2803	6050	9449	13007	16728	20618	24683	28929	33362	37988	42815	47848	53095	58563
	13200	0	0	0	0	0	0	0	0	0	1688	5098	8669	12406	16314	20400	24670	29130	33786	38645	43714	49000
	13800	0	0	0	0	0	0	0	0	0	0	0	610	4194	7945	11872	15978	20271	24757	29442	34333	39438
	14400	0	0	0	0	0	0	0	0	0	0	0	0	0	0	3343	7286	11412	15727	20239	24952	29875
	15000	0	0	0	0	0	0	0	0	0	0	0	0	0	0	0	0	2553	6698	11035	15571	20313
	15600	0	0	0	0	0	0	0	0	0	0	0	0	0	0	0	0	0	0	1832	6190	10750
	16200	0	0	0	0	0	0	0	0	0	0	0	0	0	0	0	0	0	0	0	0	1188
	16800	0	0	0	0	0	0	0	0	0	0	0	0	0	0	0	0	0	0	0	0	0
	17400	0	0	0	0	0	0	0	0	0	0	0	0	0	0	0	0	0	0	0	0	0
	18000	0	0	0	0	0	0	0	0	0	0	0	0	0	0	0	0	0	0	0	0	0
	18600	0	0	0	0	0	0	0	0	0	0	0	0	0	0	0	0	0	0	0	0	0
	19200	0	0	0	0	0	0	0	0	0	0	0	0	0	0	0	0	0	0	0	0	0
	19800	0	0	0	0	0	0	0	0	0	0	0	0	0	0	0	0	0	0	0	0	0
	20400	0	0	0	0	0	0	0	0	0	0	0	0	0	0	0	0	0	0	0	0	0
	21000	0	0	0	0	0	0	0	0	0	0	0	0	0	0	0	0	0	0	0	0	0

Tab. 11.14 Höhe der Restschuld (nach 15 Jahren)

Höhe derRestschuld (€) in Abhängigkeit vom Zinssatz und der jährlichen Annuität nach 15 Jahren bei einem ursprünglichen Darlehensbetrag von 100.000 €
(Gebühren nicht berücksichtigt; jährl. Verrechnung der Zins- und Tilgungs- Zahlungen; nachschüssige Zahlungsweise; auf volle Euro gerundet)

		Zinssatz in Prozent																				
	15	2,0	2,4	2,8	3,2	3,6	4,0	4,4	4,8	5,2	5,6	6,0	6,4	6,8	7,2	7,6	8,0	8,4	8,8	9,2	9,6	10,0
Die Höhe der jährlichen Annuität in Euro	3000	82707	89319	96334	103775	111663	120024	128881	138262	148194	158706	169828	181592	194032	207182	221079	235761	251267	267640	284924	303164	322407
	3600	72331	78638	85337	92450	100000	108009	116503	125508	135050	145158	155862	167194	179185	191870	205286	219469	234460	250298	267028	284694	303344
	4200	61954	67956	74340	81126	88337	95995	104126	112754	121906	131611	141897	152795	164338	176559	189493	203178	217652	232956	249132	266225	284280
	4800	51578	57275	63343	69802	76674	83981	91748	100000	108762	118063	127931	138396	149491	161247	173700	186887	200845	215614	231236	247755	265217
	5400	41202	46594	52346	58477	65010	71967	79371	87246	95619	104516	113966	123998	134643	145935	157907	170595	184037	198272	213340	229286	246153
	6000	30826	35913	41348	47153	53347	59953	66993	74492	82475	90968	100000	109599	119796	130623	142114	154304	167230	180930	195445	210817	227090
	6600	20450	25232	30351	35828	41684	47939	54616	61738	69331	77421	86034	95200	104949	115312	126321	138013	150422	163588	177549	192347	208026
	7200	10074	14550	19354	24504	30021	35925	42238	48984	56188	63873	72069	80802	90102	100000	110529	121722	133615	146246	159653	173878	188963
	7800	0	3869	8357	13180	18357	23910	29860	36230	43044	50326	58103	66403	75255	84688	94736	105430	116807	128904	141757	155408	169899
	8400	0	0	0	1855	6694	11896	17483	23476	29900	36779	44138	52005	60408	69377	78943	89139	100000	111561	123861	136939	150836
	9000	0	0	0	0	0	0	5105	10722	16756	23231	30172	37606	45560	54065	63150	72848	83193	94219	105965	118469	131772
	9600	0	0	0	0	0	0	0	0	3613	9684	16207	23207	30713	38753	47357	56557	66385	76877	88069	100000	112709
	10200	0	0	0	0	0	0	0	0	0	0	2241	8809	15866	23441	31564	40265	49578	59535	70174	81531	93646
	10800	0	0	0	0	0	0	0	0	0	0	0	0	1019	8130	15771	23974	32770	42193	52278	63061	74582
	11400	0	0	0	0	0	0	0	0	0	0	0	0	0	0	0	7683	15963	24851	34382	44592	55519
	12000	0	0	0	0	0	0	0	0	0	0	0	0	0	0	0	0	0	7509	16486	26122	36455
	12600	0	0	0	0	0	0	0	0	0	0	0	0	0	0	0	0	0	0	0	7653	17392
	13200	0	0	0	0	0	0	0	0	0	0	0	0	0	0	0	0	0	0	0	0	0
	13800	0	0	0	0	0	0	0	0	0	0	0	0	0	0	0	0	0	0	0	0	0
	14400	0	0	0	0	0	0	0	0	0	0	0	0	0	0	0	0	0	0	0	0	0
	15000	0	0	0	0	0	0	0	0	0	0	0	0	0	0	0	0	0	0	0	0	0
	15600	0	0	0	0	0	0	0	0	0	0	0	0	0	0	0	0	0	0	0	0	0
	16200	0	0	0	0	0	0	0	0	0	0	0	0	0	0	0	0	0	0	0	0	0
	16800	0	0	0	0	0	0	0	0	0	0	0	0	0	0	0	0	0	0	0	0	0
	17400	0	0	0	0	0	0	0	0	0	0	0	0	0	0	0	0	0	0	0	0	0
	18000	0	0	0	0	0	0	0	0	0	0	0	0	0	0	0	0	0	0	0	0	0
	18600	0	0	0	0	0	0	0	0	0	0	0	0	0	0	0	0	0	0	0	0	0
	19200	0	0	0	0	0	0	0	0	0	0	0	0	0	0	0	0	0	0	0	0	0
	19800	0	0	0	0	0	0	0	0	0	0	0	0	0	0	0	0	0	0	0	0	0
	20400	0	0	0	0	0	0	0	0	0	0	0	0	0	0	0	0	0	0	0	0	0
	21000	0	0	0	0	0	0	0	0	0	0	0	0	0	0	0	0	0	0	0	0	0

Tab. 11.15 Höhe der Restschuld (nach 20 Jahren)

Höhe der Restschuld (€) in Abhängigkeit vom Zinssatz und der jährlichen Annuität nach 20 Jahren bei einem ursprünglichen Darlehensbetrag von 100.000 €
(Gebühren nicht berücksichtigt; jährl. Verrechnung der Zins- und Tilgungs- Zahlungen; nachschüssige Zahlungsweise; auf volle Euro gerundet)

		Zinssatz in Prozent																				
	20	2,0	2,4	2,8	3,2	3,6	4,0	4,4	4,8	5,2	5,6	6,0	6,4	6,8	7,2	7,6	8,0	8,4	8,8	9,2	9,6	10,0
Die Höhe der jährlichen Annuität in Euro	3000	75703	84827	94734	105485	117143	129778	143463	158276	174302	191630	210357	230584	252423	275988	301406	328810	358341	390151	424402	461265	500925
	3600	61124	69653	78936	89030	100000	111911	124836	138851	154038	170485	188285	207540	228356	250847	275136	301353	329636	360135	393008	428423	466560
	4200	46546	54480	63138	72576	82857	94044	106209	119425	133774	149339	166214	184496	204289	225706	248866	273895	300932	330120	361614	395581	432195
	4800	31967	39306	47339	56122	65714	76178	87582	100000	113509	128194	144143	161452	180222	200565	222595	246438	272227	300104	330221	362738	397830
	5400	17389	24133	31541	39668	48570	58311	68955	80575	93245	107048	122071	138407	156156	175424	196325	218981	243523	270088	298827	329896	363465
	6000	2811	8959	15743	23213	31427	40444	50328	61149	72981	85903	100000	115363	132089	150282	170054	191524	214818	240073	267433	297054	329100
	6600	0	0	0	6759	14284	22577	31701	41724	52717	64758	77929	92319	108022	125141	143784	164067	186114	210057	236039	264211	294735
	7200	0	0	0	0	0	4710	13074	22299	32453	43612	55857	69274	83956	100000	117514	136610	157409	180042	204646	231369	260370
	7800	0	0	0	0	0	0	0	2873	12189	22467	33786	46230	59889	74859	91243	109152	128705	150026	173252	198527	226005
	8400	0	0	0	0	0	0	0	0	0	1321	11715	23186	35822	49718	64973	81695	100000	120010	141858	165685	191640
	9000	0	0	0	0	0	0	0	0	0	0	0	141	11755	24576	38702	54238	71295	89995	110465	132842	157275
	9600	0	0	0	0	0	0	0	0	0	0	0	0	0	0	12432	26781	42591	59979	79071	100000	122910
	10200	0	0	0	0	0	0	0	0	0	0	0	0	0	0	0	0	13886	29964	47677	67158	88545
	10800	0	0	0	0	0	0	0	0	0	0	0	0	0	0	0	0	0	0	16283	34315	54180
	11400	0	0	0	0	0	0	0	0	0	0	0	0	0	0	0	0	0	0	0	1473	19815
	12000	0	0	0	0	0	0	0	0	0	0	0	0	0	0	0	0	0	0	0	0	0
	12600	0	0	0	0	0	0	0	0	0	0	0	0	0	0	0	0	0	0	0	0	0
	13200	0	0	0	0	0	0	0	0	0	0	0	0	0	0	0	0	0	0	0	0	0
	13800	0	0	0	0	0	0	0	0	0	0	0	0	0	0	0	0	0	0	0	0	0
	14400	0	0	0	0	0	0	0	0	0	0	0	0	0	0	0	0	0	0	0	0	0
	15000	0	0	0	0	0	0	0	0	0	0	0	0	0	0	0	0	0	0	0	0	0
	15600	0	0	0	0	0	0	0	0	0	0	0	0	0	0	0	0	0	0	0	0	0
	16200	0	0	0	0	0	0	0	0	0	0	0	0	0	0	0	0	0	0	0	0	0
	16800	0	0	0	0	0	0	0	0	0	0	0	0	0	0	0	0	0	0	0	0	0
	17400	0	0	0	0	0	0	0	0	0	0	0	0	0	0	0	0	0	0	0	0	0
	18000	0	0	0	0	0	0	0	0	0	0	0	0	0	0	0	0	0	0	0	0	0
	18600	0	0	0	0	0	0	0	0	0	0	0	0	0	0	0	0	0	0	0	0	0
	19200	0	0	0	0	0	0	0	0	0	0	0	0	0	0	0	0	0	0	0	0	0
	19800	0	0	0	0	0	0	0	0	0	0	0	0	0	0	0	0	0	0	0	0	0
	20400	0	0	0	0	0	0	0	0	0	0	0	0	0	0	0	0	0	0	0	0	0
	21000	0	0	0	0	0	0	0	0	0	0	0	0	0	0	0	0	0	0	0	0	0

11.1.5 Tabelle: Zinsänderungsrisiko bzw. -chance

Fragestellung: Wie hoch ist das Zinsänderungsrisiko bzw. die Zinsänderungschance nach Ablauf der Zinsbindungsfrist?

Gegebene Größen

- Darlehensbetrag 100.000,– €,
- Zinsbindungsfrist (5, 10 oder 15 Jahre),
- Zinssatz während der Zinsbindungsfrist (2 %; 2,5 %; ... ; 9,5 % oder 10,0 %),
- Zinssatz nach der Zinsbindungsfrist (2 %; 2,5 %; ... ; 9,5 % oder 10,0 %) und
- Laufzeit in Jahren (15, 20, 25 oder 30 Jahre).

Gesuchte Größen

- Annuität (jährliche Belastung in €) während der 1. Zinsbindungsdauer und
- Annuität (jährliche Belastung in €) während der Anschlussfinanzierung.

Anwendungshinweise für die Tabellen
Auf den folgenden Seiten sind drei Tabellen für verschiedene Zinsbindungsfristen dargestellt:

- Tab. 11.16 Zinsbindungsfrist 5 Jahre,
- Tab. 11.17 Zinsbindungsfrist 10 Jahre,
- Tab. 11.18 Zinsbindungsfrist 15 Jahre.

Im oberen Zeilenblock ist die erforderliche Annuität für ein Darlehen in Höhe von 100.000,– € angegeben für verschiedene Darlehenslaufzeiten (schuldenfrei nach 15, 20, 25 oder 30 Jahren) und verschiedene Zinssätze (2 %; 2,5 %; ... ; 9,5 %; 10,0 %). Insofern sind die oberen 3 bzw. 4 Zeilen dieser drei Tabellen identisch.

In den darunter befindlichen Zeilenblöcken ist die erforderliche Annuität nach der Zinsbindungsfrist angegeben für verschiedene Folgezinssätze (2 %; 2,5 %; ... ; 9,5 %; 10,0 %).

Insofern ergibt sich aus diesen Tabellen das Zinsänderungsrisiko bzw. die Zinsänderungschance für ein Darlehen nach Ablauf der Zinsbindungsfrist.

Beispiel

Ein illustrierendes Anwendungsbeispiel zu den Tab. 11.16–11.18 befindet sich am Ende dieses Abschnitts.

Tab. 11.16 Zinsänderungsrisiko bzw. -chance (Zinsbindungsfrist 5 Jahre)

Laufzeit in Jahren	Entwicklung der jährlichen Ratenzahlungen bei einer Anschluss-							
	Zinssatz während der 1-ten							
	2,00	2,50	3,00	3,50	4,00	4,50	5,00	5,50
	Annuität während der 1-ten							
15	7782,55	8076,65	8376,66	8682,51	8994,11	9311,38	9634,23	9962,56
20	6115,67	6414,71	6721,57	7036,11	7358,18	7687,61	8024,26	8367,93
25	5122,04	5427,59	5742,79	6067,40	6401,20	6743,90	7095,25	7454,94
30	4464,99	4777,76	5101,93	5437,13	5783,01	6139,15	6505,14	6880,54
	Annuität während der **Anschlussfinanzierung**							
15	7782,55	7869,37	7954,79	8038,78	8121,30	8202,35	8281,91	8359,96
20	6115,67	6181,13	6244,85	6306,80	6366,98	6425,39	6482,01	6536,86
25	5122,04	5174,57	5225,12	5273,69	5320,29	5364,93	5407,63	5448,41
30	4464,99	4508,80	4550,45	4589,98	4627,39	4662,73	4696,05	4727,39
	Annuität während der **Anschlussfinanzierung**							
15	7987,53	8076,65	8164,31	8250,51	8335,21	8418,40	8500,05	8580,15
20	6346,78	6414,71	6480,84	6545,13	6607,59	6668,20	6726,96	6783,88
25	5372,50	5427,59	5480,61	5531,56	5580,44	5627,26	5672,05	5714,82
30	4731,35	4777,76	4821,90	4863,78	4903,43	4940,88	4976,19	5009,40
	Annuität während der **Anschlussfinanzierung**							
15	8195,28	8286,71	8376,66	8465,10	8552,00	8637,35	8721,12	8803,31
20	6582,54	6652,99	6721,57	6788,25	6853,03	6915,89	6976,84	7035,87
25	5629,50	5687,23	5742,79	5796,17	5847,39	5896,45	5943,38	5988,20
30	5006,11	5055,22	5101,93	5146,24	5188,19	5227,81	5265,17	5300,31
	Annuität während der **Anschlussfinanzierung**							
15	8405,76	8499,54	8591,80	8682,51	8771,64	8859,18	8945,11	9029,41
20	6822,88	6895,91	6966,99	7036,11	7103,25	7168,41	7231,58	7292,77
25	5892,93	5953,36	6011,52	6067,40	6121,02	6172,37	6221,50	6268,42
30	5289,08	5340,97	5390,32	5437,13	5481,45	5523,32	5562,79	5599,92
	Annuität während der **Anschlussfinanzierung**							
15	8618,95	8715,11	8809,70	8902,71	8994,11	9083,87	9171,98	9258,42
20	7067,74	7143,39	7217,02	7288,62	7358,18	7425,67	7491,11	7554,50
25	6162,67	6225,87	6286,69	6345,13	6401,20	6454,90	6506,28	6555,35
30	5580,06	5634,80	5686,86	5736,25	5783,01	5827,18	5868,82	5907,99
	Annuität während der **Anschlussfinanzierung**							
15	8834,81	8933,38	9030,35	9125,69	9219,37	9311,38	9401,69	9490,30
20	7317,06	7395,38	7471,61	7545,73	7617,74	7687,61	7755,36	7820,98
25	6438,59	6504,61	6568,16	6629,21	6687,79	6743,90	6797,58	6848,84
30	5878,80	5936,48	5991,32	6043,36	6092,62	6139,15	6183,02	6224,29
	Annuität während der **Anschlussfinanzierung**							
15	9053,33	9154,33	9253,70	9351,39	9447,40	9541,68	9634,23	9725,02
20	7570,76	7651,79	7730,67	7807,36	7881,86	7954,16	8024,26	8092,16
25	6720,54	6789,45	6855,78	6919,51	6980,65	7039,22	7095,25	7148,76
30	6185,07	6245,75	6303,46	6358,21	6410,03	6458,99	6505,14	6548,56
	Annuität während der **Anschlussfinanzierung**							
15	9274,46	9377,93	9479,72	9579,80	9678,15	9774,74	9869,55	9962,56
20	7828,77	7912,56	7994,12	8073,43	8150,47	8225,24	8297,72	8367,93
25	7008,37	7080,24	7149,41	7215,87	7279,63	7340,71	7399,13	7454,94
30	6498,62	6562,38	6623,01	6680,53	6734,99	6786,43	6834,92	6880,54
6,00	Annuität während der **Anschlussfinanzierung**							
15	9498,17	9604,14	9708,39	9810,89	9911,61	10010,52	10107,62	10202,87
20	8091,01	8177,61	8261,90	8343,87	8423,49	8500,76	8575,67	8648,23
25	7301,95	7376,83	7448,89	7518,13	7584,56	7648,20	7709,07	7767,21
30	6819,19	6886,09	6949,71	7010,07	7067,21	7121,19	7172,07	7219,94

Tab. 11.16 (Fortsetzung)

finanzierung nach 5 Jahren pro 100.000 € Darlehenssumme								
Zinsbindungsdauer (Prozent pro Jahr)								
6,00	6,50	7,00	7,50	8,00	8,50	9,00	9,50	10,00
Zinsbindungsdauer (Euro pro Jahr)								
10296,28	10635,28	10979,46	11328,72	11682,95	12042,05	12405,89	12774,37	13147,38
8718,46	9075,64	9439,29	9809,22	10185,22	10567,10	10954,65	11347,67	11745,96
7822,67	8198,15	8581,05	8971,07	9367,88	9771,17	10180,63	10595,94	11016,81
7264,89	7657,74	8058,64	8467,12	8882,74	9305,06	9733,64	10168,06	10607,92
bei einem Zinssatz von **2,00 %** (Euro pro Jahr)								
8436,49	8511,49	8584,96	8656,89	8727,28	8796,14	8863,46	8929,24	8993,51
6589,94	6641,25	6690,83	6738,69	6784,84	6829,32	6872,14	6913,36	6952,98
5487,31	5524,37	5559,62	5593,12	5624,90	5655,03	5683,56	5710,54	5736,03
4756,83	4784,41	4810,22	4834,32	4856,79	4877,71	4897,16	4915,21	4931,94
bei einem Zinssatz von **2,50 %** (Euro pro Jahr)								
8658,70	8735,68	8811,08	8884,91	8957,15	9027,82	9096,91	9164,43	9230,39
6838,97	6892,22	6943,68	6993,34	7041,23	7087,39	7131,84	7174,61	7215,73
5755,63	5794,50	5831,47	5866,61	5899,95	5931,55	5961,47	5989,77	6016,51
5040,59	5069,82	5097,16	5122,70	5146,51	5168,68	5189,29	5208,42	5226,15
bei einem Zinssatz von **3,00 %** (Euro pro Jahr)								
8883,90	8962,88	9040,25	9115,99	9190,12	9262,62	9333,51	9402,79	9470,46
7093,00	7148,24	7201,60	7253,11	7302,79	7350,66	7396,76	7441,11	7483,77
6030,96	6071,69	6110,43	6147,24	6182,18	6215,29	6246,64	6276,30	6304,32
5333,31	5364,24	5393,17	5420,19	5445,39	5468,84	5490,64	5510,88	5529,65
bei einem Zinssatz von **3,50 %** (Euro pro Jahr)								
9112,07	9193,08	9272,43	9350,12	9426,15	9500,52	9573,23	9644,28	9713,69
7351,98	7409,24	7464,55	7517,94	7569,43	7619,05	7666,83	7712,80	7757,01
6313,18	6355,81	6396,37	6434,91	6471,47	6506,14	6538,96	6570,00	6599,33
5634,78	5667,45	5698,02	5726,57	5753,19	5777,97	5801,01	5822,39	5842,22
bei einem Zinssatz von **4,00 %** (Euro pro Jahr)								
9343,17	9426,24	9507,60	9587,26	9665,22	9741,47	9816,02	9888,88	9960,05
7615,84	7675,14	7732,44	7787,74	7841,08	7892,48	7941,98	7989,61	8035,40
6602,15	6646,74	6689,15	6729,45	6767,70	6803,95	6838,27	6870,73	6901,40
5944,77	5979,24	6011,49	6041,61	6069,70	6095,84	6120,15	6142,71	6163,62
bei einem Zinssatz von **4,50 %** (Euro pro Jahr)								
9577,18	9662,32	9745,72	9827,38	9907,29	9985,45	10061,87	10136,55	10209,51
7884,49	7945,89	8005,20	8062,46	8117,68	8170,89	8222,14	8271,44	8318,86
6897,75	6944,33	6988,64	7030,74	7070,70	7108,57	7144,43	7178,35	7210,39
6263,04	6299,36	6333,34	6365,07	6394,66	6422,20	6447,81	6471,57	6493,61
bei einem Zinssatz von **5,00 %** (Euro pro Jahr)								
9814,05	9901,30	9986,76	10070,44	10152,33	10232,42	10310,73	10387,26	10462,02
8157,86	8221,39	8282,76	8342,00	8399,14	8454,20	8507,22	8558,23	8607,29
7199,80	7248,42	7294,68	7338,62	7380,33	7419,86	7457,29	7492,69	7526,14
6589,33	6627,54	6663,29	6696,68	6727,80	6756,78	6783,72	6808,73	6831,91
bei einem Zinssatz von **5,50 %** (Euro pro Jahr)								
10053,76	10143,14	10230,69	10316,41	10400,30	10482,35	10562,58	10640,97	10717,56
8435,88	8501,57	8565,04	8626,30	8685,38	8742,31	8797,14	8849,90	8900,62
7508,16	7558,87	7607,10	7652,93	7696,42	7737,65	7776,68	7813,60	7848,48
6923,38	6963,52	7001,08	7036,16	7068,87	7099,32	7127,62	7153,89	7178,25
bei einem Zinssatz von **6,00 %** (Euro pro Jahr)								
10296,28	10387,81	10477,48	10565,27	10651,18	10735,21	10817,36	10897,65	10976,09
8718,46	8786,35	8851,94	8915,25	8976,31	9035,16	9091,82	9146,34	9198,77
7822,67	7875,50	7925,75	7973,50	8018,82	8061,77	8102,44	8140,90	8177,24
7264,89	7307,02	7346,43	7383,24	7417,56	7449,51	7479,21	7506,78	7532,34

Tab. 11.16 (Fortsetzung)

Laufzeit in Jahren	Entwicklung der jährlichen Ratenzahlungen bei einer Anschluss-							
	Zinssatz während der 1-ten							
	2,00	2,50	3,00	3,50	4,00	4,50	5,00	5,50
	Annuität während der 1-ten							
15	7782,55	8076,65	8376,66	8682,51	8994,11	9311,38	9634,23	9962,56
20	6115,67	6414,71	6721,57	7036,11	7358,18	7687,61	8024,26	8367,93
25	5122,04	5427,59	5742,79	6067,40	6401,20	6743,90	7095,25	7454,94
30	4464,99	4777,76	5101,93	5437,13	5783,01	6139,15	6505,14	6880,54
6,50	Annuität während der **Anschlussfinanzierung**							
15	9724,45	9832,94	9939,67	10044,61	10147,73	10249,00	10348,41	10445,93
20	8357,40	8446,86	8533,93	8618,59	8700,83	8780,64	8858,02	8932,97
25	7601,10	7679,05	7754,06	7826,14	7895,29	7961,54	8024,90	8085,43
30	7146,50	7216,61	7283,28	7346,54	7406,42	7462,99	7516,32	7566,49
7,00	Annuität während der **Anschlussfinanzierung**							
15	9953,24	10064,28	10173,53	10280,93	10386,48	10490,14	10591,88	10691,70
20	8627,87	8720,22	8810,10	8897,51	8982,41	9064,81	9144,69	9222,07
25	7905,67	7986,74	8064,76	8139,73	8211,65	8280,55	8346,45	8409,40
30	7480,28	7553,67	7623,46	7689,67	7752,35	7811,56	7867,38	7919,89
7,50	Annuität während der **Anschlussfinanzierung**							
15	10184,52	10298,15	10409,93	10519,83	10627,83	10733,90	10838,01	10940,15
20	8902,32	8997,61	9090,36	9180,54	9268,15	9353,16	9435,59	9515,43
25	8215,49	8299,74	8380,82	8458,72	8533,47	8605,06	8673,55	8738,97
30	7820,27	7896,99	7969,95	8039,17	8104,70	8166,60	8224,96	8279,85
8,00	Annuität während der **Anschlussfinanzierung**							
15	10418,26	10534,49	10648,84	10761,27	10871,74	10980,24	11086,74	11191,23
20	9180,69	9278,95	9374,60	9467,60	9557,95	9645,62	9730,62	9812,96
25	8530,40	8617,88	8702,07	8782,96	8860,57	8934,91	9006,02	9073,94
30	8166,17	8246,29	8322,48	8394,76	8463,19	8527,83	8588,76	8646,09
8,50	Annuität während der **Anschlussfinanzierung**							
15	10654,43	10773,29	10890,23	11005,21	11118,19	11229,15	11338,06	11444,91
20	9462,87	9564,15	9662,74	9758,60	9851,72	9942,09	10029,71	10114,57
25	8850,24	8940,99	9028,33	9112,26	9192,78	9269,91	9343,69	9414,16
30	8517,73	8601,30	8680,76	8756,16	8827,53	8894,95	8958,51	9018,31
9,00	Annuität während der **Anschlussfinanzierung**							
15	10892,98	11014,50	11134,06	11251,61	11367,12	11480,56	11591,92	11701,16
20	9748,78	9853,13	9954,69	10053,45	10149,39	10242,49	10332,75	10420,18
25	9174,82	9268,90	9359,45	9446,45	9529,92	9609,88	9686,37	9759,42
30	8874,66	8961,73	9044,53	9123,08	9197,45	9267,69	9333,92	9396,22
9,50	Annuität während der **Anschlussfinanzierung**							
15	11133,88	11258,10	11380,30	11500,45	11618,51	11734,46	11848,28	11959,94
20	10038,34	10145,79	10250,37	10352,06	10450,84	10546,71	10639,65	10729,68
25	9503,99	9601,45	9695,24	9785,37	9871,83	9954,66	10033,89	10109,56
30	9236,70	9327,32	9413,49	9495,25	9572,65	9645,77	9714,69	9779,53
	Annuität während der **Anschlussfinanzierung**							
15	11377,11	11504,04	11628,91	11751,68	11872,32	11990,81	12107,11	12221,21
20	10331,46	10442,04	10549,68	10654,34	10756,01	10854,67	10950,33	11042,98
25	9837,57	9938,45	10035,54	10128,82	10218,32	10304,06	10386,07	10464,40
30	9603,58	9697,80	9787,40	9872,40	9952,87	10028,89	10100,55	10167,97

Tab. 11.16 (Fortsetzung)

finanzierung nach 5 Jahren pro 100.000 € Darlehenssumme								
Zinsbindungsdauer (Prozent pro Jahr)								
6,00	6,50	7,00	7,50	8,00	8,50	9,00	9,50	10,00
Zinsbindungsdauer (Euro pro Jahr)								
10296,28	10296,28	10296,28	10296,28	10296,28	10296,28	10296,28	10296,28	10296,28
8718,46	8718,46	8718,46	8718,46	8718,46	8718,46	8718,46	8718,46	8718,46
7822,67	7822,67	7822,67	7822,67	7822,67	7822,67	7822,67	7822,67	7822,67
7264,89	7264,89	7264,89	7264,89	7264,89	7264,89	7264,89	7264,89	7264,89
bei einem Zinssatz von **6,50 %** (Euro pro Jahr)								
10541,56	10635,28	10727,08	10816,96	10904,91	10990,95	11075,06	11157,27	11237,56
9005,51	9075,64	9143,39	9208,78	9271,85	9332,64	9391,16	9447,48	9501,63
8143,16	8198,15	8250,46	8300,17	8347,34	8392,05	8434,38	8474,42	8512,25
7613,59	7657,74	7699,05	7737,62	7773,59	7807,07	7838,20	7867,09	7893,88
bei einem Zinssatz von **7,00 %** (Euro pro Jahr)								
10789,58	10885,50	10979,46	11071,46	11161,48	11249,54	11335,63	11419,77	11501,96
9296,95	9369,35	9439,29	9506,80	9571,92	9634,66	9695,08	9753,23	9809,13
8469,45	8526,64	8581,05	8632,75	8681,81	8728,31	8772,34	8813,98	8853,33
7969,20	8015,41	8058,64	8099,02	8136,66	8171,71	8204,29	8234,54	8262,57
bei einem Zinssatz von **7,50 %** (Euro pro Jahr)								
11040,30	11138,45	11234,59	11328,72	11420,84	11510,94	11599,04	11685,13	11769,23
9592,69	9667,39	9739,56	9809,22	9876,40	9941,14	10003,49	10063,48	10121,16
8801,36	8860,80	8917,34	8971,07	9022,05	9070,37	9116,13	9159,40	9200,29
8331,40	8379,71	8424,91	8467,12	8506,48	8543,12	8577,18	8608,80	8638,11
bei einem Zinssatz von **8,00 %** (Euro pro Jahr)								
11293,68	11394,08	11492,43	11588,72	11682,95	11775,13	11865,24	11953,31	12039,34
9892,64	9969,68	10044,10	10115,94	10185,22	10251,99	10316,28	10378,15	10437,64
9138,73	9200,45	9259,16	9314,94	9367,88	9418,06	9465,56	9510,50	9552,95
8699,92	8750,37	8797,56	8841,64	8882,74	8921,01	8956,57	8989,59	9020,19
bei einem Zinssatz von **8,50 %** (Euro pro Jahr)								
11549,68	11652,36	11752,94	11851,42	11947,78	12042,05	12134,21	12224,27	12312,25
10196,70	10276,11	10352,82	10426,86	10498,28	10567,10	10633,37	10697,14	10758,45
9481,37	9545,40	9606,31	9664,19	9719,11	9771,17	9820,46	9867,08	9911,12
9074,45	9127,07	9176,30	9222,28	9265,15	9305,06	9342,16	9376,59	9408,52
bei einem Zinssatz von **9,00 %** (Euro pro Jahr)								
11808,28	11913,26	12016,09	12116,77	12215,29	12311,67	12405,89	12497,97	12587,92
10504,79	10586,59	10665,62	10741,91	10815,48	10886,38	10954,65	11020,34	11083,51
9829,10	9895,48	9958,63	10018,62	10075,56	10129,53	10180,63	10228,95	10274,61
9454,72	9509,54	9560,83	9608,74	9653,40	9694,98	9733,64	9769,52	9802,78
bei einem Zinssatz von **9,50 %** (Euro pro Jahr)								
12069,43	12176,73	12281,83	12384,74	12485,44	12583,95	12680,25	12774,37	12866,31
10816,80	10901,04	10982,41	11060,96	11136,72	11209,72	11280,02	11347,67	11412,71
10181,75	10250,50	10315,91	10378,06	10437,04	10492,95	10545,88	10595,94	10643,24
9840,42	9897,48	9950,86	10000,72	10047,21	10090,48	10130,71	10168,06	10202,68
bei einem Zinssatz von **10,00 %** (Euro pro Jahr)								
12333,09	12442,73	12550,14	12655,29	12758,19	12858,85	12957,26	13053,43	13147,38
11132,65	11219,35	11303,10	11383,94	11461,91	11537,04	11609,40	11679,02	11745,96
10539,12	10610,29	10677,99	10742,32	10803,37	10861,24	10916,03	10967,85	11016,81
10231,27	10290,60	10346,11	10397,95	10446,28	10491,28	10533,10	10571,93	10607,92

Tab. 11.17 Zinsänderungsrisiko bzw. -chance (Zinsbindungsfrist 10 Jahre)

Laufzeit in Jahren	**Entwicklung der jährlichen Ratenzahlungen bei einer Anschluss-**							
	Zinssatz während der 1-ten							
	2,00	2,50	3,00	3,50	4,00	4,50	5,00	5,50
	Annuität während der 1-ten							
15	7782,55	8076,65	8376,66	8682,51	8994,11	9311,38	9634,23	9962,56
20	6115,67	6414,71	6721,57	7036,11	7358,18	7687,61	8024,26	8367,93
25	5122,04	5427,59	5742,79	6067,40	6401,20	6743,90	7095,25	7454,94
30	4464,99	4777,76	5101,93	5437,13	5783,01	6139,15	6505,14	6880,54
	Annuität während der **Anschlussfinanzierung**							
15	7782,55	7960,76	8138,96	8317,03	8494,86	8672,34	8849,37	9025,85
20	6115,67	6250,09	6383,06	6514,44	6644,12	6771,98	6897,93	7021,85
25	5122,04	5229,95	5335,48	5438,50	5538,92	5636,62	5731,55	5823,64
30	4464,99	4555,03	4642,03	4725,87	4806,49	4883,84	4957,88	5028,62
	Annuität während der **Anschlussfinanzierung**							
15	7895,84	8076,65	8257,44	8438,10	8618,52	8798,59	8978,20	9157,24
20	6276,75	6414,71	6551,18	6686,03	6819,12	6950,35	7079,61	7206,80
25	5315,60	5427,59	5537,11	5644,02	5748,23	5849,63	5948,14	6043,71
30	4683,32	4777,76	4869,01	4956,95	5041,51	5122,64	5200,31	5274,50
	Annuität während der **Anschlussfinanzierung**							
15	8009,84	8193,26	8376,66	8559,93	8742,96	8925,62	9107,82	9289,45
20	6440,00	6581,55	6721,57	6859,92	6996,48	7131,12	7263,74	7394,24
25	5513,05	5629,20	5742,79	5853,67	5961,75	6066,92	6169,09	6268,21
30	4907,35	5006,32	5101,93	5194,08	5282,68	5367,69	5449,07	5526,82
	Annuität während der **Anschlussfinanzierung**							
15	8124,54	8310,58	8496,61	8682,51	8868,15	9053,44	9238,25	9422,47
20	6605,40	6750,59	6894,20	7036,11	7176,17	7314,27	7450,30	7584,15
25	5714,35	5834,74	5952,47	6067,40	6179,43	6288,43	6394,34	6497,08
30	5136,99	5240,59	5340,67	5437,13	5529,89	5618,88	5704,06	5785,44
	Annuität während der **Anschlussfinanzierung**							
15	8239,93	8428,62	8617,29	8805,83	8994,11	9182,03	9369,46	9556,30
20	6772,93	6921,80	7069,05	7214,56	7358,18	7499,78	7639,25	7776,50
25	5919,43	6044,14	6166,09	6285,15	6401,20	6514,11	6623,82	6730,25
30	5372,13	5480,47	5585,13	5686,01	5783,01	5876,07	5965,16	6050,26
	Annuität während der **Anschlussfinanzierung**							
15	8356,02	8547,36	8738,69	8929,88	9120,82	9311,38	9501,46	9690,93
20	6942,56	7095,16	7246,10	7395,25	7542,46	7687,61	7830,58	7971,26
25	6128,24	6257,35	6383,61	6506,87	6627,00	6743,90	6857,48	6967,66
30	5612,65	5725,84	5835,19	5940,58	6041,93	6139,15	6232,23	6321,15
	Annuität während der **Anschlussfinanzierung**							
15	8472,78	8666,80	8860,80	9054,67	9248,27	9441,50	9634,23	9826,35
20	7114,27	7270,64	7425,32	7578,16	7729,01	7877,75	8024,26	8168,42
25	6340,72	6474,30	6604,94	6732,47	6856,78	6977,73	7095,25	7209,25
30	5858,43	5976,58	6090,72	6200,72	6306,51	6407,99	6505,14	6597,95
	Annuität während der **Anschlussfinanzierung**							
15	8590,23	8786,93	8983,63	9180,18	9376,47	9572,37	9767,77	9962,56
20	7288,04	7448,23	7606,69	7763,26	7917,80	8070,17	8220,25	8367,93
25	6556,81	6694,95	6830,03	6961,91	7090,45	7215,53	7337,05	7454,94
30	6109,35	6232,55	6351,58	6466,30	6576,61	6682,44	6783,75	6880,54
	Annuität während der **Anschlussfinanzierung**							
15	8708,35	8907,76	9107,15	9306,41	9505,39	9703,99	9902,08	10099,55
20	7463,84	7627,90	7790,17	7950,52	8108,79	8264,84	8418,54	8569,78
25	6776,44	6919,21	7058,82	7195,12	7327,96	7457,23	7582,82	7704,65
30	6365,26	6493,62	6617,64	6737,16	6852,10	6962,36	7067,92	7168,76

Tab. 11.17 (Fortsetzung)

finanzierung nach 10 Jahren pro 100.000 € Darlehenssumme								
Zinsbindungsdauer (Prozent pro Jahr)								
6,00	6,50	7,00	7,50	8,00	8,50	9,00	9,50	10,00
Zinsbindungsdauer (Euro pro Jahr)								
10296,28	10635,28	10979,46	11328,72	11682,95	12042,05	12405,89	12774,37	13147,38
8718,46	9075,64	9439,29	9809,22	10185,22	10567,10	10954,65	11347,67	11745,96
7822,67	8198,15	8581,05	8971,07	9367,88	9771,17	10180,63	10595,94	11016,81
7264,89	7657,74	8058,64	8467,12	8882,74	9305,06	9733,64	10168,06	10607,92
bei einem Zinssatz von **2,00 %** (Euro pro Jahr)								
9201,66	9376,72	9550,94	9724,22	9896,48	10067,64	10237,61	10406,34	10573,74
7143,67	7263,30	7380,69	7495,76	7608,46	7718,76	7826,61	7931,98	8034,86
5912,85	5999,14	6082,49	6162,90	6240,37	6314,92	6386,58	6455,38	6521,36
5096,05	5160,21	5221,15	5278,93	5333,60	5385,27	5434,01	5479,94	5523,14
bei einem Zinssatz von **2,50 %** (Euro pro Jahr)								
9335,61	9513,22	9689,98	9865,78	10040,54	10214,19	10386,65	10557,83	10727,67
7331,82	7454,61	7575,09	7693,19	7808,86	7922,06	8032,75	8140,91	8246,50
6136,29	6225,84	6312,34	6395,79	6476,19	6553,56	6627,93	6699,32	6767,80
5345,23	5412,54	5476,46	5537,05	5594,40	5648,60	5699,72	5747,89	5793,21
bei einem Zinssatz von **3,00 %** (Euro pro Jahr)								
9470,40	9650,57	9829,88	10008,22	10185,51	10361,67	10536,61	10710,26	10882,55
7522,52	7648,50	7772,11	7893,28	8011,96	8128,11	8241,68	8352,64	8460,98
6364,23	6457,10	6546,82	6633,37	6716,75	6797,00	6874,12	6948,18	7019,20
5600,93	5671,45	5738,43	5801,93	5862,02	5918,81	5972,38	6022,85	6070,33
bei einem Zinssatz von **3,50 %** (Euro pro Jahr)								
9606,02	9788,77	9970,64	10151,53	10331,36	10510,04	10687,49	10863,63	11038,39
7715,72	7844,94	7971,72	8096,00	8217,74	8336,86	8453,35	8567,16	8678,28
6596,60	6692,86	6785,86	6875,56	6961,99	7045,17	7125,11	7201,87	7275,48
5863,03	5936,85	6006,96	6073,43	6136,34	6195,78	6251,86	6304,69	6354,40
bei einem Zinssatz von **4,00 %** (Euro pro Jahr)								
9742,45	9927,80	10112,26	10295,72	10478,10	10659,32	10839,29	11017,93	11195,17
7911,41	8043,90	8173,90	8301,34	8426,15	8548,30	8667,75	8784,45	8898,38
6833,34	6933,06	7029,39	7122,32	7211,85	7298,01	7380,82	7460,33	7536,59
6131,40	6208,60	6281,92	6351,43	6417,22	6479,38	6538,03	6593,28	6645,26
bei einem Zinssatz von **4,50 %** (Euro pro Jahr)								
9879,70	10067,66	10254,72	10440,76	10625,72	10809,49	10991,99	11173,15	11352,89
8109,55	8245,36	8378,62	8509,25	8637,19	8762,40	8884,83	9004,46	9121,25
7074,39	7177,63	7277,35	7373,56	7466,25	7555,45	7641,18	7723,50	7802,44
6405,91	6486,57	6563,17	6635,80	6704,53	6769,47	6830,75	6888,47	6942,78
bei einem Zinssatz von **5,00 %** (Euro pro Jahr)								
10017,76	10208,35	10398,02	10586,66	10774,20	10960,54	11145,59	11329,28	11511,53
8310,13	8449,30	8585,85	8719,71	8850,82	8979,12	9104,58	9227,17	9346,84
7319,68	7426,49	7529,68	7629,22	7725,12	7817,41	7906,12	7991,29	8072,97
6686,43	6770,62	6850,58	6926,38	6998,12	7065,91	7129,87	7190,12	7246,81
bei einem Zinssatz von **5,50 %** (Euro pro Jahr)								
10156,62	10349,85	10542,15	10733,41	10923,55	11112,47	11300,09	11486,32	11671,10
8513,10	8655,67	8795,56	8932,69	9067,00	9198,44	9326,97	9452,54	9575,14
7569,13	7679,59	7786,29	7889,22	7988,39	8083,83	8175,56	8263,63	8348,10
6972,81	7060,60	7143,98	7223,03	7297,85	7368,54	7435,24	7498,07	7557,18
bei einem Zinssatz von **6,00 %** (Euro pro Jahr)								
10296,28	10492,16	10687,10	10881,00	11073,75	11265,26	11455,46	11644,26	11831,58
8718,46	8864,46	9007,73	9148,16	9285,71	9420,32	9551,95	9680,55	9806,11
7822,67	7936,83	8047,10	8153,49	8255,98	8354,61	8449,42	8540,44	8627,74
7264,89	7356,36	7443,24	7525,60	7603,55	7677,20	7746,69	7812,16	7873,75

Tab. 11.17 (Fortsetzung)

Laufzeit	**Entwicklung der jährlichen Ratenzahlungen bei einer Anschluss-**							
in	Zinssatz während der 1-ten							
Jahren	2,00	2,50	3,00	3,50	4,00	4,50	5,00	5,50
	Annuität während der 1-ten							
15	7782,55	8076,65	8376,66	8682,51	8994,11	9311,38	9634,23	9962,56
20	6115,67	6414,71	6721,57	7036,11	7358,18	7687,61	8024,26	8367,93
25	5122,04	5427,59	5742,79	6067,40	6401,20	6743,90	7095,25	7454,94
30	4464,99	4777,76	5101,93	5437,13	5783,01	6139,15	6505,14	6880,54
	Annuität während der **Anschlussfinanzierung**							
15	8827,13	9029,26	9231,38	9433,35	9635,05	9836,36	10037,15	10237,31
20	7641,65	7809,61	7975,76	8139,92	8301,96	8461,73	8619,09	8773,94
25	6999,55	7147,02	7291,23	7432,02	7569,23	7702,75	7832,48	7958,33
30	6626,04	6759,66	6888,75	7013,18	7132,82	7247,60	7357,48	7462,45
	Annuität während der **Anschlussfinanzierung**							
15	8946,57	9151,44	9356,29	9561,00	9765,43	9969,46	10172,97	10375,83
20	7821,44	7993,35	8163,41	8331,44	8497,29	8660,81	8821,88	8980,37
25	7226,08	7378,32	7527,19	7672,53	7814,19	7952,04	8085,96	8215,88
30	6891,54	7030,51	7164,78	7294,19	7418,62	7538,00	7652,29	7761,47
	Annuität während der **Anschlussfinanzierung**							
15	9066,67	9274,29	9481,89	9689,34	9896,52	10103,29	10309,53	10515,12
20	8003,19	8179,10	8353,10	8525,04	8694,74	8862,06	9026,87	9189,04
25	7455,94	7613,02	7766,64	7916,60	8062,76	8204,99	8343,18	8477,23
30	7161,62	7306,04	7445,57	7580,05	7709,36	7833,42	7952,18	8065,64
	Annuität während der **Anschlussfinanzierung**							
15	9187,42	9397,80	9608,17	9818,39	10028,32	10237,84	10446,83	10655,16
20	8186,87	8366,81	8544,81	8720,69	8894,29	9065,45	9234,05	9399,94
25	7689,08	7851,07	8009,49	8164,14	8314,87	8461,55	8604,05	8742,30
30	7436,13	7586,09	7730,97	7870,60	8004,87	8133,69	8257,00	8374,81
	Annuität während der **Anschlussfinanzierung**							
15	9308,82	9521,98	9735,12	9948,12	10160,83	10373,12	10584,87	10795,95
20	8372,45	8556,47	8738,50	8918,37	9095,90	9270,95	9443,36	9613,02
25	7925,41	8092,38	8255,67	8415,08	8570,44	8721,63	8868,51	9011,00
30	7714,93	7870,52	8020,83	8165,70	8305,00	8438,64	8566,58	8688,80
	Annuität während der **Anschlussfinanzierung**							
15	9430,85	9646,81	9862,75	10078,53	10294,03	10509,10	10723,63	10937,48
20	8559,91	8748,05	8934,16	9118,05	9299,56	9478,52	9654,80	9828,25
25	8164,87	8336,89	8505,11	8669,33	8829,39	8985,14	9136,47	9283,27
30	7997,88	8159,17	8314,99	8465,17	8609,59	8748,13	8880,76	9007,47
	Annuität während der **Anschlussfinanzierung**							
15	9553,52	9772,28	9991,03	10209,62	10427,92	10645,79	10863,11	11079,74
20	8749,21	8941,52	9131,74	9319,70	9505,23	9688,15	9868,32	10045,61
25	8407,39	8584,51	8757,73	8926,83	9091,64	9252,02	9407,84	9559,00
30	8284,82	8451,90	8613,31	8768,88	8918,47	9061,99	9199,38	9330,63
	Annuität während der **Anschlussfinanzierung**							
15	9676,81	9898,40	10119,97	10341,38	10562,50	10783,18	11003,30	11222,73
20	8940,34	9136,85	9331,23	9523,30	9712,87	9899,79	10083,90	10265,06
25	8652,88	8835,18	9013,45	9187,49	9357,12	9522,18	9682,55	9838,12
30	8575,61	8748,55	8915,63	9076,66	9231,50	9380,06	9522,27	9658,13

Tab. 11.17 (Fortsetzung)

finanzierung nach 10 Jahren pro 100.000 € Darlehenssumme								
Zinsbindungsdauer (Prozent pro Jahr)								
6,00	6,50	7,00	7,50	8,00	8,50	9,00	9,50	10,00
Zinsbindungsdauer (Euro pro Jahr)								
10296,28	10635,28	10979,46	11328,72	11682,95	12042,05	12405,89	12774,37	13147,38
8718,46	9075,64	9439,29	9809,22	10185,22	10567,10	10954,65	11347,67	11745,96
7822,67	8198,15	8581,05	8971,07	9367,88	9771,17	10180,63	10595,94	11016,81
7264,89	7657,74	8058,64	8467,12	8882,74	9305,06	9733,64	10168,06	10607,92
bei einem Zinssatz von **6,50 %** (Euro pro Jahr)								
10436,72	10635,28	10832,88	11029,41	11224,79	11418,93	11611,72	11803,09	11992,96
8926,15	9075,64	9222,31	9366,10	9506,92	9644,74	9779,50	9911,17	10039,72
8080,23	8198,15	8312,05	8421,94	8527,81	8629,69	8727,61	8821,63	8911,80
7562,52	7657,74	7748,18	7833,91	7915,05	7991,73	8064,06	8132,21	8196,32
bei einem Zinssatz von **7,00 %** (Euro pro Jahr)								
10577,94	10779,19	10979,46	11178,66	11376,68	11573,44	11768,84	11962,80	12155,25
9136,16	9289,17	9439,29	9586,46	9730,60	9871,66	10009,59	10144,36	10275,93
8341,73	8463,46	8581,05	8694,49	8803,79	8908,97	9010,06	9107,12	9200,21
7865,55	7964,58	8058,64	8147,81	8232,20	8311,95	8387,18	8458,06	8524,74
bei einem Zinssatz von **7,50 %** (Euro pro Jahr)								
10719,94	10923,89	11126,85	11328,72	11529,41	11728,80	11926,83	12123,39	12318,42
9348,46	9505,02	9658,63	9809,22	9956,71	10101,05	10242,18	10380,08	10514,71
8607,08	8732,69	8854,02	8971,07	9083,84	9192,36	9296,67	9396,82	9492,87
8173,80	8276,72	8374,46	8467,12	8554,82	8637,69	8715,88	8789,53	8858,83
bei einem Zinssatz von **8,00 %** (Euro pro Jahr)								
10862,71	11069,38	11275,04	11479,60	11682,95	11885,01	12085,67	12284,85	12482,48
9563,01	9723,17	9880,30	10034,35	10185,22	10332,87	10477,25	10618,31	10756,03
8876,21	9005,74	9130,87	9251,58	9367,88	9479,79	9587,37	9690,64	9789,70
8487,11	8593,97	8695,46	8791,68	8882,74	8968,79	9049,97	9126,45	9198,40
bei einem Zinssatz von **8,50 %** (Euro pro Jahr)								
11006,24	11215,64	11424,02	11631,28	11837,32	12042,05	12245,36	12447,17	12647,41
9779,79	9943,57	10104,27	10261,81	10416,10	10567,10	10714,75	10859,01	10999,85
9149,03	9282,55	9411,52	9535,94	9655,81	9771,17	9882,05	9988,50	10090,60
8805,32	8916,19	9021,49	9121,31	9215,79	9305,06	9389,28	9468,63	9543,28
bei einem Zinssatz von **9,00 %** (Euro pro Jahr)								
11150,53	11362,67	11573,78	11783,76	11992,50	12199,91	12405,89	12610,35	12813,21
9998,76	10166,21	10330,50	10491,57	10649,32	10803,69	10954,65	11102,14	11246,14
9425,46	9563,01	9695,88	9824,06	9947,56	10066,40	10180,63	10290,30	10395,48
9128,26	9243,19	9352,35	9455,83	9553,78	9646,32	9733,64	9815,89	9893,28
bei einem Zinssatz von **9,50 %** (Euro pro Jahr)								
11295,56	11510,46	11724,32	11937,03	12148,49	12358,59	12567,25	12774,37	12979,87
10219,88	10391,04	10558,97	10723,59	10884,83	11042,62	11196,92	11347,67	11494,85
9705,42	9847,06	9983,87	10115,86	10243,02	10365,39	10483,01	10595,94	10704,25
9455,76	9574,81	9687,89	9795,08	9896,54	9992,41	10082,85	10168,06	10248,22
bei einem Zinssatz von **10,00 %** (Euro pro Jahr)								
11441,34	11659,01	11875,63	12091,08	12305,27	12518,09	12729,44	12939,23	13147,38
10443,14	10618,04	10789,64	10957,85	11122,62	11283,85	11441,52	11595,56	11745,96
9988,82	10134,59	10275,40	10411,24	10542,11	10668,06	10789,11	10905,34	11016,81
9787,64	9910,88	10027,92	10138,88	10243,90	10343,13	10436,75	10524,95	10607,92

Tab. 11.18 Zinsänderungsrisiko bzw. -chance (Zinsbindungsfrist 15 Jahre)

Laufzeit in Jahren	Entwicklung der jährlichen Ratenzahlungen bei einer Anschluss-							
	Zinssatz während der 1-ten							
	2,00	2,50	3,00	3,50	4,00	4,50	5,00	5,50
	Annuität während der 1-ten							
20	6115,67	6414,71	6721,57	7036,11	7358,18	7687,61	8024,26	8367,93
25	5122,04	5427,59	5742,79	6067,40	6401,20	6743,90	7095,25	7454,94
30	4464,99	4777,76	5101,93	5437,13	5783,01	6139,15	6505,14	6880,54
2,00	Annuität während der **Anschlussfinanzierung**							
20	6115,67	6322,67	6530,83	6739,93	6949,73	7160,02	7370,56	7581,15
25	5122,04	5288,30	5453,57	5617,56	5780,01	5940,67	6099,31	6255,72
30	4464,99	4603,79	4740,07	4873,56	5004,00	5131,17	5254,87	5374,94
2,50	Annuität während der **Anschlussfinanzierung**							
20	6204,70	6414,71	6625,91	6838,05	7050,90	7264,25	7477,86	7691,51
25	5256,95	5427,59	5597,21	5765,52	5932,25	6097,14	6259,96	6420,49
30	4633,72	4777,76	4919,20	5057,73	5193,10	5325,07	5453,45	5578,05
3,00	Annuität während der **Anschlussfinanzierung**							
20	6294,28	6507,33	6721,57	6936,77	7152,70	7369,13	7585,82	7802,56
25	5393,68	5568,76	5742,79	5915,47	6086,54	6255,72	6422,78	6587,48
30	4805,84	4955,24	5101,93	5245,61	5386,00	5522,88	5656,02	5785,25
3,50	Annuität während der **Anschlussfinanzierung**							
20	6384,42	6600,51	6817,82	7036,11	7255,13	7474,65	7694,45	7914,29
25	5532,21	5711,78	5890,28	6067,40	6242,86	6416,39	6587,74	6756,66
30	4981,32	5136,16	5288,21	5437,13	5582,66	5724,53	5862,53	5996,48
4,00	Annuität während der **Anschlussfinanzierung**							
20	6475,09	6694,26	6914,66	7136,04	7358,18	7580,82	7803,73	8026,70
25	5672,52	5856,64	6039,67	6221,29	6401,20	6579,13	6754,82	6928,03
30	5160,09	5320,49	5477,99	5632,26	5783,01	5929,97	6072,93	6211,69
4,50	Annuität während der **Anschlussfinanzierung**							
20	6566,32	6788,57	7012,07	7236,57	7461,84	7687,61	7913,67	8139,78
25	5814,59	6003,33	6190,94	6377,10	6561,52	6743,90	6923,99	7101,54
30	5342,11	5508,18	5671,23	5830,94	5987,01	6139,15	6287,15	6430,81
5,00	Annuität während der **Anschlussfinanzierung**							
20	6658,07	6883,43	7110,06	7337,70	7566,11	7795,04	8024,26	8253,53
25	5958,40	6151,81	6344,06	6534,83	6723,80	6910,70	7095,25	7277,19
30	5527,34	5699,16	5867,87	6033,12	6194,59	6352,01	6505,14	6653,78
5,50	Annuität während der **Anschlussfinanzierung**							
20	6750,36	6978,85	7208,61	7439,41	7670,98	7903,09	8135,49	8367,93
25	6103,94	6302,07	6499,01	6694,44	6888,04	7079,50	7268,55	7454,94
30	5715,71	5893,38	6067,84	6238,72	6405,70	6568,49	6726,84	6880,54
6,00	Annuität während der **Anschlussfinanzierung**							
20	6843,18	7074,81	7307,73	7541,70	7776,46	8011,76	8247,35	8482,99
25	6251,18	6454,09	6655,78	6855,92	7054,19	7250,27	7443,88	7634,76
30	5907,17	6090,79	6271,10	6447,70	6620,27	6788,51	6952,17	7111,02
6,50	Annuität während der **Anschlussfinanzierung**							
20	6936,52	7171,31	7407,41	7644,57	7882,53	8121,04	8359,85	8598,70
25	6400,09	6607,84	6814,34	7019,25	7222,24	7422,99	7621,21	7816,64
30	6101,66	6291,33	6477,57	6659,99	6838,24	7012,02	7181,06	7345,15
7,00	Annuität während der **Anschlussfinanzierung**							
20	7030,39	7268,35	7507,64	7748,02	7989,20	8230,93	8472,97	8715,06
25	6550,67	6763,31	6974,67	7184,40	7392,16	7597,63	7800,52	8000,55
30	6299,12	6494,93	6687,20	6875,53	7059,55	7238,95	7413,46	7582,85

Tab. 11.18 (Fortsetzung)

finanzierung nach 15 Jahren pro 100.000 € Darlehenssumme								
Zinsbindungsdauer (Prozent pro Jahr)								
6,00	6,50	7,00	7,50	8,00	8,50	9,00	9,50	10,00
Zinsbindungsdauer (Euro pro Jahr)								
8718,46	9075,64	9439,29	9809,22	10185,22	10567,10	10954,65	11347,67	11745,96
7822,67	8198,15	8581,05	8971,07	9367,88	9771,17	10180,63	10595,94	11016,81
7264,89	7657,74	8058,64	8467,12	8882,74	9305,06	9733,64	10168,06	10607,92
bei einem Zinssatz von **2,00 %** (Euro pro Jahr)								
7791,58	8001,65	8211,16	8419,92	8627,77	8834,52	9040,02	9244,11	9446,66
6409,69	6561,04	6709,62	6855,28	6997,90	7137,37	7273,60	7406,53	7536,08
5491,24	5603,69	5712,19	5816,70	5917,20	6013,68	6106,17	6194,70	6279,33
bei einem Zinssatz von **2,50 %** (Euro pro Jahr)								
7905,01	8118,13	8330,69	8542,50	8753,37	8963,13	9171,62	9378,68	9584,18
6578,51	6733,85	6886,34	7035,84	7182,22	7325,36	7465,18	7601,61	7734,58
5698,75	5815,45	5928,05	6036,51	6140,81	6240,94	6336,92	6428,80	6516,62
bei einem Zinssatz von **3,00 %** (Euro pro Jahr)								
8019,14	8235,34	8450,97	8665,83	8879,75	9092,54	9304,04	9514,09	9722,55
6749,61	6908,99	7065,45	7218,84	7369,02	7515,89	7659,35	7799,32	7935,74
5910,44	6031,46	6148,25	6260,74	6368,91	6472,76	6572,31	6667,60	6758,68
bei einem Zinssatz von **3,50 %** (Euro pro Jahr)								
8133,97	8353,27	8571,99	8789,92	9006,90	9222,74	9437,27	9650,33	9861,78
6922,96	7086,44	7246,91	7404,24	7558,28	7708,92	7856,06	7999,63	8139,56
6126,24	6251,69	6372,73	6489,33	6601,45	6709,09	6812,28	6911,04	7005,46
bei einem Zinssatz von **4,00 %** (Euro pro Jahr)								
8249,50	8471,91	8693,73	8914,77	9134,83	9353,73	9571,31	9787,40	10001,85
7098,54	7266,16	7430,71	7592,03	7749,97	7904,43	8055,31	8202,52	8346,00
6346,10	6476,05	6601,44	6722,23	6838,37	6949,87	7056,76	7159,07	7256,87
bei einem Zinssatz von **4,50 %** (Euro pro Jahr)								
8365,72	8591,26	8816,21	9040,36	9263,52	9485,51	9706,15	9925,28	10142,75
7276,33	7448,15	7616,82	7782,17	7944,07	8102,40	8257,06	8407,95	8555,03
6569,96	6704,50	6834,31	6959,36	7079,60	7195,03	7305,69	7411,61	7512,86
bei einem Zinssatz von **5,00 %** (Euro pro Jahr)								
8482,62	8711,32	8939,41	9166,69	9392,97	9618,06	9841,78	10063,98	10284,49
7456,30	7632,36	7805,20	7974,65	8140,56	8302,80	8461,28	8615,91	8766,62
6797,76	6936,96	7071,27	7200,65	7325,06	7444,50	7559,00	7668,59	7773,35
bei einem Zinssatz von **5,50 %** (Euro pro Jahr)								
8600,20	8832,07	9063,32	9293,75	9523,17	9751,38	9978,20	10203,48	10427,04
7638,42	7818,79	7995,85	8169,43	8339,39	8505,60	8667,95	8826,36	8980,75
7029,43	7173,37	7312,26	7446,05	7574,70	7698,21	7816,60	7929,93	8038,26
bei einem Zinssatz von **6,00 %** (Euro pro Jahr)								
8718,46	8953,51	9187,94	9421,54	9654,11	9885,46	10115,40	10343,78	10570,42
7822,67	8007,39	8188,72	8366,49	8540,55	8710,77	8877,04	9039,26	9197,38
7264,89	7413,65	7557,20	7695,47	7828,43	7956,08	8078,44	8195,56	8307,52
bei einem Zinssatz von **6,50 %** (Euro pro Jahr)								
8837,38	9075,64	9313,27	9550,06	9785,80	10020,30	10253,38	10484,87	10714,60
8009,03	8198,15	8383,80	8565,81	8744,01	8918,28	9088,51	9254,60	9416,48
7504,09	7657,74	7806,02	7948,84	8086,18	8218,03	8344,42	8465,40	8581,04
bei einem Zinssatz von **7,00 %** (Euro pro Jahr)								
8956,96	9198,45	9439,29	9679,28	9918,21	10155,89	10392,12	10626,74	10859,58
8197,46	8391,03	8581,05	8767,34	8949,74	9128,11	9302,34	9472,34	9638,03
7746,94	7905,57	8058,64	8206,08	8347,87	8483,98	8614,46	8739,36	8858,75

Tab. 11.18 (Fortsetzung)

Laufzeit in Jahren	Entwicklung der jährlichen Ratenzahlungen bei einer Anschluss- Zinssatz während der 1-ten							
	2,00	2,50	3,00	3,50	4,00	4,50	5,00	5,50
	Annuität während der 1-ten							
20	6115,67	6414,71	6721,57	7036,11	7358,18	7687,61	8024,26	8367,93
25	5122,04	5427,59	5742,79	6067,40	6401,20	6743,90	7095,25	7454,94
30	4464,99	4777,76	5101,93	5437,13	5783,01	6139,15	6505,14	6880,54
7,50	Annuität während der **Anschlussfinanzierung**							
20	7124,76	7365,92	7608,43	7852,03	8096,45	8341,43	8586,71	8832,05
25	6702,89	6920,47	7136,74	7351,34	7563,93	7774,18	7981,78	8186,46
30	6499,50	6701,54	6899,92	7094,24	7284,11	7469,22	7649,29	7824,07
8,00	Annuität während der **Anschlussfinanzierung**							
20	7219,65	7464,02	7709,76	7956,60	8204,27	8452,52	8701,07	8949,67
25	6856,73	7079,29	7300,53	7520,06	7737,53	7952,60	8164,97	8374,34
30	6702,73	6911,09	7115,67	7316,06	7511,88	7702,77	7888,47	8068,71
8,50	Annuität während der **Anschlussfinanzierung**							
20	7315,04	7562,64	7811,63	8061,73	8312,68	8564,20	8816,04	9067,93
25	7012,16	7239,77	7466,02	7690,52	7912,92	8132,87	8350,05	8564,17
30	6908,75	7123,51	7334,38	7540,93	7742,76	7939,53	8130,93	8316,71
9,00	Annuität während der **Anschlussfinanzierung**							
20	7410,94	7661,78	7914,03	8167,41	8421,65	8676,47	8931,61	9186,80
25	7169,16	7401,86	7633,18	7862,71	8090,09	8314,97	8537,01	8755,92
30	7117,49	7338,74	7555,99	7768,78	7976,71	8179,42	8376,60	8568,00
9,50	Annuität während der **Anschlussfinanzierung**							
20	7507,33	7761,44	8016,97	8273,65	8531,19	8789,33	9047,78	9306,29
25	7327,71	7565,56	7801,99	8036,60	8269,01	8498,86	8725,81	8949,57
30	7328,89	7556,72	7780,42	7999,53	8213,63	8422,36	8625,40	8822,49
10,00	Annuität während der **Anschlussfinanzierung**							
20	7604,22	7861,60	8120,43	8380,42	8641,29	8902,76	9164,55	9426,40
25	7487,78	7730,83	7972,43	8212,17	8449,65	8684,52	8916,43	9145,07
30	7542,90	7777,37	8007,60	8233,11	8453,47	8668,29	8877,26	9080,10

Tab. 11.18 (Fortsetzung)

finanzierung nach 15 Jahren pro 100.000 € Darlehenssumme								
Zinsbindungsdauer (Prozent pro Jahr)								
6,00	6,50	7,00	7,50	8,00	8,50	9,00	9,50	10,00
Zinsbindungsdauer (Euro pro Jahr)								
8718,46	8718,46	8718,46	8718,46	8718,46	8718,46	8718,46	8718,46	8718,46
7822,67	7822,67	7822,67	7822,67	7822,67	7822,67	7822,67	7822,67	7822,67
7264,89	7264,89	7264,89	7264,89	7264,89	7264,89	7264,89	7264,89	7264,89
bei einem Zinssatz von **7,50 %** (Euro pro Jahr)								
9077,20	9321,93	9566,01	9809,22	10051,36	10292,22	10531,63	10769,40	11005,36
8387,95	8586,01	8780,45	8971,07	9157,70	9340,22	9518,50	9692,45	9861,99
7993,37	8157,05	8314,99	8467,12	8613,42	8753,86	8888,49	9017,36	9140,55
bei einem Zinssatz von **8,00 %** (Euro pro Jahr)								
9198,09	9446,08	9693,41	9939,86	10185,22	10429,29	10671,89	10912,83	11151,93
8580,45	8783,07	8981,97	9176,96	9367,88	9554,58	9736,96	9914,90	10088,33
8243,31	8412,10	8574,99	8731,88	8882,74	9027,58	9166,42	9299,32	9426,36
bei einem Zinssatz von **8,50 %** (Euro pro Jahr)								
9319,63	9570,89	9821,49	10071,19	10319,80	10567,10	10812,90	11057,02	11299,29
8774,96	8982,16	9185,57	9384,98	9580,23	9771,17	9957,67	10139,65	10317,01
8496,68	8670,66	8838,55	9000,26	9155,77	9305,06	9448,17	9585,15	9716,09
bei einem Zinssatz von **9,00 %** (Euro pro Jahr)								
9441,80	9696,36	9950,24	10203,22	10455,08	10705,63	10954,65	11201,97	11447,41
8971,43	9183,27	9391,23	9595,11	9794,73	9989,94	10180,63	10366,67	10548,01
8753,40	8932,64	9105,60	9272,20	9432,40	9586,20	9733,64	9874,76	10009,66
bei einem Zinssatz von **9,50 %** (Euro pro Jahr)								
9564,61	9822,48	10079,66	10335,93	10591,07	10844,87	11097,13	11347,67	11596,31
9169,84	9386,37	9598,93	9807,31	10011,35	10210,88	10405,78	10595,94	10781,29
9013,39	9197,96	9376,06	9547,60	9712,56	9870,93	10022,74	10168,06	10306,96
bei einem Zinssatz von **10,00 %** (Euro pro Jahr)								
9688,04	9949,24	10209,74	10469,32	10727,76	10984,83	11240,35	11494,12	11745,96
9370,15	9591,42	9808,62	10021,56	10230,05	10433,94	10633,10	10827,41	11016,81
9276,58	9466,54	9649,83	9826,39	9996,17	10159,16	10315,41	10464,96	10607,92

Anwendungsbeispiel zu Tab. 11.16–11.18

Laufzeit in Jahren	Entwicklung der jährlichen Ratenzahlungen bei einer Anschlussfinanzierung nach 10 Jahren pro 100.000 € Darlehenssumme							
	Zinssatz während der 1-ten Zinsbindungsdauer (Prozent pro Jahr)							
	2,00	2,50	3,00	3,50	4,00	4,50	5,00	5,50
	Annuität während der 1-ten Zinsbindungsdauer (Euro pro Jahr)							
15	7782,55	8076,65	8376,66	8682,51	8994,11	9311,38	9634,23	9962,56
20	6115,67	6414,71	6721,57	7036,11	7358,18	7687,61	8024,26	8367,93
25	5122,04	5427,59	5742,79	6067,40	6401,20	6743,90	7095,25	7454,94
30	4464,99	4777,76	5101,93	5437,13	5783,01	6139,15	6505,14	6880,54
	Annuität während der **Anschlussfinanzierung** bei einem Zinssatz von **2,00 %**							
15	7782,55	7960,76	8138,96	8317,03	8494,86	8672,34	8849,37	9025,85
20	[illegible]	[illegible]	[illegible]	[illegible]	[illegible]	[illegible]	6897,93	7021,85
25	5122,04	5229,95	5335,48	5438,50	5538,92	5636,62	5731,55	5823,64
30	4464,99	4555,03	4642,03	4725,87	4806,49	4883,84	4957,88	5028,62
	Annuität während der **Anschlussfinanzierung** bei einem Zinssatz von **2,50 %**							
15	7895,84	8076,65	8257,44	8438,10	8618,52	8798,59	8978,20	9157,24
20	6278,75	6414,71	6551,18	6686,03	6819,12	6950,35	7079,61	7206,80
25	5315,60	5427,59	5537,11	5644,02	5748,23	5849,63	5948,14	6043,71
30	4683,32	4777,76	4869,01	4956,95	5041,51	5122,64	5200,31	5274,50
	Annuität während der **Anschlussfinanzierung** bei einem Zinssatz von **3,00 %**							
15	8009,84	8193,26	8376,66	8559,93	8742,96	8925,62	9107,82	9289,45
20	6440,00	6581,55	6721,57	6859,92	6996,48	7131,12	7263,74	7394,24
25	5513,05	5629,20	5742,79	5853,67	5961,75	6066,92	6169,09	6268,21
30	4907,35	5006,32	5101,93	5194,08	5282,68	5367,69	5449,07	5526,82

Zinsänderungsrisiko (durchgezogene Linie)

Kredithöhe: 100.000,– €; Zinssatz: 2,00 %; Zinsbindungsdauer: 10 Jahre; Ziel: schuldenfrei nach 30 Jahren; jährliche Annuität innerhalb der 1. Zinsbindungsdauer (10 Jahre): 4.464,99 €.

Zinssatz für die Anschlussfinanzierung steigt auf 3,00 %; Ziel: schuldenfrei nach 30; Jahren; jährliche Annuität ab dem 11. Jahr: 4.907,35 €. Erhöhung des jährlichen Schuldendienstes: 4.907,35 € – 4.464,99 € = 442,36 €.

Höhere Zinssätze in der Anschlussfinanzierung erhöhen den Schuldendienst – u. U. so stark, dass sie sich der Kreditnehmer nicht mehr leisten kann (Zinsänderungsrisiko)!

Zinsänderungschance (gepunktete Linie)

Kredithöhe: 100.000,– €; Zinssatz: 5,00 %; Zinsbindungsdauer: 10 Jahre; Ziel: schuldenfrei nach 20 Jahren; jährliche Annuität innerhalb der 1. Zinsbindungsdauer (10 Jahre): 8.024,26 €.

Zinssatz für die Anschlussfinanzierung sinkt auf 2,00 %; Ziel weiterhin: schuldenfrei nach 20 Jahren; jährliche Annuität ab dem 11. Jahr 6.897,93 €. Senkung des jährlichen Schuldendienstes: 8.024,26 € – 6.897,93 € = 1.126,33 € (Zinsänderungschance).

Alternativ könnte der Kreditnehmer bei gleichem Schuldendienst wie in den ersten 10 Jahren (8.024,26 €) entsprechend früher schuldenfrei sein.

Abb. 11.1 Zinsänderungsrisiko bzw. -chance: Anwendungsbeispiel

11.2 Adressen

11.2.1 Wohnungsbauförderung

Die zuständigen Einrichtungen in den Bundesländern

- Baden-Württemberg: L-Bank Wohnungsbauförderung: www.l-bank.de
- Brandenburg: ILB Investitionsbank des Landes Brandenburg: www.ilb.de
- Bayern: Bayerisches Innenministerium: www.stmi.bayern.de
- Berlin: IBB Investitionsbank Berlin: www.ibb.de
- Bremen: Bremer Aufbaubank BAB: www.bab-bremen.de
- Hamburg: WK Wohnungsbaukreditanstalt Hamburg: www.wk-hamburg.de
- Hessen: WI Bank Hessen: www.lth.de/
- Mecklenburg-Vorpommern: Landesförderinstitut M-V: www.lfi-mv.de
- Niedersachsen: NBank Niedersachsen: www.nbank.de/
- Nordrhein-Westfalen: NRW.Bank Nordrhein-Westfalen: www.nrwbank.de
- Rheinland-Pfalz: Landesministerium für Wirtschaft: www.unserener.de
- Saarland: SIKB: www.sikb.de
- Sachsen: SAB Sächsische Aufbaubank: www.sab.sachsen.de/
- Sachsen-Anhalt: Investitionsbank Sachsen-Anhalt: www.ib-sachsen-anhalt.de
- Schleswig-Holstein: Investitionsbank Schleswig-Holstein: www.ib-sh.de/
- Thüringen: Thüringer Aufbaubank: www.aufbaubank.de

11.2.2 KfW-Bankengruppe

Telefonische Beratung zu wohnwirtschaftlichen Förderprogrammen der KfW, Montag bis Freitag von 08:00–17:30 Uhr. Die Tel.-Nummer lautet: 0800 539-90 02 (kostenfreie Servicerufnummer). Die Fax-Nummer lautet: 069 74 31-95 00.

Anschrift KfW Bankengruppe
Palmengartenstraße 5–9
60325 Frankfurt am Main
Tel. 069 74 31-0
Fax 069 74 31-29 44
info@kfw.de

Niederlassung Bonn
Ludwig-Erhard-Platz 1–3
53179 Bonn
Tel. 0228 8 31-0
Fax 0228 8 31-95 00

Niederlassung Berlin
Charlottenstraße 33/33a
10117 Berlin
Tel. 030 20 2 64-0
Fax 030 20 2 64-51 88

11.2.3 Bundesamt für Wirtschaft und Ausfuhrkontrolle (BAFA)

Antragsformulare stellt das BAFA auf seiner Internetseite zum Herunterladen unter http://www.bafa.de/bafa/de/energie/erneuerbare_energien/index.html bereit.

Außerdem werden Formulare auf Anfrage zugeschickt. Richten Sie Ihre Anfrage bitte an:

Bundesamt für Wirtschaft und Ausfuhrkontrolle
Förderung erneuerbarer Energien
Frankfurter Straße 29–35
65760 Eschborn
Tel. 06196 908-0
Fax 06196 908-800

11.2.4 Schutzgemeinschaft für allgemeine Kreditsicherung (SCHUFA)

Eine Selbstauskunft zu den gespeicherten Daten kann bei der SCHUFA angefordert werden:

SCHUFA Holding AG
Postfach 61 04 10
10927 Berlin
www.schufa.de

oder:

SCHUFA Holding AG
Verbraucherservicezentrum Hannover
Postfach 56 40
30056 Hannover

11.3 Gesetzestexte (Auszüge)

11.3.1 Bürgerliches Gesetzbuch (BGB)

Buch 2. Recht der Schuldverhältnisse (§§ 241–853)

Abschnitt 3. Schuldverhältnisse aus Verträgen

Titel 1. Begründung, Inhalt und Beendigung

Untertitel 1. Begründung

§ 311b Verträge über Grundstücke, das Vermögen und den Nachlass

(1) Ein Vertrag, durch den sich der eine Teil verpflichtet, das Eigentum an einem Grundstück zu übertragen oder zu erwerben, bedarf der notariellen Beurkundung. Ein ohne Beachtung dieser Form geschlossener Vertrag wird seinem ganzen Inhalt nach gültig, wenn die Auflassung und die Eintragung in das Grundbuch erfolgen.

(2) Ein Vertrag, durch den sich der eine Teil verpflichtet, sein künftiges Vermögen oder einen Bruchteil seines künftigen Vermögens zu übertragen oder mit einem Nießbrauch zu belasten, ist nichtig.

(3) Ein Vertrag, durch den sich der eine Teil verpflichtet, sein gegenwärtiges Vermögen oder einen Bruchteil seines gegenwärtigen Vermögens zu übertragen oder mit einem Nießbrauch zu belasten, bedarf der notariellen Beurkundung.

(4) Ein Vertrag über den Nachlass eines noch lebenden Dritten ist nichtig. Das Gleiche gilt von einem Vertrag über den Pflichtteil oder ein Vermächtnis aus dem Nachlass eines noch lebenden Dritten.

(5) Absatz 4 gilt nicht für einen Vertrag, der unter künftigen gesetzlichen Erben über den gesetzlichen Erbteil oder den Pflichtteil eines von ihnen geschlossen wird. Ein solcher Vertrag bedarf der notariellen Beurkundung.

Abschnitt 8. Einzelne Sachverhältnisse

Titel 3. Darlehensvertrag; Finanzierungshilfen und Ratenlieferungsverträge zwischen einem Unternehmer und einem Verbraucher

Unterkapitel 1. Darlehensvertrag

Kapitel 1. Allgemeine Vorschriften

§ 488 Vertragstypische Pflichten beim Darlehensvertrag

(1) Durch den Darlehensvertrag wird der Darlehensgeber verpflichtet, dem Darlehensnehmer einen Geldbetrag in der vereinbarten Höhe zur Verfügung zu stellen. Der Darlehensnehmer ist verpflichtet, einen geschuldeten Zins zu zahlen und bei Fälligkeit das zur Verfügung gestellte Darlehen zurückzuzahlen.

(2) Die vereinbarten Zinsen sind, soweit nicht ein anderes bestimmt ist, nach dem Ablauf je eines Jahres und, wenn das Darlehen vor dem Ablauf eines Jahres zurückzuzahlen ist, bei der Rückzahlung zu entrichten.

(3) Ist für die Rückzahlung des Darlehens eine Zeit nicht bestimmt, so hängt die Fälligkeit davon ab, dass der Darlehensgeber oder der Darlehensnehmer kündigt. Die Kündigungsfrist beträgt drei Monate. Sind Zinsen nicht geschuldet, so ist der Darlehensnehmer auch ohne Kündigung zur Rückzahlung berechtigt.

§ 489 Ordentliches Kündigungsrecht des Darlehensnehmers

(1) Der Darlehensnehmer kann einen Darlehensvertrag mit gebundenem Sollzinssatz ganz oder teilweise kündigen,

1. wenn die Sollzinsbindung vor der für die Rückzahlung bestimmten Zeit endet und keine neue Vereinbarung über den Sollzinssatz getroffen ist, unter Einhaltung einer Kündigungsfrist von einem Monat frühestens für den Ablauf des Tages, an dem die Sollzinsbindung endet; ist eine Anpassung des Sollzinssatzes in bestimmten Zeiträumen bis zu einem Jahr vereinbart, so kann der Darlehensnehmer jeweils nur für den Ablauf des Tages, an dem die Sollzinsbindung endet, kündigen;
2. in jedem Fall nach Ablauf von zehn Jahren nach dem vollständigen Empfang unter Einhaltung einer Kündigungsfrist von sechs Monaten; wird nach dem Empfang des Darlehens eine neue Vereinbarung über die Zeit der Rückzahlung oder den Sollzinssatz getroffen, so tritt der Zeitpunkt dieser Vereinbarung an die Stelle des Zeitpunkts des Empfangs.

(2) Der Darlehensnehmer kann einen Darlehensvertrag mit veränderlichem Zinssatz jederzeit unter Einhaltung einer Kündigungsfrist von drei Monaten kündigen.

(3) Eine Kündigung des Darlehensnehmers gilt als nicht erfolgt, wenn er den geschuldeten Betrag nicht binnen zwei Wochen nach Wirksamwerden der Kündigung zurückzahlt.

(4) Das Kündigungsrecht des Darlehensnehmers nach den Absätzen 1 und 2 kann nicht durch Vertrag ausgeschlossen oder erschwert werden. Dies gilt nicht bei Darlehen an den Bund, ein Sondervermögen des Bundes, ein Land, eine Gemeinde, einen Gemeindeverband, die Europäischen Gemeinschaften oder ausländische Gebietskörperschaften.

(5) Sollzinssatz ist der gebundene oder veränderliche periodische Prozentsatz, der pro Jahr auf das in Anspruch genommene Darlehen angewendet wird. Der Sollzinssatz ist gebunden, wenn für die gesamte Vertragslaufzeit ein Sollzinssatz oder mehrere Sollzinssätze vereinbart sind, die als feststehende Prozentzahl ausgedrückt werden. Ist für die gesamte Vertragslaufzeit keine Sollzinsbindung vereinbart, gilt der Sollzinssatz nur für diejenigen Zeiträume als gebunden, für die er durch eine feste Prozentzahl bestimmt ist.

§ 490 Außerordentliches Kündigungsrecht

(1) Wenn in den Vermögensverhältnissen des Darlehensnehmers oder in der Werthaltigkeit einer für das Darlehen gestellten Sicherheit eine wesentliche Verschlechterung eintritt oder einzutreten droht, durch die die Rückzahlung des Darlehens, auch unter Verwertung der Sicherheit, gefährdet wird, kann der Darlehensgeber den Darlehensvertrag vor Auszahlung des Darlehens im Zweifel stets, nach Auszahlung nur in der Regel fristlos kündigen.

(2) Der Darlehensnehmer kann einen Darlehensvertrag, bei dem der Sollzinssatz gebunden und das Darlehen durch ein Grund- oder Schiffspfandrecht gesichert ist, unter Einhaltung der Fristen des § 488 Abs. 3 Satz 2 vorzeitig kündigen, wenn seine berechtigten Interessen dies gebieten und seit dem vollständigen Empfang des Darlehens sechs Monate abgelaufen sind. Ein solches Interesse liegt insbesondere vor, wenn der Darlehensnehmer ein Bedürfnis nach einer anderweitigen Verwertung der zur Sicherung des Darlehens beliehenen Sache hat. Der Darlehensnehmer hat dem Darlehensgeber denjenigen Schaden zu ersetzen, der diesem aus der vorzeitigen Kündigung entsteht (Vorfälligkeitsentschädigung).

(3) Die Vorschriften der §§ 313 und 314 bleiben unberührt.

Kapitel 2. Besondere Vorschriften für Verbraucherdarlehensverträge

§ 491 Verbraucherdarlehensvertrag

(1) Die Vorschriften dieses Kapitels gelten für entgeltliche Darlehensverträge zwischen einem Unternehmer als Darlehensgeber und einem Verbraucher als Darlehensnehmer (Verbraucherdarlehensvertrag), soweit in den Absätzen 2 oder 3 oder in den §§ 503 bis 505 nichts anderes bestimmt ist.

(2) Keine Verbraucherdarlehensverträge sind Verträge,

1. bei denen der Nettodarlehensbetrag (Artikel 247 § 3 Abs. 2 des Einführungsgesetzes zum Bürgerlichen Gesetzbuche) weniger als 200 Euro beträgt,
2. bei denen sich die Haftung des Darlehensnehmers auf eine dem Darlehensgeber zum Pfand übergebene Sache beschränkt,
3. bei denen der Darlehensnehmer das Darlehen binnen drei Monaten zurückzuzahlen hat und nur geringe Kosten vereinbart sind,
4. die von Arbeitgebern mit ihren Arbeitnehmern als Nebenleistung zum Arbeitsvertrag zu einem niedrigeren als dem marktüblichen effektiven Jahreszins (§ 6 der Preisangabenverordnung) abgeschlossen werden und anderen Personen nicht angeboten werden,
5. die nur mit einem begrenzten Personenkreis auf Grund von Rechtsvorschriften in öffentlichem Interesse abgeschlossen werden, wenn im Vertrag für den Darlehensnehmer günstigere als marktübliche Bedingungen und höchstens der marktübliche Sollzinssatz vereinbart sind.

(3) § 358 Abs. 2 und 4 sowie die §§ 491a bis 495 sind nicht auf Darlehensverträge anzuwenden, die in ein nach den Vorschriften der Zivilprozessordnung errichtetes gerichtliches Protokoll aufgenommen oder durch einen gerichtlichen Beschluss über das Zustandekommen und den Inhalt eines zwischen den Parteien geschlossenen Vergleichs festgestellt sind, wenn in das Protokoll oder den Beschluss der Sollzinssatz, die bei Abschluss des Vertrags in Rechnung gestellten Kosten des Darlehens sowie die Voraussetzungen aufgenommen worden sind, unter denen der Sollzinssatz oder die Kosten angepasst werden können.

§ 491a Vorvertragliche Informationspflichten bei Verbraucherdarlehensverträgen

(1) Der Darlehensgeber hat den Darlehensnehmer bei einem Verbraucherdarlehensvertrag über die sich aus Artikel 247 des Einführungsgesetzes zum Bürgerlichen Gesetzbuche ergebenden Einzelheiten in der dort vorgesehenen Form zu unterrichten.

(2) Der Darlehensnehmer kann vom Darlehensgeber einen Entwurf des Verbraucherdarlehensvertrags verlangen. Dies gilt nicht, solange der Darlehensgeber zum Vertragsabschluss nicht bereit ist.

(3) Der Darlehensgeber ist verpflichtet, dem Darlehensnehmer vor Abschluss eines Verbraucherdarlehensvertrags angemessene Erläuterungen zu geben, damit der Darlehensnehmer in die Lage versetzt wird, zu beurteilen, ob der Vertrag dem von ihm verfolgten Zweck und seinen Vermögensverhältnissen gerecht wird. Hierzu sind gegebenenfalls die vorvertraglichen Informationen gemäß Absatz 1, die Hauptmerkmale der vom Darlehensgeber angebotenen Verträge sowie ihre vertragstypischen Auswirkungen auf den Darlehensnehmer, einschließlich der Folgen bei Zahlungsverzug, zu erläutern.

§ 492 Schriftform, Vertragsinhalt

(1) Verbraucherdarlehensverträge sind, soweit nicht eine strengere Form vorgeschrieben ist, schriftlich abzuschließen. Der Schriftform ist genügt, wenn Antrag und Annahme durch die Vertragsparteien jeweils getrennt schriftlich erklärt werden. Die Erklärung des Darlehensgebers bedarf keiner Unterzeichnung, wenn sie mit Hilfe einer automatischen Einrichtung erstellt wird.

(2) Der Vertrag muss die für den Verbraucherdarlehensvertrag vorgeschriebenen Angaben nach Artikel 247 §§ 6 bis 13 des Einführungsgesetzes zum Bürgerlichen Gesetzbuche enthalten.

(3) Nach Vertragsschluss stellt der Darlehensgeber dem Darlehensnehmer eine Abschrift des Vertrags zur Verfügung. Ist ein Zeitpunkt für die Rückzahlung des Darlehens bestimmt, kann der Darlehensnehmer vom Darlehensgeber jederzeit einen Tilgungsplan nach Artikel 247 § 14 des Einführungsgesetzes zum Bürgerlichen Gesetzbuche verlangen.

(4) Die Absätze 1 und 2 gelten auch für die Vollmacht, die ein Darlehensnehmer zum Abschluss eines Verbraucherdarlehensvertrags erteilt. Satz 1 gilt nicht für die Prozessvollmacht und eine Vollmacht, die notariell beurkundet ist.

(5) Erklärungen des Darlehensgebers, die dem Darlehensnehmer gegenüber nach Vertragsabschluss abzugeben sind, müssen auf einem dauerhaften Datenträger erfolgen.

(6) Enthält der Vertrag die Angaben nach Absatz 2 nicht oder nicht vollständig, können sie nach wirksamem Vertragsschluss oder in den Fällen des § 494 Absatz 2 Satz 1 nach Gültigwerden des Vertrags auf einem dauerhaften Datenträger nachgeholt werden. Hat das Fehlen von Angaben nach Absatz 2 zu Änderungen der Vertragsbedingungen gemäß § 494 Absatz 2 Satz 2 bis Absatz 6 geführt, kann die Nachholung der Angaben nur dadurch erfolgen, dass der Darlehensnehmer die nach § 494 Absatz 7 erforderliche Abschrift des Vertrags erhält. In den sonstigen Fällen muss der Darlehensnehmer spätestens im Zeitpunkt der Nachholung der Angaben eine der in § 356b Absatz 1 genannten Unterlagen erhalten. Mit der Nachholung der Angaben nach Absatz 2 ist der Darlehensnehmer auf einem dauerhaften Datenträger darauf hinzuweisen, dass die Widerrufsfrist von einem Monat nach Erhalt der nachgeholten Angaben beginnt.

§ 493 Informationen während des Vertragsverhältnisses

(1) Ist in einem Verbraucherdarlehensvertrag der Sollzinssatz gebunden und endet die Sollzinsbindung vor der für die Rückzahlung bestimmten Zeit, unterrichtet der Darlehensgeber den Darlehensnehmer spätestens drei Monate vor Ende der Sollzinsbindung darüber, ob er zu einer neuen Sollzinsbindungsabrede bereit ist. Erklärt sich der Darlehensgeber hierzu bereit, muss die Unterrichtung den zum Zeitpunkt der Unterrichtung vom Darlehensgeber angebotenen Sollzinssatz enthalten.

(2) Der Darlehensgeber unterrichtet den Darlehensnehmer spätestens drei Monate vor Beendigung eines Verbraucherdarlehensvertrags darüber, ob er zur Fortführung des Darlehensverhältnisses bereit ist. Erklärt sich der Darlehensgeber zur Fortführung bereit, muss die Unterrichtung die zum Zeitpunkt der Unterrichtung gültigen Pflichtangaben gemäß § 491a Abs. 1 enthalten.

(3) Die Anpassung des Sollzinssatzes eines Verbraucherdarlehensvertrags mit veränderlichem Sollzinssatz wird erst wirksam, nachdem der Darlehensgeber den Darlehensnehmer über die Einzelheiten unterrichtet hat, die sich aus Artikel 247 § 15 des Einführungsgesetzes zum Bürgerlichen Gesetzbuche ergeben. Abweichende Vereinbarungen über die Wirksamkeit sind im Rahmen des Artikels 247 § 15 Abs. 2 des Einführungsgesetzes zum Bürgerlichen Gesetzbuche zulässig.

(4) Wurden Forderungen aus dem Darlehensvertrag abgetreten, treffen die Pflichten aus den Absätzen 1 bis 3 auch den neuen Gläubiger, wenn nicht der bisherige Darlehensgeber mit dem neuen Gläubiger vereinbart hat, dass im Verhältnis zum Darlehensnehmer weiterhin allein der bisherige Darlehensgeber auftritt.

§ 494 Rechtsfolgen von Formmängeln

(1) Der Verbraucherdarlehensvertrag und die auf Abschluss eines solchen Vertrags vom Verbraucher erteilte Vollmacht sind nichtig, wenn die Schriftform insgesamt nicht eingehalten ist oder wenn eine der in Artikel 247 §§ 6 und 9 bis 13 des Einführungsgesetzes zum Bürgerlichen Gesetzbuche für den Verbraucherdarlehensvertrag vorgeschriebenen Angaben fehlt.

(2) Ungeachtet eines Mangels nach Absatz 1 wird der Verbraucherdarlehensvertrag gültig, soweit der Darlehensnehmer das Darlehen empfängt oder in Anspruch nimmt. Jedoch ermäßigt sich der dem Verbraucherdarlehensvertrag zugrunde gelegte Sollzinssatz auf den gesetzlichen Zinssatz, wenn die Angabe des Sollzinssatzes, des effektiven Jahreszinses oder des Gesamtbetrags fehlt.

(3) Ist der effektive Jahreszins zu niedrig angegeben, so vermindert sich der dem Verbraucherdarlehensvertrag zugrunde gelegte Sollzinssatz um den Prozentsatz, um den der effektive Jahreszins zu niedrig angegeben ist.

(4) Nicht angegebene Kosten werden vom Darlehensnehmer nicht geschuldet. Ist im Vertrag nicht angegeben, unter welchen Voraussetzungen Kosten oder Zinsen angepasst werden können, so entfällt die Möglichkeit, diese zum Nachteil des Darlehensnehmers anzupassen.

(5) Wurden Teilzahlungen vereinbart, ist deren Höhe vom Darlehensgeber unter Berücksichtigung der verminderten Zinsen oder Kosten neu zu berechnen.

(6) Fehlen im Vertrag Angaben zur Laufzeit oder zum Kündigungsrecht, ist der Darlehensnehmer jederzeit zur Kündigung berechtigt. Fehlen Angaben zu Sicherhei-

ten, können sie nicht gefordert werden. Satz 2 gilt nicht, wenn der Nettodarlehensbetrag 75 000 Euro übersteigt.

(7) Der Darlehensgeber stellt dem Darlehensnehmer eine Abschrift des Vertrags zur Verfügung, in der die Vertragsänderungen berücksichtigt sind, die sich aus den Absätzen 2 bis 6 ergeben.

§ 495 Widerrufsrecht

(1) Dem Darlehensnehmer steht bei einem Verbraucherdarlehensvertrag ein Widerrufsrecht nach § 355 zu.

(2) Ein Widerrufsrecht besteht nicht bei Darlehensverträgen,

1. die einen Darlehensvertrag, zu dessen Kündigung der Darlehensgeber wegen Zahlungsverzugs des Darlehensnehmers berechtigt ist, durch Rückzahlungsvereinbarungen ergänzen oder ersetzen, wenn dadurch ein gerichtliches Verfahren vermieden wird und wenn der Gesamtbetrag (Artikel 247 § 3 des Einführungsgesetzes zum Bürgerlichen Gesetzbuche) geringer ist als die Restschuld des ursprünglichen Vertrags,
2. die notariell zu beurkunden sind, wenn der Notar bestätigt, dass die Rechte des Darlehensnehmers aus den §§ 491a und 492 gewahrt sind, oder
3. die § 504 Abs. 2 oder § 505 entsprechen.

§ 496 Einwendungsverzicht, Wechsel- und Scheckverbot

(1) Eine Vereinbarung, durch die der Darlehensnehmer auf das Recht verzichtet, Einwendungen, die ihm gegenüber dem Darlehensgeber zustehen, gemäß § 404 einem Abtretungsgläubiger entgegenzusetzen oder eine ihm gegen den Darlehensgeber zustehende Forderung gemäß § 406 auch dem Abtretungsgläubiger gegenüber aufzurechnen, ist unwirksam.

(2) Wird eine Forderung des Darlehensgebers aus einem Darlehensvertrag an einen Dritten abgetreten oder findet in der Person des Darlehensgebers ein Wechsel statt, ist der Darlehensnehmer unverzüglich darüber sowie über die Kontaktdaten des neuen Gläubigers nach Artikel 246b § 1 Absatz 1 Nummer 1, 3 und 4 des Einführungsgesetzes zum Bürgerlichen Gesetzbuche zu unterrichten. Die Unterrichtung ist bei Abtretungen entbehrlich, wenn der bisherige Darlehensgeber mit dem neuen Gläubiger vereinbart hat, dass im Verhältnis zum Darlehensnehmer weiterhin allein der bisherige Darlehensgeber auftritt. Fallen die Voraussetzungen des Satzes 2 fort, ist die Unterrichtung unverzüglich nachzuholen.

(3) Der Darlehensnehmer darf nicht verpflichtet werden, für die Ansprüche des Darlehensgebers aus dem Verbraucherdarlehensvertrag eine Wechselverbindlichkeit einzugehen. Der Darlehensgeber darf vom Darlehensnehmer zur Sicherung seiner Ansprüche aus dem Verbraucherdarlehensvertrag einen Scheck nicht entgegennehmen. Der Darlehensnehmer kann vom Darlehensgeber jederzeit die Herausgabe eines Wechsels

oder Schecks, der entgegen Satz 1 oder 2 begeben worden ist, verlangen. Der Darlehensgeber haftet für jeden Schaden, der dem Darlehensnehmer aus einer solchen Wechsel- oder Scheckbegebung entsteht.

§ 497 Verzug des Darlehensnehmers

(1) Soweit der Darlehensnehmer mit Zahlungen, die er auf Grund des Verbraucherdarlehensvertrags schuldet, in Verzug kommt, hat er den geschuldeten Betrag nach § 288 Abs. 1 zu verzinsen. Im Einzelfall kann der Darlehensgeber einen höheren oder der Darlehensnehmer einen niedrigeren Schaden nachweisen.

(2) Die nach Eintritt des Verzugs anfallenden Zinsen sind auf einem gesonderten Konto zu verbuchen und dürfen nicht in ein Kontokorrent mit dem geschuldeten Betrag oder anderen Forderungen des Darlehensgebers eingestellt werden. Hinsichtlich dieser Zinsen gilt § 289 Satz 2 mit der Maßgabe, dass der Darlehensgeber Schadensersatz nur bis zur Höhe des gesetzlichen Zinssatzes (§ 246) verlangen kann.

(3) Zahlungen des Darlehensnehmers, die zur Tilgung der gesamten fälligen Schuld nicht ausreichen, werden abweichend von § 367 Abs. 1 zunächst auf die Kosten der Rechtsverfolgung, dann auf den übrigen geschuldeten Betrag (Absatz 1) und zuletzt auf die Zinsen (Absatz 2) angerechnet. Der Darlehensgeber darf Teilzahlungen nicht zurückweisen. Die Verjährung der Ansprüche auf Darlehensrückzahlung und Zinsen ist vom Eintritt des Verzugs nach Absatz 1 an bis zu ihrer Feststellung in einer in § 197 Abs. 1 Nr. 3 bis 5 bezeichneten Art gehemmt, jedoch nicht länger als zehn Jahre von ihrer Entstehung an. Auf die Ansprüche auf Zinsen findet § 197 Abs. 2 keine Anwendung. Die Sätze 1 bis 4 finden keine Anwendung, soweit Zahlungen auf Vollstreckungstitel geleistet werden, deren Hauptforderung auf Zinsen lautet.

§ 498 Gesamtfälligstellung bei Teilzahlungsdarlehen

Wegen Zahlungsverzugs des Darlehensnehmers kann der Darlehensgeber den Verbraucherdarlehensvertrag bei einem Darlehen, das in Teilzahlungen zu tilgen ist, nur kündigen, wenn

1. der Darlehensnehmer mit mindestens zwei aufeinander folgenden Teilzahlungen ganz oder teilweise und mit mindestens 10 Prozent, bei einer Laufzeit des Verbraucherdarlehensvertrags von mehr als drei Jahren mit mindestens 5 Prozent des Nennbetrags des Darlehens in Verzug ist und
2. der Darlehensgeber dem Darlehensnehmer erfolglos eine zweiwöchige Frist zur Zahlung des rückständigen Betrags mit der Erklärung gesetzt hat, dass er bei Nichtzahlung innerhalb der Frist die gesamte Restschuld verlange.

Der Darlehensgeber soll dem Darlehensnehmer spätestens mit der Fristsetzung ein Gespräch über die Möglichkeiten einer einverständlichen Regelung anbieten.

§ 499 Kündigungsrecht des Darlehensgebers; Leistungsverweigerung

(1) In einem Verbraucherdarlehensvertrag ist eine Vereinbarung über ein Kündigungsrecht des Darlehensgebers unwirksam, wenn eine bestimmte Vertragslaufzeit vereinbart wurde oder die Kündigungsfrist zwei Monate unterschreitet.

(2) Der Darlehensgeber ist bei entsprechender Vereinbarung berechtigt, die Auszahlung eines Darlehens, bei dem eine Zeit für die Rückzahlung nicht bestimmt ist, aus einem sachlichen Grund zu verweigern. Beabsichtigt der Darlehensgeber dieses Recht auszuüben, hat er dies dem Darlehensnehmer unverzüglich mitzuteilen und ihn über die Gründe möglichst vor, spätestens jedoch unverzüglich nach der Rechtsausübung zu unterrichten. Die Unterrichtung über die Gründe unterbleibt, soweit hierdurch die öffentliche Sicherheit oder Ordnung gefährdet würde.

§ 500 Kündigungsrecht des Darlehensnehmers; vorzeitige Rückzahlung

(1) Der Darlehensnehmer kann einen Verbraucherdarlehensvertrag, bei dem eine Zeit für die Rückzahlung nicht bestimmt ist, ganz oder teilweise kündigen, ohne eine Frist einzuhalten. Eine Vereinbarung über eine Kündigungsfrist von mehr als einem Monat ist unwirksam.

(2) Der Darlehensnehmer kann seine Verbindlichkeiten aus einem Verbraucherdarlehensvertrag jederzeit ganz oder teilweise vorzeitig erfüllen.

§ 501 Kostenermäßigung

Soweit der Darlehensnehmer seine Verbindlichkeiten vorzeitig erfüllt oder die Restschuld vor der vereinbarten Zeit durch Kündigung fällig wird, vermindern sich die Gesamtkosten (§ 6 Abs. 3 der Preisangabenverordnung) um die Zinsen und sonstigen laufzeitabhängigen Kosten, die bei gestaffelter Berechnung auf die Zeit nach der Fälligkeit oder Erfüllung entfallen.

§ 502 Vorfälligkeitsentschädigung

(1) Der Darlehensgeber kann im Fall der vorzeitigen Rückzahlung eine angemessene Vorfälligkeitsentschädigung für den unmittelbar mit der vorzeitigen Rückzahlung zusammenhängenden Schaden verlangen, wenn der Darlehensnehmer zum Zeitpunkt der Rückzahlung Zinsen zu einem bei Vertragsabschluss vereinbarten, gebundenen Sollzinssatz schuldet. Die Vorfälligkeitsentschädigung darf folgende Beträge jeweils nicht überschreiten:

1. 1 Prozent beziehungsweise, wenn der Zeitraum zwischen der vorzeitigen und der vereinbarten Rückzahlung ein Jahr nicht übersteigt, 0,5 Prozent des vorzeitig zurückgezahlten Betrags,
2. den Betrag der Sollzinsen, den der Darlehensnehmer in dem Zeitraum zwischen der vorzeitigen und der vereinbarten Rückzahlung entrichtet hätte.

(2) Der Anspruch auf Vorfälligkeitsentschädigung ist ausgeschlossen, wenn

1. die Rückzahlung aus den Mitteln einer Versicherung bewirkt wird, die auf Grund einer entsprechenden Verpflichtung im Darlehensvertrag abgeschlossen wurde, um die Rückzahlung zu sichern, oder
2. im Vertrag die Angaben über die Laufzeit des Vertrags, das Kündigungsrecht des Darlehensnehmers oder die Berechnung der Vorfälligkeitsentschädigung unzureichend sind.

§ 503 Immobiliardarlehensverträge

(1) § 497 Abs. 2 und 3 Satz 1, 2, 4 und 5 sowie die §§ 499, 500 und 502 sind nicht anzuwenden auf Verträge, bei denen die Zurverfügungstellung des Darlehens von der Sicherung durch ein Grundpfandrecht abhängig gemacht wird und zu Bedingungen erfolgt, die für grundpfandrechtlich abgesicherte Verträge und deren Zwischenfinanzierung üblich sind; der Sicherung durch ein Grundpfandrecht steht es gleich, wenn von einer solchen Sicherung nach § 7 Abs. 3 bis 5 des Gesetzes über Bausparkassen abgesehen wird.

(2) Der Verzugszinssatz beträgt abweichend von § 497 Abs. 1 für das Jahr 2,5 Prozentpunkte über dem Basiszinssatz.

(3) § 498 Satz 1 Nr. 1 gilt mit der Maßgabe, dass der Darlehensnehmer mit mindestens zwei aufeinander folgenden Teilzahlungen ganz oder teilweise und mit mindestens 2,5 Prozent des Nennbetrags des Darlehens in Verzug sein muss.

§ 504 Eingeräumte Überziehungsmöglichkeit

(1) Ist ein Verbraucherdarlehen in der Weise gewährt, dass der Darlehensgeber in einem Vertragsverhältnis über ein laufendes Konto dem Darlehensnehmer das Recht einräumt, sein Konto in bestimmter Höhe zu überziehen (Überziehungsmöglichkeit), hat der Darlehensgeber den Darlehensnehmer in regelmäßigen Zeitabständen über die Angaben zu unterrichten, die sich aus Artikel 247 § 16 des Einführungsgesetzes zum Bürgerlichen Gesetzbuche ergeben. Ein Anspruch auf Vorfälligkeitsentschädigung aus § 502 ist ausgeschlossen. § 493 Abs. 3 ist nur bei einer Erhöhung des Sollzinssatzes anzuwenden und gilt entsprechend bei einer Erhöhung der vereinbarten sonstigen Kosten. § 499 Abs. 1 ist nicht anzuwenden.

(2) Ist in einer Überziehungsmöglichkeit vereinbart, dass nach der Auszahlung die Laufzeit höchstens drei Monate beträgt oder der Darlehensgeber kündigen kann, ohne eine Frist einzuhalten, sind § 491a Abs. 3, die §§ 495, 499 Abs. 2 und § 500 Abs. 1 Satz 2 nicht anzuwenden. § 492 Abs. 1 ist nicht anzuwenden, wenn außer den Sollzinsen keine weiteren laufenden Kosten vereinbart sind, die Sollzinsen nicht in kürzeren Zeiträumen als drei Monaten fällig werden und der Darlehensgeber dem Darlehensnehmer den Vertragsinhalt spätestens unverzüglich nach Vertragsabschluss auf einem dauerhaften Datenträger mitteilt.

§ 505 Geduldete Überziehung

(1) Vereinbart ein Unternehmer in einem Vertrag mit einem Verbraucher über ein laufendes Konto ohne eingeräumte Überziehungsmöglichkeit ein Entgelt für den Fall, dass er eine Überziehung des Kontos duldet, müssen in diesem Vertrag die Angaben nach Artikel 247 § 17 Abs. 1 des Einführungsgesetzes zum Bürgerlichen Gesetzbuche in Textform enthalten sein und dem Verbraucher in regelmäßigen Zeitabständen auf einem dauerhaften Datenträger mitgeteilt werden. Satz 1 gilt entsprechend, wenn ein Darlehensgeber mit einem Darlehensnehmer in einem Vertrag über ein laufendes Konto mit eingeräumter Überziehungsmöglichkeit ein Entgelt für den Fall vereinbart, dass er eine Überziehung des Kontos über die vertraglich bestimmte Höhe hinaus duldet.

(2) Kommt es im Fall des Absatzes 1 zu einer erheblichen Überziehung von mehr als einem Monat, unterrichtet der Darlehensgeber den Darlehensnehmer unverzüglich auf einem dauerhaften Datenträger über die sich aus Artikel 247 § 17 Abs. 2 des Einführungsgesetzes zum Bürgerlichen Gesetzbuche ergebenden Einzelheiten.

(3) Verstößt der Unternehmer gegen Absatz 1 oder Absatz 2, kann der Darlehensgeber über die Rückzahlung des Darlehens hinaus Kosten und Zinsen nicht verlangen.

(4) Die §§ 491a bis 496 und 499 bis 502 sind auf Verbraucherdarlehensverträge, die unter den in Absatz 1 genannten Voraussetzungen zustande kommen, nicht anzuwenden.

Untertitel 2. Finanzierungshilfen zwischen einem Unternehmer und einem Verbraucher

§ 506 Zahlungsaufschub, sonstige Finanzierungshilfe

(1) Die Vorschriften der §§ 358 bis 360 und 491a bis 502 sind mit Ausnahme des § 492 Abs. 4 und vorbehaltlich der Absätze 3 und 4 auf Verträge entsprechend anzuwenden, durch die ein Unternehmer einem Verbraucher einen entgeltlichen Zahlungsaufschub oder eine sonstige entgeltliche Finanzierungshilfe gewährt.

(2) Verträge zwischen einem Unternehmer und einem Verbraucher über die entgeltliche Nutzung eines Gegenstandes gelten als entgeltliche Finanzierungshilfe, wenn vereinbart ist, dass

1. der Verbraucher zum Erwerb des Gegenstandes verpflichtet ist,
2. der Unternehmer vom Verbraucher den Erwerb des Gegenstandes verlangen kann oder
3. der Verbraucher bei Beendigung des Vertrags für einen bestimmten Wert des Gegenstandes einzustehen hat.

Auf Verträge gemäß Satz 1 Nr. 3 sind § 500 Abs. 2 und § 502 nicht anzuwenden.

(3) Für Verträge, die die Lieferung einer bestimmten Sache oder die Erbringung einer bestimmten anderen Leistung gegen Teilzahlungen zum Gegenstand haben (Teilzah-

lungsgeschäfte), gelten vorbehaltlich des Absatzes 4 zusätzlich die in den §§ 507 und 508 geregelten Besonderheiten.

(4) Die Vorschriften dieses Untertitels sind in dem in § 491 Abs. 2 und 3 bestimmten Umfang nicht anzuwenden. Soweit nach der Vertragsart ein Nettodarlehensbetrag (§ 491 Abs. 2 Nr. 1) nicht vorhanden ist, tritt an seine Stelle der Barzahlungspreis oder, wenn der Unternehmer den Gegenstand für den Verbraucher erworben hat, der Anschaffungspreis.

§ 507 Teilzahlungsgeschäfte

(1) § 494 Abs. 1 bis 3 und 6 Satz 3 ist auf Teilzahlungsgeschäfte nicht anzuwenden. Gibt der Verbraucher sein Angebot zum Vertragsabschluss im Fernabsatz auf Grund eines Verkaufsprospekts oder eines vergleichbaren elektronischen Mediums ab, aus dem der Barzahlungspreis, der Sollzinssatz, der effektive Jahreszins, ein Tilgungsplan anhand beispielhafter Gesamtbeträge sowie die zu stellenden Sicherheiten und Versicherungen ersichtlich sind, ist auch § 492 Abs. 1 nicht anzuwenden, wenn der Unternehmer dem Verbraucher den Vertragsinhalt spätestens unverzüglich nach Vertragsabschluss auf einem dauerhaften Datenträger mitteilt.

(2) Das Teilzahlungsgeschäft ist nichtig, wenn die vorgeschriebene Schriftform des § 492 Abs. 1 nicht eingehalten ist oder im Vertrag eine der in Artikel 247 §§ 6, 12 und 13 des Einführungsgesetzes zum Bürgerlichen Gesetzbuche vorgeschriebenen Angaben fehlt. Ungeachtet eines Mangels nach Satz 1 wird das Teilzahlungsgeschäft gültig, wenn dem Verbraucher die Sache übergeben oder die Leistung erbracht wird. Jedoch ist der Barzahlungspreis höchstens mit dem gesetzlichen Zinssatz zu verzinsen, wenn die Angabe des Gesamtbetrags oder des effektiven Jahreszinses fehlt. Ist ein Barzahlungspreis nicht genannt, so gilt im Zweifel der Marktpreis als Barzahlungspreis. Ist der effektive Jahreszins zu niedrig angegeben, so vermindert sich der Gesamtbetrag um den Prozentsatz, um den der effektive Jahreszins zu niedrig angegeben ist.

(3) Abweichend von den §§ 491a und 492 Abs. 2 dieses Gesetzes und von Artikel 247 §§ 3, 6 und 12 des Einführungsgesetzes zum Bürgerlichen Gesetzbuche müssen in der vorvertraglichen Information und im Vertrag der Barzahlungspreis und der effektive Jahreszins nicht angegeben werden, wenn der Unternehmer nur gegen Teilzahlungen Sachen liefert oder Leistungen erbringt. Im Fall des § 501 ist der Berechnung der Kostenermäßigung der gesetzliche Zinssatz (§ 246) zugrunde zu legen. Ein Anspruch auf Vorfälligkeitsentschädigung ist ausgeschlossen.

§ 508 Rücktritt bei Teilzahlungsgeschäften

Der Unternehmer kann von einem Teilzahlungsgeschäft wegen Zahlungsverzugs des Verbrauchers nur unter den in § 498 Satz 1 bezeichneten Voraussetzungen zurücktreten. Dem Nennbetrag entspricht der Gesamtbetrag. Der Verbraucher hat dem Unternehmer auch die infolge des Vertrags gemachten Aufwendungen zu ersetzen. Bei der

Bemessung der Vergütung von Nutzungen einer zurückzugewährenden Sache ist auf die inzwischen eingetretene Wertminderung Rücksicht zu nehmen. Nimmt der Unternehmer die auf Grund des Teilzahlungsgeschäfts gelieferte Sache wieder an sich, gilt dies als Ausübung des Rücktrittsrechts, es sei denn, der Unternehmer einigt sich mit dem Verbraucher, diesem den gewöhnlichen Verkaufswert der Sache im Zeitpunkt der Wegnahme zu vergüten. Satz 5 gilt entsprechend, wenn ein Vertrag über die Lieferung einer Sache mit einem Verbraucherdarlehensvertrag verbunden ist (§ 358 Absatz 3) und wenn der Darlehensgeber die Sache an sich nimmt; im Fall des Rücktritts bestimmt sich das Rechtsverhältnis zwischen dem Darlehensgeber und dem Verbraucher nach den Sätzen 3 und 4.

§ 509 Prüfung der Kreditwürdigkeit

Vor dem Abschluss eines Vertrags über eine entgeltliche Finanzierungshilfe hat der Unternehmer die Kreditwürdigkeit des Verbrauchers zu bewerten. Grundlage für die Bewertung können Auskünfte des Verbrauchers und erforderlichenfalls Auskünfte von Stellen sein, die geschäftsmäßig personenbezogene Daten, die zur Bewertung der Kreditwürdigkeit von Verbrauchern genutzt werden dürfen, zum Zweck der Übermittlung erheben, speichern oder verändern. Die Bestimmungen zum Schutz personenbezogener Daten bleiben unberührt.

Untertitel 3. Ratenlieferungsverträge zwischen einem Unternehmer und einem Verbraucher

§ 510 Ratenlieferungsverträge

(1) Der Vertrag zwischen einem Verbraucher und einem Unternehmer bedarf der schriftlichen Form, wenn der Vertrag

1. die Lieferung mehrerer als zusammengehörend verkaufter Sachen in Teilleistungen zum Gegenstand hat und das Entgelt für die Gesamtheit der Sachen in Teilzahlungen zu entrichten ist,
2. die regelmäßige Lieferung von Sachen gleicher Art zum Gegenstand hat oder
3. die Verpflichtung zum wiederkehrenden Erwerb oder Bezug von Sachen zum Gegenstand hat.

Dies gilt nicht, wenn dem Verbraucher die Möglichkeit verschafft wird, die Vertragsbestimmungen einschließlich der Allgemeinen Geschäftsbedingungen bei Vertragsschluss abzurufen und in wiedergabefähiger Form zu speichern. Der Unternehmer hat dem Verbraucher den Vertragsinhalt in Textform mitzuteilen.

(2) Dem Verbraucher steht vorbehaltlich des Absatzes 3 bei Verträgen nach Absatz 1, die weder im Fernabsatz noch außerhalb von Geschäftsräumen geschlossen werden, ein Widerrufsrecht nach § 355 zu.

(3) Das Widerrufsrecht nach Absatz 2 gilt nicht in dem in § 491 Absatz 2 und 3 bestimmten Umfang. Dem in § 491 Absatz 2 Nummer 1 genannten Nettodarlehensbetrag

entspricht die Summe aller vom Verbraucher bis zum frühestmöglichen Kündigungszeitpunkt zu entrichtenden Teilzahlungen.

Untertitel 4. Unabdingbarkeit, Anwendung auf Existenzgründer

§ 511 Abweichende Vereinbarungen

Von den Vorschriften der §§ 491 bis 510 darf, soweit nicht ein anderes bestimmt ist, nicht zum Nachteil des Verbrauchers abgewichen werden. Diese Vorschriften finden auch Anwendung, wenn sie durch anderweitige Gestaltungen umgangen werden.

§ 512 Anwendung auf Existenzgründer

Die §§ 491 bis 511 gelten auch für natürliche Personen, die sich ein Darlehen, einen Zahlungsaufschub oder eine sonstige Finanzierungshilfe für die Aufnahme einer gewerblichen oder selbständigen beruflichen Tätigkeit gewähren lassen oder zu diesem Zweck einen Ratenlieferungsvertrag schließen, es sei denn, der Nettodarlehensbetrag oder Barzahlungspreis übersteigt 75 000 Euro.

Titel 20. Bürgschaft

§ 765 Vertragstypische Pflichten bei der Bürgschaft

(1) Durch den Bürgschaftsvertrag verpflichtet sich der Bürge gegenüber dem Gläubiger eines Dritten, für die Erfüllung der Verbindlichkeit des Dritten einzustehen.

(2) Die Bürgschaft kann auch für eine künftige oder eine bedingte Verbindlichkeit übernommen werden.

§ 766 Schriftform der Bürgschaftserklärung

Zur Gültigkeit des Bürgschaftsvertrags ist schriftliche Erteilung der Bürgschaftserklärung erforderlich. Die Erteilung der Bürgschaftserklärung in elektronischer Form ist ausgeschlossen. Soweit der Bürge die Hauptverbindlichkeit erfüllt, wird der Mangel der Form geheilt.

§ 767 Umfang der Bürgschaftsschuld

(1) Für die Verpflichtung des Bürgen ist der jeweilige Bestand der Hauptverbindlichkeit maßgebend. Dies gilt insbesondere auch, wenn die Hauptverbindlichkeit durch Verschulden oder Verzug des Hauptschuldners geändert wird. Durch ein Rechtsgeschäft, das der Hauptschuldner nach der Übernahme der Bürgschaft vornimmt, wird die Verpflichtung des Bürgen nicht erweitert.

(2) Der Bürge haftet für die dem Gläubiger von dem Hauptschuldner zu ersetzenden Kosten der Kündigung und der Rechtsverfolgung.

§ 768 Einreden des Bürgen

(1) Der Bürge kann die dem Hauptschuldner zustehenden Einreden geltend machen. Stirbt der Hauptschuldner, so kann sich der Bürge nicht darauf berufen, dass der Erbe für die Verbindlichkeit nur beschränkt haftet.

(2) Der Bürge verliert eine Einrede nicht dadurch, dass der Hauptschuldner auf sie verzichtet.

§ 769 Mitbürgschaft

Verbürgen sich mehrere für dieselbe Verbindlichkeit, so haften sie als Gesamtschuldner, auch wenn sie die Bürgschaft nicht gemeinschaftlich übernehmen.

§ 770 Einreden der Anfechtbarkeit und der Aufrechenbarkeit

(1) Der Bürge kann die Befriedigung des Gläubigers verweigern, solange dem Hauptschuldner das Recht zusteht, das seiner Verbindlichkeit zugrunde liegende Rechtsgeschäft anzufechten.

(2) Die gleiche Befugnis hat der Bürge, solange sich der Gläubiger durch Aufrechnung gegen eine fällige Forderung des Hauptschuldners befriedigen kann.

§ 771 Einrede der Vorausklage

Der Bürge kann die Befriedigung des Gläubigers verweigern, solange nicht der Gläubiger eine Zwangsvollstreckung gegen den Hauptschuldner ohne Erfolg versucht hat (Einrede der Vorausklage). Erhebt der Bürge die Einrede der Vorausklage, ist die Verjährung des Anspruchs des Gläubigers gegen den Bürgen gehemmt, bis der Gläubiger eine Zwangsvollstreckung gegen den Hauptschuldner ohne Erfolg versucht hat.

§ 772 Vollstreckungs- und Verwertungspflicht des Gläubigers

(1) Besteht die Bürgschaft für eine Geldforderung, so muss die Zwangsvollstreckung in die beweglichen Sachen des Hauptschuldners an seinem Wohnsitz und, wenn der Hauptschuldner an einem anderen Orte eine gewerbliche Niederlassung hat, auch an diesem Orte, in Ermangelung eines Wohnsitzes und einer gewerblichen Niederlassung an seinem Aufenthaltsort versucht werden.

(2) Steht dem Gläubiger ein Pfandrecht oder ein Zurückbehaltungsrecht an einer beweglichen Sache des Hauptschuldners zu, so muss er auch aus dieser Sache Befriedigung suchen. Steht dem Gläubiger ein solches Recht an der Sache auch für eine andere Forderung zu, so gilt dies nur, wenn beide Forderungen durch den Wert der Sache gedeckt werden.

§ 773 Ausschluss der Einrede der Vorausklage

(1) Die Einrede der Vorausklage ist ausgeschlossen:

1. wenn der Bürge auf die Einrede verzichtet, insbesondere wenn er sich als Selbstschuldner verbürgt hat,
2. wenn die Rechtsverfolgung gegen den Hauptschuldner infolge einer nach der Übernahme der Bürgschaft eingetretenen Änderung des Wohnsitzes, der gewerblichen Niederlassung oder des Aufenthaltsorts des Hauptschuldners wesentlich erschwert ist,
3. wenn über das Vermögen des Hauptschuldners das Insolvenzverfahren eröffnet ist,
4. wenn anzunehmen ist, dass die Zwangsvollstreckung in das Vermögen des Hauptschuldners nicht zur Befriedigung des Gläubigers führen wird.

(2) In den Fällen der Nummern 3, 4 ist die Einrede insoweit zulässig, als sich der Gläubiger aus einer beweglichen Sache des Hauptschuldners befriedigen kann, an der er ein Pfandrecht oder ein Zurückbehaltungsrecht hat; die Vorschrift des § 772 Abs. 2 Satz 2 findet Anwendung.

§ 774 Gesetzlicher Forderungsübergang

(1) Soweit der Bürge den Gläubiger befriedigt, geht die Forderung des Gläubigers gegen den Hauptschuldner auf ihn über. Der Übergang kann nicht zum Nachteil des Gläubigers geltend gemacht werden. Einwendungen des Hauptschuldners aus einem zwischen ihm und dem Bürgen bestehenden Rechtsverhältnis bleiben unberührt.

(2) Mitbürgen haften einander nur nach § 426.

§ 775 Anspruch des Bürgen auf Befreiung

(1) Hat sich der Bürge im Auftrag des Hauptschuldners verbürgt oder stehen ihm nach den Vorschriften über die Geschäftsführung ohne Auftrag wegen der Übernahme der Bürgschaft die Rechte eines Beauftragten gegen den Hauptschuldner zu, so kann er von diesem Befreiung von der Bürgschaft verlangen:

1. wenn sich die Vermögensverhältnisse des Hauptschuldners wesentlich verschlechtert haben,
2. wenn die Rechtsverfolgung gegen den Hauptschuldner infolge einer nach der Übernahme der Bürgschaft eingetretenen Änderung des Wohnsitzes, der gewerblichen Niederlassung oder des Aufenthaltsorts des Hauptschuldners wesentlich erschwert ist,
3. wenn der Hauptschuldner mit der Erfüllung seiner Verbindlichkeit im Verzug ist,
4. wenn der Gläubiger gegen den Bürgen ein vollstreckbares Urteil auf Erfüllung erwirkt hat.

(2) Ist die Hauptverbindlichkeit noch nicht fällig, so kann der Hauptschuldner dem Bürgen, statt ihn zu befreien, Sicherheit leisten.

§ 776 Aufgabe einer Sicherheit

Gibt der Gläubiger ein mit der Forderung verbundenes Vorzugsrecht, eine für sie bestehende Hypothek oder Schiffshypothek, ein für sie bestehendes Pfandrecht oder das Recht gegen einen Mitbürgen auf, so wird der Bürge insoweit frei, als er aus dem aufgegebenen Recht nach § 774 hätte Ersatz erlangen können. Dies gilt auch dann, wenn das aufgegebene Recht erst nach der Übernahme der Bürgschaft entstanden ist.

§ 777 Bürgschaft auf Zeit

(1) Hat sich der Bürge für eine bestehende Verbindlichkeit auf bestimmte Zeit verbürgt, so wird er nach dem Ablauf der bestimmten Zeit frei, wenn nicht der Gläubiger die Einziehung der Forderung unverzüglich nach Maßgabe des § 772 betreibt, das Verfahren ohne wesentliche Verzögerung fortsetzt und unverzüglich nach der Beendigung des Verfahrens dem Bürgen anzeigt, dass er ihn in Anspruch nehme. Steht dem Bürgen die Einrede der Vorausklage nicht zu, so wird er nach dem Ablauf der bestimmten Zeit frei, wenn nicht der Gläubiger ihm unverzüglich diese Anzeige macht.

(2) Erfolgt die Anzeige rechtzeitig, so beschränkt sich die Haftung des Bürgen im Falle des Absatzes 1 Satz 1 auf den Umfang, den die Hauptverbindlichkeit zur Zeit der Beendigung des Verfahrens hat, im Falle des Absatzes 1 Satz 2 auf den Umfang, den die Hauptverbindlichkeit bei dem Ablauf der bestimmten Zeit hat.

§ 778 Kreditauftrag

Wer einen anderen beauftragt, im eigenen Namen und auf eigene Rechnung einem Dritten ein Darlehen oder eine Finanzierungshilfe zu gewähren, haftet dem Beauftragten für die aus dem Darlehen oder der Finanzierungshilfe entstehende Verbindlichkeit des Dritten als Bürge.

Buch 3. Sachenrecht (§§ 854–1296)

Abschnitt 2. Allgemeine Vorschriften über Rechte an Grundstücken

§ 873 Erwerb durch Einigung und Eintragung

(1) Zur Übertragung des Eigentums an einem Grundstück, zur Belastung eines Grundstücks mit einem Recht sowie zur Übertragung oder Belastung eines solchen Rechts ist die Einigung des Berechtigten und des anderen Teils über den Eintritt der Rechtsänderung und die Eintragung der Rechtsänderung in das Grundbuch erforderlich, soweit nicht das Gesetz ein anderes vorschreibt.

(2) Vor der Eintragung sind die Beteiligten an die Einigung nur gebunden, wenn die Erklärungen notariell beurkundet oder vor dem Grundbuchamt abgegeben oder bei diesem eingereicht sind oder wenn der Berechtigte dem anderen Teil eine den Vorschriften der Grundbuchordnung entsprechende Eintragungsbewilligung ausgehändigt hat.

§ 874 Bezugnahme auf die Eintragungsbewilligung

Bei der Eintragung eines Rechts, mit dem ein Grundstück belastet wird, kann zur näheren Bezeichnung des Inhalts des Rechts auf die Eintragungsbewilligung Bezug genommen werden, soweit nicht das Gesetz ein anderes vorschreibt. Einer Bezugnahme auf die Eintragungsbewilligung steht die Bezugnahme auf die bisherige Eintragung nach § 44 Absatz 3 Satz 2 der Grundbuchordnung gleich.

§ 875 Aufhebung eines Rechts

(1) Zur Aufhebung eines Rechts an einem Grundstück ist, soweit nicht das Gesetz ein anderes vorschreibt, die Erklärung des Berechtigten, dass er das Recht aufgebe, und die Löschung des Rechts im Grundbuch erforderlich. Die Erklärung ist dem Grundbuchamt oder demjenigen gegenüber abzugeben, zu dessen Gunsten sie erfolgt.

(2) Vor der Löschung ist der Berechtigte an seine Erklärung nur gebunden, wenn er sie dem Grundbuchamt gegenüber abgegeben oder demjenigen, zu dessen Gunsten sie erfolgt, eine den Vorschriften der Grundbuchordnung entsprechende Löschungsbewilligung ausgehändigt hat.

§ 876 Aufhebung eines belasteten Rechts

Ist ein Recht an einem Grundstück mit dem Recht eines Dritten belastet, so ist zur Aufhebung des belasteten Rechts die Zustimmung des Dritten erforderlich. Steht das aufzuhebende Recht dem jeweiligen Eigentümer eines anderen Grundstücks zu, so ist, wenn dieses Grundstück mit dem Recht eines Dritten belastet ist, die Zustimmung des Dritten erforderlich, es sei denn, dass dessen Recht durch die Aufhebung nicht berührt wird. Die Zustimmung ist dem Grundbuchamt oder demjenigen gegenüber zu erklären, zu dessen Gunsten sie erfolgt; sie ist unwiderruflich.

§ 877 Rechtsänderungen

Die Vorschriften der §§ 873, 874, 876 finden auch auf Änderungen des Inhalts eines Rechts an einem Grundstück Anwendung.

§ 878 Nachträgliche Verfügungsbeschränkungen

Eine von dem Berechtigten in Gemäßheit der §§ 873, 875, 877 abgegebene Erklärung wird nicht dadurch unwirksam, dass der Berechtigte in der Verfügung beschränkt wird, nachdem die Erklärung für ihn bindend geworden und der Antrag auf Eintragung bei dem Grundbuchamt gestellt worden ist.

§ 879 Rangverhältnis mehrerer Rechte

(1) Das Rangverhältnis unter mehreren Rechten, mit denen ein Grundstück belastet ist, bestimmt sich, wenn die Rechte in derselben Abteilung des Grundbuchs eingetragen sind, nach der Reihenfolge der Eintragungen. Sind die Rechte in verschiedenen Abteilungen eingetragen, so hat das unter Angabe eines früheren Tages eingetragene

Recht den Vorrang; Rechte, die unter Angabe desselben Tages eingetragen sind, haben gleichen Rang.

(2) Die Eintragung ist für das Rangverhältnis auch dann maßgebend, wenn die nach § 873 zum Erwerb des Rechts erforderliche Einigung erst nach der Eintragung zustande gekommen ist.

(3) Eine abweichende Bestimmung des Rangverhältnisses bedarf der Eintragung in das Grundbuch.

§ 880 Rangänderung

(1) Das Rangverhältnis kann nachträglich geändert werden.

(2) Zu der Rangänderung ist die Einigung des zurücktretenden und des vortretenden Berechtigten und die Eintragung der Änderung in das Grundbuch erforderlich; die Vorschriften des § 873 Abs. 2 und des § 878 finden Anwendung. Soll eine Hypothek, eine Grundschuld oder eine Rentenschuld zurücktreten, so ist außerdem die Zustimmung des Eigentümers erforderlich. Die Zustimmung ist dem Grundbuchamt oder einem der Beteiligten gegenüber zu erklären; sie ist unwiderruflich.

(3) Ist das zurücktretende Recht mit dem Recht eines Dritten belastet, so findet die Vorschrift des § 876 entsprechende Anwendung.

(4) Der dem vortretenden Recht eingeräumte Rang geht nicht dadurch verloren, dass das zurücktretende Recht durch Rechtsgeschäft aufgehoben wird.

(5) Rechte, die den Rang zwischen dem zurücktretenden und dem vortretenden Recht haben, werden durch die Rangänderung nicht berührt.

§ 881 Rangvorbehalt

(1) Der Eigentümer kann sich bei der Belastung des Grundstücks mit einem Recht die Befugnis vorbehalten, ein anderes, dem Umfang nach bestimmtes Recht mit dem Rang vor jenem Recht eintragen zu lassen.

(2) Der Vorbehalt bedarf der Eintragung in das Grundbuch; die Eintragung muss bei dem Recht erfolgen, das zurücktreten soll.

(3) Wird das Grundstück veräußert, so geht die vorbehaltene Befugnis auf den Erwerber über.

(4) Ist das Grundstück vor der Eintragung des Rechts, dem der Vorrang beigelegt ist, mit einem Recht ohne einen entsprechenden Vorbehalt belastet worden, so hat der Vorrang insoweit keine Wirkung, als das mit dem Vorbehalt eingetragene Recht infolge der inzwischen eingetretenen Belastung eine über den Vorbehalt hinausgehende Beeinträchtigung erleiden würde.

§ 882 Höchstbetrag des Wertersatzes

Wird ein Grundstück mit einem Recht belastet, für welches nach den für die Zwangsversteigerung geltenden Vorschriften dem Berechtigten im Falle des Erlöschens durch den Zuschlag der Wert aus dem Erlös zu ersetzen ist, so kann der Höchstbetrag des Ersatzes bestimmt werden. Die Bestimmung bedarf der Eintragung in das Grundbuch.

§ 883 Voraussetzungen und Wirkung der Vormerkung

(1) Zur Sicherung des Anspruchs auf Einräumung oder Aufhebung eines Rechts an einem Grundstück oder an einem das Grundstück belastenden Recht oder auf Änderung des Inhalts oder des Ranges eines solchen Rechts kann eine Vormerkung in das Grundbuch eingetragen werden. Die Eintragung einer Vormerkung ist auch zur Sicherung eines künftigen oder eines bedingten Anspruchs zulässig.

(2) Eine Verfügung, die nach der Eintragung der Vormerkung über das Grundstück oder das Recht getroffen wird, ist insoweit unwirksam, als sie den Anspruch vereiteln oder beeinträchtigen würde. Dies gilt auch, wenn die Verfügung im Wege der Zwangsvollstreckung oder der Arrestvollziehung oder durch den Insolvenzverwalter erfolgt.

(3) Der Rang des Rechts, auf dessen Einräumung der Anspruch gerichtet ist, bestimmt sich nach der Eintragung der Vormerkung.

§ 884 Wirkung gegenüber Erben

Soweit der Anspruch durch die Vormerkung gesichert ist, kann sich der Erbe des Verpflichteten nicht auf die Beschränkung seiner Haftung berufen.

§ 885 Voraussetzung für die Eintragung der Vormerkung

(1) Die Eintragung einer Vormerkung erfolgt auf Grund einer einstweiligen Verfügung oder auf Grund der Bewilligung desjenigen, dessen Grundstück oder dessen Recht von der Vormerkung betroffen wird. Zur Erlassung der einstweiligen Verfügung ist nicht erforderlich, dass eine Gefährdung des zu sichernden Anspruchs glaubhaft gemacht wird.

(2) Bei der Eintragung kann zur näheren Bezeichnung des zu sichernden Anspruchs auf die einstweilige Verfügung oder die Eintragungsbewilligung Bezug genommen werden.

§ 886 Beseitigungsanspruch

Steht demjenigen, dessen Grundstück oder dessen Recht von der Vormerkung betroffen wird, eine Einrede zu, durch welche die Geltendmachung des durch die Vormerkung gesicherten Anspruchs dauernd ausgeschlossen wird, so kann er von dem Gläubiger die Beseitigung der Vormerkung verlangen.

§ 887 Aufgebot des Vormerkungsgläubigers

Ist der Gläubiger, dessen Anspruch durch die Vormerkung gesichert ist, unbekannt, so kann er im Wege des Aufgebotsverfahrens mit seinem Recht ausgeschlossen werden, wenn die im § 1170 für die Ausschließung eines Hypothekengläubigers bestimmten Voraussetzungen vorliegen. Mit der Rechtskraft des Ausschließungsbeschlusses erlischt die Wirkung der Vormerkung.

§ 888 Anspruch des Vormerkungsberechtigten auf Zustimmung

(1) Soweit der Erwerb eines eingetragenen Rechts oder eines Rechts an einem solchen Recht gegenüber demjenigen, zu dessen Gunsten die Vormerkung besteht, unwirksam ist, kann dieser von dem Erwerber die Zustimmung zu der Eintragung oder der Löschung verlangen, die zur Verwirklichung des durch die Vormerkung gesicherten Anspruchs erforderlich ist.

(2) Das Gleiche gilt, wenn der Anspruch durch ein Veräußerungsverbot gesichert ist.

§ 889 Ausschluss der Konsolidation bei dinglichen Rechten

Ein Recht an einem fremden Grundstück erlischt nicht dadurch, dass der Eigentümer des Grundstücks das Recht oder der Berechtigte das Eigentum an dem Grundstück erwirbt.

§ 890 Vereinigung von Grundstücken; Zuschreibung

(1) Mehrere Grundstücke können dadurch zu einem Grundstück vereinigt werden, dass der Eigentümer sie als ein Grundstück in das Grundbuch eintragen lässt.

(2) Ein Grundstück kann dadurch zum Bestandteil eines anderen Grundstücks gemacht werden, dass der Eigentümer es diesem im Grundbuch zuschreiben lässt.

§ 891 Gesetzliche Vermutung

(1) Ist im Grundbuch für jemand ein Recht eingetragen, so wird vermutet, dass ihm das Recht zustehe.

(2) Ist im Grundbuch ein eingetragenes Recht gelöscht, so wird vermutet, dass das Recht nicht bestehe.

§ 892 Öffentlicher Glaube des Grundbuchs

(1) Zugunsten desjenigen, welcher ein Recht an einem Grundstück oder ein Recht an einem solchen Recht durch Rechtsgeschäft erwirbt, gilt der Inhalt des Grundbuchs als richtig, es sei denn, dass ein Widerspruch gegen die Richtigkeit eingetragen oder die Unrichtigkeit dem Erwerber bekannt ist. Ist der Berechtigte in der Verfügung über ein im Grundbuch eingetragenes Recht zugunsten einer bestimmten Person beschränkt, so ist die Beschränkung dem Erwerber gegenüber nur wirksam, wenn sie aus dem Grundbuch ersichtlich oder dem Erwerber bekannt ist.

(2) Ist zu dem Erwerb des Rechts die Eintragung erforderlich, so ist für die Kenntnis des Erwerbers die Zeit der Stellung des Antrags auf Eintragung oder, wenn die nach § 873 erforderliche Einigung erst später zustande kommt, die Zeit der Einigung maßgebend.

§ 893 Rechtsgeschäft mit dem Eingetragenen

Die Vorschrift des § 892 findet entsprechende Anwendung, wenn an denjenigen, für welchen ein Recht im Grundbuch eingetragen ist, auf Grund dieses Rechts eine Leistung bewirkt oder wenn zwischen ihm und einem anderen in Ansehung dieses Rechts ein nicht unter die Vorschrift des § 892 fallendes Rechtsgeschäft vorgenommen wird, das eine Verfügung über das Recht enthält.

§ 894 Berichtigung des Grundbuchs

Steht der Inhalt des Grundbuchs in Ansehung eines Rechts an dem Grundstück, eines Rechts an einem solchen Recht oder einer Verfügungsbeschränkung der in § 892 Abs. 1 bezeichneten Art mit der wirklichen Rechtslage nicht im Einklang, so kann derjenige, dessen Recht nicht oder nicht richtig eingetragen oder durch die Eintragung einer nicht bestehenden Belastung oder Beschränkung beeinträchtigt ist, die Zustimmung zu der Berichtigung des Grundbuchs von demjenigen verlangen, dessen Recht durch die Berichtigung betroffen wird.

§ 895 Voreintragung des Verpflichteten

Kann die Berichtigung des Grundbuchs erst erfolgen, nachdem das Recht des nach § 894 Verpflichteten eingetragen worden ist, so hat dieser auf Verlangen sein Recht eintragen zu lassen.

§ 896 Vorlegung des Briefes

Ist zur Berichtigung des Grundbuchs die Vorlegung eines Hypotheken-, Grundschuld- oder Rentenschuldbriefs erforderlich, so kann derjenige, zu dessen Gunsten die Berichtigung erfolgen soll, von dem Besitzer des Briefes verlangen, dass der Brief dem Grundbuchamt vorgelegt wird.

§ 897 Kosten der Berichtigung

Die Kosten der Berichtigung des Grundbuchs und der dazu erforderlichen Erklärungen hat derjenige zu tragen, welcher die Berichtigung verlangt, sofern nicht aus einem zwischen ihm und dem Verpflichteten bestehenden Rechtsverhältnis sich ein anderes ergibt.

§ 898 Unverjährbarkeit der Berichtigungsansprüche

Die in den §§ 894 bis 896 bestimmten Ansprüche unterliegen nicht der Verjährung.

§ 899 Eintragung eines Widerspruchs

(1) In den Fällen des § 894 kann ein Widerspruch gegen die Richtigkeit des Grundbuchs eingetragen werden.

(2) Die Eintragung erfolgt auf Grund einer einstweiligen Verfügung oder auf Grund einer Bewilligung desjenigen, dessen Recht durch die Berichtigung des Grundbuchs betroffen wird. Zur Erlassung der einstweiligen Verfügung ist nicht erforderlich, dass eine Gefährdung des Rechts des Widersprechenden glaubhaft gemacht wird.

§ 899a Maßgaben für die Gesellschaft bürgerlichen Rechts

Ist eine Gesellschaft bürgerlichen Rechts im Grundbuch eingetragen, so wird in Ansehung des eingetragenen Rechts auch vermutet, dass diejenigen Personen Gesellschafter sind, die nach § 47 Absatz 2 Satz 1 der Grundbuchordnung im Grundbuch eingetragen sind, und dass darüber hinaus keine weiteren Gesellschafter vorhanden sind. Die §§ 892 bis 899 gelten bezüglich der Eintragung der Gesellschafter entsprechend.

§ 900 Buchersitzung

(1) Wer als Eigentümer eines Grundstücks im Grundbuch eingetragen ist, ohne dass er das Eigentum erlangt hat, erwirbt das Eigentum, wenn die Eintragung 30 Jahre bestanden und er während dieser Zeit das Grundstück im Eigenbesitz gehabt hat. Die dreißigjährige Frist wird in derselben Weise berechnet wie die Frist für die Ersitzung einer beweglichen Sache. Der Lauf der Frist ist gehemmt, solange ein Widerspruch gegen die Richtigkeit der Eintragung im Grundbuch eingetragen ist.

(2) Diese Vorschriften finden entsprechende Anwendung, wenn für jemand ein ihm nicht zustehendes anderes Recht im Grundbuch eingetragen ist, das zum Besitz des Grundstücks berechtigt oder dessen Ausübung nach den für den Besitz geltenden Vorschriften geschützt ist. Für den Rang des Rechts ist die Eintragung maßgebend.

§ 901 Erlöschen nicht eingetragener Rechte

Ist ein Recht an einem fremden Grundstück im Grundbuch mit Unrecht gelöscht, so erlischt es, wenn der Anspruch des Berechtigten gegen den Eigentümer verjährt ist. Das Gleiche gilt, wenn ein kraft Gesetzes entstandenes Recht an einem fremden Grundstück nicht in das Grundbuch eingetragen worden ist.

§ 902 Unverjährbarkeit eingetragener Rechte

(1) Die Ansprüche aus eingetragenen Rechten unterliegen nicht der Verjährung. Dies gilt nicht für Ansprüche, die auf Rückstände wiederkehrender Leistungen oder auf Schadensersatz gerichtet sind.

(2) Ein Recht, wegen dessen ein Widerspruch gegen die Richtigkeit des Grundbuchs eingetragen ist, steht einem eingetragenen Recht gleich.

Abschnitt 3. Eigentum

Titel 2. Erwerb und Verlust des Eigentums an Grundstücken

§ 925 Auflassung

(1) Die zur Übertragung des Eigentums an einem Grundstück nach § 873 erforderliche Einigung des Veräußerers und des Erwerbers (Auflassung) muss bei gleichzeitiger Anwesenheit beider Teile vor einer zuständigen Stelle erklärt werden. Zur Entgegennahme der Auflassung ist, unbeschadet der Zuständigkeit weiterer Stellen, jeder Notar zuständig. Eine Auflassung kann auch in einem gerichtlichen Vergleich oder in einem rechtskräftig bestätigten Insolvenzplan erklärt werden.

(2) Eine Auflassung, die unter einer Bedingung oder einer Zeitbestimmung erfolgt, ist unwirksam.

§ 925a Urkunde über Grundgeschäft

Die Erklärung einer Auflassung soll nur entgegengenommen werden, wenn die nach § 311b Abs. 1 Satz 1 erforderliche Urkunde über den Vertrag vorgelegt oder gleichzeitig errichtet wird.

§ 926 Zubehör des Grundstücks

(1) Sind der Veräußerer und der Erwerber darüber einig, dass sich die Veräußerung auf das Zubehör des Grundstücks erstrecken soll, so erlangt der Erwerber mit dem Eigentum an dem Grundstück auch das Eigentum an den zur Zeit des Erwerbs vorhandenen Zubehörstücken, soweit sie dem Veräußerer gehören. Im Zweifel ist anzunehmen, dass sich die Veräußerung auf das Zubehör erstrecken soll.

(2) Erlangt der Erwerber auf Grund der Veräußerung den Besitz von Zubehörstücken, die dem Veräußerer nicht gehören oder mit Rechten Dritter belastet sind, so finden die Vorschriften der §§ 932 bis 936 Anwendung; für den guten Glauben des Erwerbers ist die Zeit der Erlangung des Besitzes maßgebend.

§ 927 Aufgebotsverfahren

(1) Der Eigentümer eines Grundstücks kann, wenn das Grundstück seit 30 Jahren im Eigenbesitz eines anderen ist, im Wege des Aufgebotsverfahrens mit seinem Recht ausgeschlossen werden. Die Besitzzeit wird in gleicher Weise berechnet wie die Frist für die Ersitzung einer beweglichen Sache. Ist der Eigentümer im Grundbuch eingetragen, so ist das Aufgebotsverfahren nur zulässig, wenn er gestorben oder verschollen ist und eine Eintragung in das Grundbuch, die der Zustimmung des Eigentümers bedurfte, seit 30 Jahren nicht erfolgt ist.

(2) Derjenige, welcher den Ausschließungsbeschluss erwirkt hat, erlangt das Eigentum dadurch, dass er sich als Eigentümer in das Grundbuch eintragen lässt.

(3) Ist vor dem Erlass des Ausschließungsbeschlusses ein Dritter als Eigentümer oder wegen des Eigentums eines Dritten ein Widerspruch gegen die Richtigkeit des Grundbuchs eingetragen worden, so wirkt der Ausschließungsbeschluss nicht gegen den Dritten.

§ 928 Aufgabe des Eigentums, Aneignung des Fiskus

(1) Das Eigentum an einem Grundstück kann dadurch aufgegeben werden, dass der Eigentümer den Verzicht dem Grundbuchamt gegenüber erklärt und der Verzicht in das Grundbuch eingetragen wird.

(2) Das Recht zur Aneignung des aufgegebenen Grundstücks steht dem Fiskus des Landes zu, in dem das Grundstück liegt. Der Fiskus erwirbt das Eigentum dadurch, dass er sich als Eigentümer in das Grundbuch eintragen lässt.

Abschnitt 7. Hypothek, Grundschuld, Rentenschuld

Titel 1. Hypothek

§ 1113 Gesetzlicher Inhalt der Hypothek

(1) Ein Grundstück kann in der Weise belastet werden, dass an denjenigen, zu dessen Gunsten die Belastung erfolgt, eine bestimmte Geldsumme zur Befriedigung wegen einer ihm zustehenden Forderung aus dem Grundstück zu zahlen ist (Hypothek).

(2) Die Hypothek kann auch für eine künftige oder eine bedingte Forderung bestellt werden.

§ 1114 Belastung eines Bruchteils

Ein Bruchteil eines Grundstücks kann außer in den in § 3 Abs. 6 der Grundbuchordnung bezeichneten Fällen mit einer Hypothek nur belastet werden, wenn er in dem Anteil eines Miteigentümers besteht.

§ 1115 Eintragung der Hypothek

(1) Bei der Eintragung der Hypothek müssen der Gläubiger, der Geldbetrag der Forderung und, wenn die Forderung verzinslich ist, der Zinssatz, wenn andere Nebenleistungen zu entrichten sind, ihr Geldbetrag im Grundbuch angegeben werden; im Übrigen kann zur Bezeichnung der Forderung auf die Eintragungsbewilligung Bezug genommen werden.

(2) Bei der Eintragung der Hypothek für ein Darlehen einer Kreditanstalt, deren Satzung von der zuständigen Behörde öffentlich bekannt gemacht worden ist, genügt zur Bezeichnung der außer den Zinsen satzungsgemäß zu entrichtenden Nebenleistungen die Bezugnahme auf die Satzung.

§ 1116 Brief- und Buchhypothek

(1) Über die Hypothek wird ein Hypothekenbrief erteilt.

(2) Die Erteilung des Briefes kann ausgeschlossen werden. Die Ausschließung kann auch nachträglich erfolgen. Zu der Ausschließung ist die Einigung des Gläubigers und des Eigentümers sowie die Eintragung in das Grundbuch erforderlich; die Vorschriften des § 873 Abs. 2 und der §§ 876, 878 finden entsprechende Anwendung.

(3) Die Ausschließung der Erteilung des Briefes kann aufgehoben werden; die Aufhebung erfolgt in gleicher Weise wie die Ausschließung.

§ 1117 Erwerb der Briefhypothek

(1) Der Gläubiger erwirbt, sofern nicht die Erteilung des Hypothekenbriefs ausgeschlossen ist, die Hypothek erst, wenn ihm der Brief von dem Eigentümer des Grundstücks übergeben wird. Auf die Übergabe finden die Vorschriften des § 929 Satz 2 und der §§ 930, 931 Anwendung.

(2) Die Übergabe des Briefes kann durch die Vereinbarung ersetzt werden, dass der Gläubiger berechtigt sein soll, sich den Brief von dem Grundbuchamt aushändigen zu lassen.

(3) Ist der Gläubiger im Besitz des Briefes, so wird vermutet, dass die Übergabe erfolgt sei.

§ 1118 Haftung für Nebenforderungen

Kraft der Hypothek haftet das Grundstück auch für die gesetzlichen Zinsen der Forderung sowie für die Kosten der Kündigung und der die Befriedigung aus dem Grundstück bezweckenden Rechtsverfolgung.

§ 1119 Erweiterung der Haftung für Zinsen

(1) Ist die Forderung unverzinslich oder ist der Zinssatz niedriger als fünf vom Hundert, so kann die Hypothek ohne Zustimmung der im Range gleich- oder nachstehenden Berechtigten dahin erweitert werden, dass das Grundstück für Zinsen bis zu fünf vom Hundert haftet.

(2) Zu einer Änderung der Zahlungszeit und des Zahlungsorts ist die Zustimmung dieser Berechtigten gleichfalls nicht erforderlich.

§ 1120 Erstreckung auf Erzeugnisse, Bestandteile und Zubehör

Die Hypothek erstreckt sich auf die von dem Grundstück getrennten Erzeugnisse und sonstigen Bestandteile, soweit sie nicht mit der Trennung nach den §§ 954 bis 957 in das Eigentum eines anderen als des Eigentümers oder des Eigenbesitzers des Grundstücks gelangt sind, sowie auf das Zubehör des Grundstücks mit Ausnahme der Zubehörstücke, welche nicht in das Eigentum des Eigentümers des Grundstücks gelangt sind.

§ 1121 Enthaftung durch Veräußerung und Entfernung

(1) Erzeugnisse und sonstige Bestandteile des Grundstücks sowie Zubehörstücke werden von der Haftung frei, wenn sie veräußert und von dem Grundstück entfernt werden, bevor sie zugunsten des Gläubigers in Beschlag genommen worden sind.

(2) Erfolgt die Veräußerung vor der Entfernung, so kann sich der Erwerber dem Gläubiger gegenüber nicht darauf berufen, dass er in Ansehung der Hypothek in gutem Glauben gewesen sei. Entfernt der Erwerber die Sache von dem Grundstück, so ist eine vor der Entfernung erfolgte Beschlagnahme ihm gegenüber nur wirksam, wenn er bei der Entfernung in Ansehung der Beschlagnahme nicht in gutem Glauben ist.

§ 1122 Enthaftung ohne Veräußerung

(1) Sind die Erzeugnisse oder Bestandteile innerhalb der Grenzen einer ordnungsmäßigen Wirtschaft von dem Grundstück getrennt worden, so erlischt ihre Haftung auch ohne Veräußerung, wenn sie vor der Beschlagnahme von dem Grundstück entfernt werden, es sei denn, dass die Entfernung zu einem vorübergehenden Zwecke erfolgt.

(2) Zubehörstücke werden ohne Veräußerung von der Haftung frei, wenn die Zubehöreigenschaft innerhalb der Grenzen einer ordnungsmäßigen Wirtschaft vor der Beschlagnahme aufgehoben wird.

§ 1123 Erstreckung auf Miet- oder Pachtforderung

(1) Ist das Grundstück vermietet oder verpachtet, so erstreckt sich die Hypothek auf die Miet- oder Pachtforderung.

(2) Soweit die Forderung fällig ist, wird sie mit dem Ablauf eines Jahres nach dem Eintritt der Fälligkeit von der Haftung frei, wenn nicht vorher die Beschlagnahme zugunsten des Hypothekengläubigers erfolgt. Ist die Miete oder Pacht im Voraus zu entrichten, so erstreckt sich die Befreiung nicht auf die Miete oder Pacht für eine spätere Zeit als den zur Zeit der Beschlagnahme laufenden Kalendermonat; erfolgt die Beschlagnahme nach dem 15. Tage des Monats, so erstreckt sich die Befreiung auch auf den Miet- oder Pachtzins für den folgenden Kalendermonat.

§ 1124 Vorausverfügung über Miete oder Pacht

(1) Wird die Miete oder Pacht eingezogen, bevor sie zugunsten des Hypothekengläubigers in Beschlag genommen worden ist, oder wird vor der Beschlagnahme in anderer Weise über sie verfügt, so ist die Verfügung dem Hypothekengläubiger gegenüber wirksam. Besteht die Verfügung in der Übertragung der Forderung auf einen Dritten, so erlischt die Haftung der Forderung; erlangt ein Dritter ein Recht an der Forderung, so geht es der Hypothek im Range vor.

(2) Die Verfügung ist dem Hypothekengläubiger gegenüber unwirksam, soweit sie sich auf die Miete oder Pacht für eine spätere Zeit als den zur Zeit der Beschlagnahme

laufenden Kalendermonat bezieht; erfolgt die Beschlagnahme nach dem fünfzehnten Tage des Monats, so ist die Verfügung jedoch insoweit wirksam, als sie sich auf die Miete oder Pacht für den folgenden Kalendermonat bezieht.

(3) Der Übertragung der Forderung auf einen Dritten steht es gleich, wenn das Grundstück ohne die Forderung veräußert wird.

§ 1125 Aufrechnung gegen Miete oder Pacht

Soweit die Einziehung der Miete oder Pacht dem Hypothekengläubiger gegenüber unwirksam ist, kann der Mieter oder der Pächter nicht eine ihm gegen den Vermieter oder den Verpächter zustehende Forderung gegen den Hypothekengläubiger aufrechnen.

§ 1126 Erstreckung auf wiederkehrende Leistungen

Ist mit dem Eigentum an dem Grundstück ein Recht auf wiederkehrende Leistungen verbunden, so erstreckt sich die Hypothek auf die Ansprüche auf diese Leistungen. Die Vorschriften des § 1123 Abs. 2 Satz 1, des § 1124 Abs. 1, 3 und des § 1125 finden entsprechende Anwendung. Eine vor der Beschlagnahme erfolgte Verfügung über den Anspruch auf eine Leistung, die erst drei Monate nach der Beschlagnahme fällig wird, ist dem Hypothekengläubiger gegenüber unwirksam.

§ 1127 Erstreckung auf die Versicherungsforderung

(1) Sind Gegenstände, die der Hypothek unterliegen, für den Eigentümer oder den Eigenbesitzer des Grundstücks unter Versicherung gebracht, so erstreckt sich die Hypothek auf die Forderung gegen den Versicherer.

(2) Die Haftung der Forderung gegen den Versicherer erlischt, wenn der versicherte Gegenstand wiederhergestellt oder Ersatz für ihn beschafft ist.

§ 1128 Gebäudeversicherung

(1) Ist ein Gebäude versichert, so kann der Versicherer die Versicherungssumme mit Wirkung gegen den Hypothekengläubiger an den Versicherten erst zahlen, wenn er oder der Versicherte den Eintritt des Schadens dem Hypothekengläubiger angezeigt hat und seit dem Empfang der Anzeige ein Monat verstrichen ist. Der Hypothekengläubiger kann bis zum Ablauf der Frist dem Versicherer gegenüber der Zahlung widersprechen. Die Anzeige darf unterbleiben, wenn sie untunlich ist; in diesem Falle wird der Monat von dem Zeitpunkt an berechnet, in welchem die Versicherungssumme fällig wird.

(2) Hat der Hypothekengläubiger seine Hypothek dem Versicherer angemeldet, so kann der Versicherer mit Wirkung gegen den Hypothekengläubiger an den Versicherten nur zahlen, wenn der Hypothekengläubiger der Zahlung schriftlich zugestimmt hat.

(3) Im Übrigen finden die für eine verpfändete Forderung geltenden Vorschriften Anwendung; der Versicherer kann sich jedoch nicht darauf berufen, dass er eine aus dem Grundbuch ersichtliche Hypothek nicht gekannt habe.

§ 1129 Sonstige Schadensversicherung

Ist ein anderer Gegenstand als ein Gebäude versichert, so bestimmt sich die Haftung der Forderung gegen den Versicherer nach den Vorschriften des § 1123 Abs. 2 Satz 1 und des § 1124 Abs. 1, 3.

§ 1130 Wiederherstellungsklausel

Ist der Versicherer nach den Versicherungsbestimmungen nur verpflichtet, die Versicherungssumme zur Wiederherstellung des versicherten Gegenstands zu zahlen, so ist eine diesen Bestimmungen entsprechende Zahlung an den Versicherten dem Hypothekengläubiger gegenüber wirksam.

§ 1131 Zuschreibung eines Grundstücks

Wird ein Grundstück nach § 890 Abs. 2 einem anderen Grundstück im Grundbuch zugeschrieben, so erstrecken sich die an diesem Grundstück bestehenden Hypotheken auf das zugeschriebene Grundstück. Rechte, mit denen das zugeschriebene Grundstück belastet ist, gehen diesen Hypotheken im Range vor.

§ 1132 Gesamthypothek

(1) Besteht für die Forderung eine Hypothek an mehreren Grundstücken (Gesamthypothek), so haftet jedes Grundstück für die ganze Forderung. Der Gläubiger kann die Befriedigung nach seinem Belieben aus jedem der Grundstücke ganz oder zu einem Teil suchen.

(2) Der Gläubiger ist berechtigt, den Betrag der Forderung auf die einzelnen Grundstücke in der Weise zu verteilen, dass jedes Grundstück nur für den zugeteilten Betrag haftet. Auf die Verteilung finden die Vorschriften der §§ 875, 876, 878 entsprechende Anwendung.

§ 1133 Gefährdung der Sicherheit der Hypothek

Ist infolge einer Verschlechterung des Grundstücks die Sicherheit der Hypothek gefährdet, so kann der Gläubiger dem Eigentümer eine angemessene Frist zur Beseitigung der Gefährdung bestimmen. Nach dem Ablauf der Frist ist der Gläubiger berechtigt, sofort Befriedigung aus dem Grundstück zu suchen, wenn nicht die Gefährdung durch Verbesserung des Grundstücks oder durch anderweitige Hypothekenbestellung beseitigt worden ist. Ist die Forderung unverzinslich und noch nicht fällig, so gebührt dem Gläubiger nur die Summe, welche mit Hinzurechnung der gesetzlichen Zinsen für die Zeit von der Zahlung bis zur Fälligkeit dem Betrag der Forderung gleichkommt.

§ 1134 Unterlassungsklage

(1) Wirkt der Eigentümer oder ein Dritter auf das Grundstück in solcher Weise ein, dass eine die Sicherheit der Hypothek gefährdende Verschlechterung des Grundstücks zu besorgen ist, so kann der Gläubiger auf Unterlassung klagen.

(2) Geht die Einwirkung von dem Eigentümer aus, so hat das Gericht auf Antrag des Gläubigers die zur Abwendung der Gefährdung erforderlichen Maßregeln anzuordnen. Das Gleiche gilt, wenn die Verschlechterung deshalb zu besorgen ist, weil der Eigentümer die erforderlichen Vorkehrungen gegen Einwirkungen Dritter oder gegen andere Beschädigungen unterlässt.

§ 1135 Verschlechterung des Zubehörs

Einer Verschlechterung des Grundstücks im Sinne der §§ 1133, 1134 steht es gleich, wenn Zubehörstücke, auf die sich die Hypothek erstreckt, verschlechtert oder den Regeln einer ordnungsmäßigen Wirtschaft zuwider von dem Grundstück entfernt werden.

§ 1136 Rechtsgeschäftliche Verfügungsbeschränkung

Eine Vereinbarung, durch die sich der Eigentümer dem Gläubiger gegenüber verpflichtet, das Grundstück nicht zu veräußern oder nicht weiter zu belasten, ist nichtig.

§ 1137 Einreden des Eigentümers

(1) Der Eigentümer kann gegen die Hypothek die dem persönlichen Schuldner gegen die Forderung sowie die nach § 770 einem Bürgen zustehenden Einreden geltend machen. Stirbt der persönliche Schuldner, so kann sich der Eigentümer nicht darauf berufen, dass der Erbe für die Schuld nur beschränkt haftet.

(2) Ist der Eigentümer nicht der persönliche Schuldner, so verliert er eine Einrede nicht dadurch, dass dieser auf sie verzichtet.

§ 1138 Öffentlicher Glaube des Grundbuchs

Die Vorschriften der §§ 891 bis 899 gelten für die Hypothek auch in Ansehung der Forderung und der dem Eigentümer nach § 1137 zustehenden Einreden.

§ 1139 Widerspruch bei Darlehensbuchhypothek

Ist bei der Bestellung einer Hypothek für ein Darlehen die Erteilung des Hypothekenbriefs ausgeschlossen worden, so genügt zur Eintragung eines Widerspruchs, der sich darauf gründet, dass die Hingabe des Darlehens unterblieben sei, der von dem Eigentümer an das Grundbuchamt gerichtete Antrag, sofern er vor dem Ablauf eines Monats nach der Eintragung der Hypothek gestellt wird. Wird der Widerspruch innerhalb des Monats eingetragen, so hat die Eintragung die gleiche Wirkung, wie wenn der Widerspruch zugleich mit der Hypothek eingetragen worden wäre.

§ 1140 Hypothekenbrief und Unrichtigkeit des Grundbuchs

Soweit die Unrichtigkeit des Grundbuchs aus dem Hypothekenbrief oder einem Vermerk auf dem Brief hervorgeht, ist die Berufung auf die Vorschriften der §§ 892, 893 ausgeschlossen. Ein Widerspruch gegen die Richtigkeit des Grundbuchs, der aus dem Briefe oder einem Vermerk auf dem Briefe hervorgeht, steht einem im Grundbuch eingetragenen Widerspruch gleich.

§ 1141 Kündigung der Hypothek

(1) Hängt die Fälligkeit der Forderung von einer Kündigung ab, so ist die Kündigung für die Hypothek nur wirksam, wenn sie von dem Gläubiger dem Eigentümer oder von dem Eigentümer dem Gläubiger erklärt wird. Zugunsten des Gläubigers gilt derjenige, welcher im Grundbuch als Eigentümer eingetragen ist, als der Eigentümer.

(2) Hat der Eigentümer keinen Wohnsitz im Inland oder liegen die Voraussetzungen des § 132 Abs. 2 vor, so hat auf Antrag des Gläubigers das Amtsgericht, in dessen Bezirk das Grundstück liegt, dem Eigentümer einen Vertreter zu bestellen, dem gegenüber die Kündigung des Gläubigers erfolgen kann.

§ 1142 Befriedigungsrecht des Eigentümers

(1) Der Eigentümer ist berechtigt, den Gläubiger zu befriedigen, wenn die Forderung ihm gegenüber fällig geworden oder wenn der persönliche Schuldner zur Leistung berechtigt ist.

(2) Die Befriedigung kann auch durch Hinterlegung oder durch Aufrechnung erfolgen.

§ 1143 Übergang der Forderung

(1) Ist der Eigentümer nicht der persönliche Schuldner, so geht, soweit er den Gläubiger befriedigt, die Forderung auf ihn über. Die für einen Bürgen geltenden Vorschriften des § 774 Abs. 1 finden entsprechende Anwendung.

(2) Besteht für die Forderung eine Gesamthypothek, so gelten für diese die Vorschriften des § 1173.

§ 1144 Aushändigung der Urkunden

Der Eigentümer kann gegen Befriedigung des Gläubigers die Aushändigung des Hypothekenbriefs und der sonstigen Urkunden verlangen, die zur Berichtigung des Grundbuchs oder zur Löschung der Hypothek erforderlich sind.

§ 1145 Teilweise Befriedigung

(1) Befriedigt der Eigentümer den Gläubiger nur teilweise, so kann er die Aushändigung des Hypothekenbriefs nicht verlangen. Der Gläubiger ist verpflichtet, die teilweise Befriedigung auf dem Briefe zu vermerken und den Brief zum Zwecke der Berichtigung des Grundbuchs oder der Löschung dem Grundbuchamt oder zum Zwecke der Herstellung eines Teilhypothekenbriefs für den Eigentümer der zuständigen Behörde oder einem zuständigen Notar vorzulegen.

(2) Die Vorschrift des Absatzes 1 Satz 2 gilt für Zinsen und andere Nebenleistungen nur, wenn sie später als in dem Kalendervierteljahr, in welchem der Gläubiger befriedigt wird, oder dem folgenden Vierteljahr fällig werden. Auf Kosten, für die das Grundstück nach § 1118 haftet, findet die Vorschrift keine Anwendung.

§ 1146 Verzugszinsen

Liegen dem Eigentümer gegenüber die Voraussetzungen vor, unter denen ein Schuldner in Verzug kommt, so gebühren dem Gläubiger Verzugszinsen aus dem Grundstück.

§ 1147 Befriedigung durch Zwangsvollstreckung

Die Befriedigung des Gläubigers aus dem Grundstück und den Gegenständen, auf die sich die Hypothek erstreckt, erfolgt im Wege der Zwangsvollstreckung.

§ 1148 Eigentumsfiktion

Bei der Verfolgung des Rechts aus der Hypothek gilt zugunsten des Gläubigers derjenige, welcher im Grundbuch als Eigentümer eingetragen ist, als der Eigentümer. Das Recht des nicht eingetragenen Eigentümers, die ihm gegen die Hypothek zustehenden Einwendungen geltend zu machen, bleibt unberührt.

§ 1149 Unzulässige Befriedigungsabreden

Der Eigentümer kann, solange nicht die Forderung ihm gegenüber fällig geworden ist, dem Gläubiger nicht das Recht einräumen, zum Zwecke der Befriedigung die Übertragung des Eigentums an dem Grundstück zu verlangen oder die Veräußerung des Grundstücks auf andere Weise als im Wege der Zwangsvollstreckung zu bewirken.

§ 1150 Ablösungsrecht Dritter

Verlangt der Gläubiger Befriedigung aus dem Grundstück, so finden die Vorschriften der §§ 268, 1144, 1145 entsprechende Anwendung.

§ 1151 Rangänderung bei Teilhypotheken

Wird die Forderung geteilt, so ist zur Änderung des Rangverhältnisses der Teilhypotheken untereinander die Zustimmung des Eigentümers nicht erforderlich.

§ 1152 Teilhypothekenbrief

Im Falle einer Teilung der Forderung kann, sofern nicht die Erteilung des Hypothekenbriefs ausgeschlossen ist, für jeden Teil ein Teilhypothekenbrief hergestellt werden; die Zustimmung des Eigentümers des Grundstücks ist nicht erforderlich. Der Teilhypothekenbrief tritt für den Teil, auf den er sich bezieht, an die Stelle des bisherigen Briefes.

§ 1153 Übertragung von Hypothek und Forderung

(1) Mit der Übertragung der Forderung geht die Hypothek auf den neuen Gläubiger über.

(2) Die Forderung kann nicht ohne die Hypothek, die Hypothek kann nicht ohne die Forderung übertragen werden.

§ 1154 Abtretung der Forderung

(1) Zur Abtretung der Forderung ist Erteilung der Abtretungserklärung in schriftlicher Form und Übergabe des Hypothekenbriefs erforderlich; die Vorschrift des § 1117 findet Anwendung. Der bisherige Gläubiger hat auf Verlangen des neuen Gläubigers die Abtretungserklärung auf seine Kosten öffentlich beglaubigen zu lassen.

(2) Die schriftliche Form der Abtretungserklärung kann dadurch ersetzt werden, dass die Abtretung in das Grundbuch eingetragen wird.

(3) Ist die Erteilung des Hypothekenbriefs ausgeschlossen, so finden auf die Abtretung der Forderung die Vorschriften der §§ 873, 878 entsprechende Anwendung.

§ 1155 Öffentlicher Glaube beglaubigter Abtretungserklärungen

Ergibt sich das Gläubigerrecht des Besitzers des Hypothekenbriefs aus einer zusammenhängenden, auf einen eingetragenen Gläubiger zurückführenden Reihe von öffentlich beglaubigten Abtretungserklärungen, so finden die Vorschriften der §§ 891 bis 899 in gleicher Weise Anwendung, wie wenn der Besitzer des Briefes als Gläubiger im Grundbuch eingetragen wäre. Einer öffentlich beglaubigten Abtretungserklärung steht gleich ein gerichtlicher Überweisungsbeschluss und das öffentlich beglaubigte Anerkenntnis einer kraft Gesetzes erfolgten Übertragung der Forderung.

§ 1156 Rechtsverhältnis zwischen Eigentümer und neuem Gläubiger

Die für die Übertragung der Forderung geltenden Vorschriften der §§ 406 bis 408 finden auf das Rechtsverhältnis zwischen dem Eigentümer und dem neuen Gläubiger in Ansehung der Hypothek keine Anwendung. Der neue Gläubiger muss jedoch eine dem bisherigen Gläubiger gegenüber erfolgte Kündigung des Eigentümers gegen sich gelten lassen, es sei denn, dass die Übertragung zur Zeit der Kündigung dem Eigentümer bekannt oder im Grundbuch eingetragen ist.

§ 1157 Fortbestehen der Einreden gegen die Hypothek

Eine Einrede, die dem Eigentümer auf Grund eines zwischen ihm und dem bisherigen Gläubiger bestehenden Rechtsverhältnisses gegen die Hypothek zusteht, kann auch dem neuen Gläubiger entgegengesetzt werden. Die Vorschriften der §§ 892, 894 bis 899, 1140 gelten auch für diese Einrede.

§ 1158 Künftige Nebenleistungen

Soweit die Forderung auf Zinsen oder andere Nebenleistungen gerichtet ist, die nicht später als in dem Kalendervierteljahr, in welchem der Eigentümer von der Übertragung Kenntnis erlangt, oder dem folgenden Vierteljahr fällig werden, finden auf das Rechtsverhältnis zwischen dem Eigentümer und dem neuen Gläubiger die Vorschriften der §§ 406 bis 408 Anwendung; der Gläubiger kann sich gegenüber den Einwendungen, welche dem Eigentümer nach den §§ 404, 406 bis 408, 1157 zustehen, nicht auf die Vorschriften des § 892 berufen.

§ 1159 Rückständige Nebenleistungen

(1) Soweit die Forderung auf Rückstände von Zinsen oder anderen Nebenleistungen gerichtet ist, bestimmt sich die Übertragung sowie das Rechtsverhältnis zwischen dem Eigentümer und dem neuen Gläubiger nach den für die Übertragung von Forderungen geltenden allgemeinen Vorschriften. Das Gleiche gilt für den Anspruch auf Erstattung von Kosten, für die das Grundstück nach § 1118 haftet.

(2) Die Vorschrift des § 892 findet auf die im Absatz 1 bezeichneten Ansprüche keine Anwendung.

§ 1160 Geltendmachung der Briefhypothek

(1) Der Geltendmachung der Hypothek kann, sofern nicht die Erteilung des Hypothekenbriefs ausgeschlossen ist, widersprochen werden, wenn der Gläubiger nicht den Brief vorlegt; ist der Gläubiger nicht im Grundbuch eingetragen, so sind auch die im § 1155 bezeichneten Urkunden vorzulegen.

(2) Eine dem Eigentümer gegenüber erfolgte Kündigung oder Mahnung ist unwirksam, wenn der Gläubiger die nach Absatz 1 erforderlichen Urkunden nicht vorlegt und der Eigentümer die Kündigung oder die Mahnung aus diesem Grunde unverzüglich zurückweist.

(3) Diese Vorschriften gelten nicht für die im § 1159 bezeichneten Ansprüche.

§ 1161 Geltendmachung der Forderung

Ist der Eigentümer der persönliche Schuldner, so findet die Vorschrift des § 1160 auch auf die Geltendmachung der Forderung Anwendung.

§ 1162 Aufgebot des Hypothekenbriefs

Ist der Hypothekenbrief abhanden gekommen oder vernichtet, so kann er im Wege des Aufgebotsverfahrens für kraftlos erklärt werden.

§ 1163 Eigentümerhypothek

(1) Ist die Forderung, für welche die Hypothek bestellt ist, nicht zur Entstehung gelangt, so steht die Hypothek dem Eigentümer zu. Erlischt die Forderung, so erwirbt der Eigentümer die Hypothek.

(2) Eine Hypothek, für welche die Erteilung des Hypothekenbriefs nicht ausgeschlossen ist, steht bis zur Übergabe des Briefes an den Gläubiger dem Eigentümer zu.

§ 1164 Übergang der Hypothek auf den Schuldner

(1) Befriedigt der persönliche Schuldner den Gläubiger, so geht die Hypothek insoweit auf ihn über, als er von dem Eigentümer oder einem Rechtsvorgänger des Eigentümers Ersatz verlangen kann. Ist dem Schuldner nur teilweise Ersatz zu leisten, so kann der

Eigentümer die Hypothek, soweit sie auf ihn übergegangen ist, nicht zum Nachteil der Hypothek des Schuldners geltend machen.

(2) Der Befriedigung des Gläubigers steht es gleich, wenn sich Forderung und Schuld in einer Person vereinigen.

§ 1165 freiwerden des Schuldners

Verzichtet der Gläubiger auf die Hypothek oder hebt er sie nach § 1183 auf oder räumt er einem anderen Recht den Vorrang ein, so wird der persönliche Schuldner insoweit frei, als er ohne diese Verfügung nach § 1164 aus der Hypothek hätte Ersatz erlangen können.

§ 1166 Benachrichtigung des Schuldners

Ist der persönliche Schuldner berechtigt, von dem Eigentümer Ersatz zu verlangen, falls er den Gläubiger befriedigt, so kann er, wenn der Gläubiger die Zwangsversteigerung des Grundstücks betreibt, ohne ihn unverzüglich zu benachrichtigen, die Befriedigung des Gläubigers wegen eines Ausfalls bei der Zwangsversteigerung insoweit verweigern, als er infolge der Unterlassung der Benachrichtigung einen Schaden erleidet. Die Benachrichtigung darf unterbleiben, wenn sie untunlich ist.

§ 1167 Aushändigung der Berichtigungsurkunden

Erwirbt der persönliche Schuldner, falls er den Gläubiger befriedigt, die Hypothek oder hat er im Falle der Befriedigung ein sonstiges rechtliches Interesse an der Berichtigung des Grundbuchs, so stehen ihm die in den §§ 1144, 1145 bestimmten Rechte zu.

§ 1168 Verzicht auf die Hypothek

(1) Verzichtet der Gläubiger auf die Hypothek, so erwirbt sie der Eigentümer.

(2) Der Verzicht ist dem Grundbuchamt oder dem Eigentümer gegenüber zu erklären und bedarf der Eintragung in das Grundbuch. Die Vorschriften des § 875 Abs. 2 und der §§ 876, 878 finden entsprechende Anwendung.

(3) Verzichtet der Gläubiger für einen Teil der Forderung auf die Hypothek, so stehen dem Eigentümer die im § 1145 bestimmten Rechte zu.

§ 1169 Rechtszerstörende Einrede

Steht dem Eigentümer eine Einrede zu, durch welche die Geltendmachung der Hypothek dauernd ausgeschlossen wird, so kann er verlangen, dass der Gläubiger auf die Hypothek verzichtet.

§ 1170 Ausschluss unbekannter Gläubiger

(1) Ist der Gläubiger unbekannt, so kann er im Wege des Aufgebotsverfahrens mit seinem Recht ausgeschlossen werden, wenn seit der letzten sich auf die Hypothek beziehenden Eintragung in das Grundbuch zehn Jahre verstrichen sind und das Recht des

Gläubigers nicht innerhalb dieser Frist von dem Eigentümer in einer nach § 212 Abs. 1 Nr. 1 zum Neubeginn der Verjährung geeigneten Weise anerkannt worden ist. Besteht für die Forderung eine nach dem Kalender bestimmte Zahlungszeit, so beginnt die Frist nicht vor dem Ablauf des Zahlungstags.

(2) Mit der Rechtskraft des Ausschließungsbeschlusses erwirbt der Eigentümer die Hypothek. Der dem Gläubiger erteilte Hypothekenbrief wird kraftlos.

§ 1171 Ausschluss durch Hinterlegung

(1) Der unbekannte Gläubiger kann im Wege des Aufgebotsverfahrens mit seinem Recht auch dann ausgeschlossen werden, wenn der Eigentümer zur Befriedigung des Gläubigers oder zur Kündigung berechtigt ist und den Betrag der Forderung für den Gläubiger unter Verzicht auf das Recht zur Rücknahme hinterlegt. Die Hinterlegung von Zinsen ist nur erforderlich, wenn der Zinssatz im Grundbuch eingetragen ist; Zinsen für eine frühere Zeit als das vierte Kalenderjahr vor der Rechtskraft des Ausschließungsbeschlusses sind nicht zu hinterlegen.

(2) Mit der Rechtskraft des Ausschließungsbeschlusses gilt der Gläubiger als befriedigt, sofern nicht nach den Vorschriften über die Hinterlegung die Befriedigung schon vorher eingetreten ist. Der dem Gläubiger erteilte Hypothekenbrief wird kraftlos.

(3) Das Recht des Gläubigers auf den hinterlegten Betrag erlischt mit dem Ablauf von 30 Jahren nach der Rechtskraft des Ausschließungsbeschlusses, wenn nicht der Gläubiger sich vorher bei der Hinterlegungsstelle meldet; der Hinterleger ist zur Rücknahme berechtigt, auch wenn er auf das Recht zur Rücknahme verzichtet hat.

§ 1172 Eigentümergesamthypothek

(1) Eine Gesamthypothek steht in den Fällen des § 1163 den Eigentümern der belasteten Grundstücke gemeinschaftlich zu.

(2) Jeder Eigentümer kann, sofern nicht ein anderes vereinbart ist, verlangen, dass die Hypothek an seinem Grundstück auf den Teilbetrag, der dem Verhältnis des Wertes seines Grundstücks zu dem Werte der sämtlichen Grundstücke entspricht, nach § 1132 Abs. 2 beschränkt und in dieser Beschränkung ihm zugeteilt wird. Der Wert wird unter Abzug der Belastungen berechnet, die der Gesamthypothek im Range vorgehen.

§ 1173 Befriedigung durch einen der Eigentümer

(1) Befriedigt der Eigentümer eines der mit einer Gesamthypothek belasteten Grundstücke den Gläubiger, so erwirbt er die Hypothek an seinem Grundstück; die Hypothek an den übrigen Grundstücken erlischt. Der Befriedigung des Gläubigers durch den Eigentümer steht es gleich, wenn das Gläubigerrecht auf den Eigentümer übertragen wird oder wenn sich Forderung und Schuld in der Person des Eigentümers vereinigen.

(2) Kann der Eigentümer, der den Gläubiger befriedigt, von dem Eigentümer eines der anderen Grundstücke oder einem Rechtsvorgänger dieses Eigentümers Ersatz verlangen, so geht in Höhe des Ersatzanspruchs auch die Hypothek an dem Grundstück dieses Eigentümers auf ihn über; sie bleibt mit der Hypothek an seinem eigenen Grundstück Gesamthypothek.

§ 1174 Befriedigung durch den persönlichen Schuldner

(1) Befriedigt der persönliche Schuldner den Gläubiger, dem eine Gesamthypothek zusteht, oder vereinigen sich bei einer Gesamthypothek Forderung und Schuld in einer Person, so geht, wenn der Schuldner nur von dem Eigentümer eines der Grundstücke oder von einem Rechtsvorgänger des Eigentümers Ersatz verlangen kann, die Hypothek an diesem Grundstück auf ihn über; die Hypothek an den übrigen Grundstücken erlischt.

(2) Ist dem Schuldner nur teilweise Ersatz zu leisten und geht deshalb die Hypothek nur zu einem Teilbetrag auf ihn über, so hat sich der Eigentümer diesen Betrag auf den ihm nach § 1172 gebührenden Teil des übrig bleibenden Betrags der Gesamthypothek anrechnen zu lassen.

§ 1175 Verzicht auf die Gesamthypothek

(1) Verzichtet der Gläubiger auf die Gesamthypothek, so fällt sie den Eigentümern der belasteten Grundstücke gemeinschaftlich zu; die Vorschriften des § 1172 Abs. 2 finden Anwendung. Verzichtet der Gläubiger auf die Hypothek an einem der Grundstücke, so erlischt die Hypothek an diesem.

(2) Das Gleiche gilt, wenn der Gläubiger nach § 1170 mit seinem Recht ausgeschlossen wird.

§ 1176 Eigentümerteilhypothek; Kollisionsklausel

Liegen die Voraussetzungen der §§ 1163, 1164, 1168, 1172 bis 1175 nur in Ansehung eines Teilbetrags der Hypothek vor, so kann die auf Grund dieser Vorschriften dem Eigentümer oder einem der Eigentümer oder dem persönlichen Schuldner zufallende Hypothek nicht zum Nachteil der dem Gläubiger verbleibenden Hypothek geltend gemacht werden.

§ 1177 Eigentümergrundschuld, Eigentümerhypothek

(1) Vereinigt sich die Hypothek mit dem Eigentum in einer Person, ohne dass dem Eigentümer auch die Forderung zusteht, so verwandelt sich die Hypothek in eine Grundschuld. In Ansehung der Verzinslichkeit, des Zinssatzes, der Zahlungszeit, der Kündigung und des Zahlungsorts bleiben die für die Forderung getroffenen Bestimmungen maßgebend.

(2) Steht dem Eigentümer auch die Forderung zu, so bestimmen sich seine Rechte aus der Hypothek, solange die Vereinigung besteht, nach den für eine Grundschuld des Eigentümers geltenden Vorschriften.

§ 1178 Hypothek für Nebenleistungen und Kosten

(1) Die Hypothek für Rückstände von Zinsen und anderen Nebenleistungen sowie für Kosten, die dem Gläubiger zu erstatten sind, erlischt, wenn sie sich mit dem Eigentum in einer Person vereinigt. Das Erlöschen tritt nicht ein, solange einem Dritten ein Recht an dem Anspruch auf eine solche Leistung zusteht.

(2) Zum Verzicht auf die Hypothek für die im Absatz 1 bezeichneten Leistungen genügt die Erklärung des Gläubigers gegenüber dem Eigentümer. Solange einem Dritten ein Recht an dem Anspruch auf eine solche Leistung zusteht, ist die Zustimmung des Dritten erforderlich. Die Zustimmung ist demjenigen gegenüber zu erklären, zu dessen Gunsten sie erfolgt; sie ist unwiderruflich.

§ 1179 Löschungsvormerkung

Verpflichtet sich der Eigentümer einem anderen gegenüber, die Hypothek löschen zu lassen, wenn sie sich mit dem Eigentum in einer Person vereinigt, so kann zur Sicherung des Anspruchs auf Löschung eine Vormerkung in das Grundbuch eingetragen werden, wenn demjenigen, zu dessen Gunsten die Eintragung vorgenommen werden soll,

1. ein anderes gleichrangiges oder nachrangiges Recht als eine Hypothek, Grundschuld oder Rentenschuld am Grundstück zusteht oder
2. ein Anspruch auf Einräumung eines solchen anderen Rechts oder auf Übertragung des Eigentums am Grundstück zusteht; der Anspruch kann auch ein künftiger oder bedingter sein.

§ 1179a Löschungsanspruch bei fremden Rechten

(1) Der Gläubiger einer Hypothek kann von dem Eigentümer verlangen, dass dieser eine vorrangige oder gleichrangige Hypothek löschen lässt, wenn sie im Zeitpunkt der Eintragung der Hypothek des Gläubigers mit dem Eigentum in einer Person vereinigt ist oder eine solche Vereinigung später eintritt. Ist das Eigentum nach der Eintragung der nach Satz 1 begünstigten Hypothek durch Sondernachfolge auf einen anderen übergegangen, so ist jeder Eigentümer wegen der zur Zeit seines Eigentums bestehenden Vereinigungen zur Löschung verpflichtet. Der Löschungsanspruch ist in gleicher Weise gesichert, als wenn zu seiner Sicherung gleichzeitig mit der begünstigten Hypothek eine Vormerkung in das Grundbuch eingetragen worden wäre.

(2) Die Löschung einer Hypothek, die nach § 1163 Abs. 1 Satz 1 mit dem Eigentum in einer Person vereinigt ist, kann nach Absatz 1 erst verlangt werden, wenn sich ergibt, dass die zu sichernde Forderung nicht mehr entstehen wird; der Löschungsanspruch besteht von diesem Zeitpunkt ab jedoch auch wegen der vorher bestehenden Vereini-

gungen. Durch die Vereinigung einer Hypothek mit dem Eigentum nach § 1163 Abs. 2 wird ein Anspruch nach Absatz 1 nicht begründet.

(3) Liegen bei der begünstigten Hypothek die Voraussetzungen des § 1163 vor, ohne dass das Recht für den Eigentümer oder seinen Rechtsnachfolger im Grundbuch eingetragen ist, so besteht der Löschungsanspruch für den eingetragenen Gläubiger oder seinen Rechtsnachfolger.

(4) Tritt eine Hypothek im Range zurück, so sind auf die Löschung der ihr infolge der Rangänderung vorgehenden oder gleichstehenden Hypothek die Absätze 1 bis 3 mit der Maßgabe entsprechend anzuwenden, dass an die Stelle des Zeitpunkts der Eintragung des zurückgetretenen Rechts der Zeitpunkt der Eintragung der Rangänderung tritt.

(5) Als Inhalt einer Hypothek, deren Gläubiger nach den vorstehenden Vorschriften ein Anspruch auf Löschung zusteht, kann der Ausschluss dieses Anspruchs vereinbart werden; der Ausschluss kann auf einen bestimmten Fall der Vereinigung beschränkt werden. Der Ausschluss ist unter Bezeichnung der Hypotheken, die dem Löschungsanspruch ganz oder teilweise nicht unterliegen, im Grundbuch anzugeben; ist der Ausschluss nicht für alle Fälle der Vereinigung vereinbart, so kann zur näheren Bezeichnung der erfassten Fälle auf die Eintragungsbewilligung Bezug genommen werden. Wird der Ausschluss aufgehoben, so entstehen dadurch nicht Löschungsansprüche für Vereinigungen, die nur vor dieser Aufhebung bestanden haben.

§ 1179b Löschungsanspruch bei eigenem Recht

(1) Wer als Gläubiger einer Hypothek im Grundbuch eingetragen oder nach Maßgabe des § 1155 als Gläubiger ausgewiesen ist, kann von dem Eigentümer die Löschung dieser Hypothek verlangen, wenn sie im Zeitpunkt ihrer Eintragung mit dem Eigentum in einer Person vereinigt ist oder eine solche Vereinigung später eintritt.

(2) § 1179a Abs. 1 Satz 2, 3, Abs. 2, 5 ist entsprechend anzuwenden.

§ 1180 Auswechslung der Forderung

(1) An die Stelle der Forderung, für welche die Hypothek besteht, kann eine andere Forderung gesetzt werden. Zu der Änderung ist die Einigung des Gläubigers und des Eigentümers sowie die Eintragung in das Grundbuch erforderlich; die Vorschriften des § 873 Abs. 2 und der §§ 876, 878 finden entsprechende Anwendung.

(2) Steht die Forderung, die an die Stelle der bisherigen Forderung treten soll, nicht dem bisherigen Hypothekengläubiger zu, so ist dessen Zustimmung erforderlich; die Zustimmung ist dem Grundbuchamt oder demjenigen gegenüber zu erklären, zu dessen Gunsten sie erfolgt. Die Vorschriften des § 875 Abs. 2 und des § 876 finden entsprechende Anwendung.

§ 1181 Erlöschen durch Befriedigung aus dem Grundstück

(1) Wird der Gläubiger aus dem Grundstück befriedigt, so erlischt die Hypothek.

(2) Erfolgt die Befriedigung des Gläubigers aus einem der mit einer Gesamthypothek belasteten Grundstücke, so werden auch die übrigen Grundstücke frei.

(3) Der Befriedigung aus dem Grundstück steht die Befriedigung aus den Gegenständen gleich, auf die sich die Hypothek erstreckt.

§ 1182 Übergang bei Befriedigung aus der Gesamthypothek

Soweit im Falle einer Gesamthypothek der Eigentümer des Grundstücks, aus dem der Gläubiger befriedigt wird, von dem Eigentümer eines der anderen Grundstücke oder einem Rechtsvorgänger dieses Eigentümers Ersatz verlangen kann, geht die Hypothek an dem Grundstück dieses Eigentümers auf ihn über. Die Hypothek kann jedoch, wenn der Gläubiger nur teilweise befriedigt wird, nicht zum Nachteil der dem Gläubiger verbleibenden Hypothek und, wenn das Grundstück mit einem im Range gleich- oder nachstehenden Recht belastet ist, nicht zum Nachteil dieses Rechts geltend gemacht werden.

§ 1183 Aufhebung der Hypothek

Zur Aufhebung der Hypothek durch Rechtsgeschäft ist die Zustimmung des Eigentümers erforderlich. Die Zustimmung ist dem Grundbuchamt oder dem Gläubiger gegenüber zu erklären; sie ist unwiderruflich.

§ 1184 Sicherungshypothek

(1) Eine Hypothek kann in der Weise bestellt werden, dass das Recht des Gläubigers aus der Hypothek sich nur nach der Forderung bestimmt und der Gläubiger sich zum Beweis der Forderung nicht auf die Eintragung berufen kann (Sicherungshypothek).

(2) Die Hypothek muss im Grundbuch als Sicherungshypothek bezeichnet werden.

§ 1185 Buchhypothek; unanwendbare Vorschriften

(1) Bei der Sicherungshypothek ist die Erteilung des Hypothekenbriefs ausgeschlossen.

(2) Die Vorschriften der §§ 1138, 1139, 1141, 1156 finden keine Anwendung.

§ 1186 Zulässige Umwandlungen

Eine Sicherungshypothek kann in eine gewöhnliche Hypothek, eine gewöhnliche Hypothek kann in eine Sicherungshypothek umgewandelt werden. Die Zustimmung der im Range gleich- oder nachstehenden Berechtigten ist nicht erforderlich.

§ 1187 Sicherungshypothek für Inhaber- und Orderpapiere

Für die Forderung aus einer Schuldverschreibung auf den Inhaber, aus einem Wechsel oder aus einem anderen Papier, das durch Indossament übertragen werden kann, kann nur eine Sicherungshypothek bestellt werden. Die Hypothek gilt als Sicherungshypothek, auch wenn sie im Grundbuch nicht als solche bezeichnet ist. Die Vorschrift des

§ 1154 Abs. 3 findet keine Anwendung. Ein Anspruch auf Löschung der Hypothek nach den §§ 1179a, 1179b besteht nicht.

§ 1188 Sondervorschrift für Schuldverschreibungen auf den Inhaber

(1) Zur Bestellung einer Hypothek für die Forderung aus einer Schuldverschreibung auf den Inhaber genügt die Erklärung des Eigentümers gegenüber dem Grundbuchamt, dass er die Hypothek bestelle, und die Eintragung in das Grundbuch; die Vorschrift des § 878 findet Anwendung.

(2) Die Ausschließung des Gläubigers mit seinem Recht nach § 1170 ist nur zulässig, wenn die im § 801 bezeichnete Vorlegungsfrist verstrichen ist. Ist innerhalb der Frist die Schuldverschreibung vorgelegt oder der Anspruch aus der Urkunde gerichtlich geltend gemacht worden, so kann die Ausschließung erst erfolgen, wenn die Verjährung eingetreten ist.

§ 1189 Bestellung eines Grundbuchvertreters

(1) Bei einer Hypothek der im § 1187 bezeichneten Art kann für den jeweiligen Gläubiger ein Vertreter mit der Befugnis bestellt werden, mit Wirkung für und gegen jeden späteren Gläubiger bestimmte Verfügungen über die Hypothek zu treffen und den Gläubiger bei der Geltendmachung der Hypothek zu vertreten. Zur Bestellung des Vertreters ist die Eintragung in das Grundbuch erforderlich.

(2) Ist der Eigentümer berechtigt, von dem Gläubiger eine Verfügung zu verlangen, zu welcher der Vertreter befugt ist, so kann er die Vornahme der Verfügung von dem Vertreter verlangen.

§ 1190 Höchstbetragshypothek

(1) Eine Hypothek kann in der Weise bestellt werden, dass nur der Höchstbetrag, bis zu dem das Grundstück haften soll, bestimmt, im Übrigen die Feststellung der Forderung vorbehalten wird. Der Höchstbetrag muss in das Grundbuch eingetragen werden.

(2) Ist die Forderung verzinslich, so werden die Zinsen in den Höchstbetrag eingerechnet.

(3) Die Hypothek gilt als Sicherungshypothek, auch wenn sie im Grundbuch nicht als solche bezeichnet ist.

(4) Die Forderung kann nach den für die Übertragung von Forderungen geltenden allgemeinen Vorschriften übertragen werden. Wird sie nach diesen Vorschriften übertragen, so ist der Übergang der Hypothek ausgeschlossen.

Titel 2. Grundschuld, Rentenschuld

Untertitel 1. Grundschuld

§ 1191 Gesetzlicher Inhalt der Grundschuld

(1) Ein Grundstück kann in der Weise belastet werden, dass an denjenigen, zu dessen Gunsten die Belastung erfolgt, eine bestimmte Geldsumme aus dem Grundstück zu zahlen ist (Grundschuld).

(2) Die Belastung kann auch in der Weise erfolgen, dass Zinsen von der Geldsumme sowie andere Nebenleistungen aus dem Grundstück zu entrichten sind.

§ 1192 Anwendbare Vorschriften

(1) Auf die Grundschuld finden die Vorschriften über die Hypothek entsprechende Anwendung, soweit sich nicht daraus ein anderes ergibt, dass die Grundschuld nicht eine Forderung voraussetzt.

(1a) Ist die Grundschuld zur Sicherung eines Anspruchs verschafft worden (Sicherungsgrundschuld), können Einreden, die dem Eigentümer auf Grund des Sicherungsvertrags mit dem bisherigen Gläubiger gegen die Grundschuld zustehen oder sich aus dem Sicherungsvertrag ergeben, auch jedem Erwerber der Grundschuld entgegengesetzt werden; § 1157 Satz 2 findet insoweit keine Anwendung. Im Übrigen bleibt § 1157 unberührt.

(2) Für Zinsen der Grundschuld gelten die Vorschriften über die Zinsen einer Hypothekenforderung.

§ 1193 Kündigung

(1) Das Kapital der Grundschuld wird erst nach vorgängiger Kündigung fällig. Die Kündigung steht sowohl dem Eigentümer als dem Gläubiger zu. Die Kündigungsfrist beträgt sechs Monate.

(2) Abweichende Bestimmungen sind zulässig. Dient die Grundschuld der Sicherung einer Geldforderung, so ist eine von Absatz 1 abweichende Bestimmung nicht zulässig.

§ 1194 Zahlungsort

Die Zahlung des Kapitals sowie der Zinsen und anderen Nebenleistungen hat, soweit nicht ein anderes bestimmt ist, an dem Orte zu erfolgen, an dem das Grundbuchamt seinen Sitz hat.

§ 1195 Inhabergrundschuld

Eine Grundschuld kann in der Weise bestellt werden, dass der Grundschuldbrief auf den Inhaber ausgestellt wird. Auf einen solchen Brief finden die Vorschriften über Schuldverschreibungen auf den Inhaber entsprechende Anwendung.

§ 1196 Eigentümergrundschuld

(1) Eine Grundschuld kann auch für den Eigentümer bestellt werden.

(2) Zu der Bestellung ist die Erklärung des Eigentümers gegenüber dem Grundbuchamt, dass die Grundschuld für ihn in das Grundbuch eingetragen werden soll, und die Eintragung erforderlich; die Vorschrift des § 878 findet Anwendung.

(3) Ein Anspruch auf Löschung der Grundschuld nach § 1179a oder § 1179b besteht nur wegen solcher Vereinigungen der Grundschuld mit dem Eigentum in einer Person, die eintreten, nachdem die Grundschuld einem anderen als dem Eigentümer zugestanden hat.

§ 1197 Abweichungen von der Fremdgrundschuld

(1) Ist der Eigentümer der Gläubiger, so kann er nicht die Zwangsvollstreckung zum Zwecke seiner Befriedigung betreiben.

(2) Zinsen gebühren dem Eigentümer nur, wenn das Grundstück auf Antrag eines anderen zum Zwecke der Zwangsverwaltung in Beschlag genommen ist, und nur für die Dauer der Zwangsverwaltung.

§ 1198 Zulässige Umwandlungen

Eine Hypothek kann in eine Grundschuld, eine Grundschuld kann in eine Hypothek umgewandelt werden. Die Zustimmung der im Range gleich- oder nachstehenden Berechtigten ist nicht erforderlich.

Untertitel 2. Rentenschuld

§ 1199 Gesetzlicher Inhalt der Rentenschuld

(1) Eine Grundschuld kann in der Weise bestellt werden, dass in regelmäßig wiederkehrenden Terminen eine bestimmte Geldsumme aus dem Grundstück zu zahlen ist (Rentenschuld).

(2) Bei der Bestellung der Rentenschuld muss der Betrag bestimmt werden, durch dessen Zahlung die Rentenschuld abgelöst werden kann. Die Ablösungssumme muss im Grundbuch angegeben werden.

§ 1200 Anwendbare Vorschriften

(1) Auf die einzelnen Leistungen finden die für Hypothekenzinsen, auf die Ablösungssumme finden die für ein Grundschuldkapital geltenden Vorschriften entsprechende Anwendung.

(2) Die Zahlung der Ablösungssumme an den Gläubiger hat die gleiche Wirkung wie die Zahlung des Kapitals einer Grundschuld.

§ 1201 Ablösungsrecht

(1) Das Recht zur Ablösung steht dem Eigentümer zu.

(2) Dem Gläubiger kann das Recht, die Ablösung zu verlangen, nicht eingeräumt werden. Im Falle des § 1133 Satz 2 ist der Gläubiger berechtigt, die Zahlung der Ablösungssumme aus dem Grundstück zu verlangen.

§ 1202 Kündigung

(1) Der Eigentümer kann das Ablösungsrecht erst nach vorgängiger Kündigung ausüben. Die Kündigungsfrist beträgt sechs Monate, wenn nicht ein anderes bestimmt ist.

(2) Eine Beschränkung des Kündigungsrechts ist nur soweit zulässig, dass der Eigentümer nach 30 Jahren unter Einhaltung der sechsmonatigen Frist kündigen kann.

(3) Hat der Eigentümer gekündigt, so kann der Gläubiger nach dem Ablauf der Kündigungsfrist die Zahlung der Ablösungssumme aus dem Grundstück verlangen.

§ 1203 Zulässige Umwandlungen

Eine Rentenschuld kann in eine gewöhnliche Grundschuld, eine gewöhnliche Grundschuld kann in eine Rentenschuld umgewandelt werden. Die Zustimmung der im Range gleich- oder nachstehenden Berechtigten ist nicht erforderlich.

11.3.2 Energieeinsparverordnung (EnEV)

§ 1 Zweck und Anwendungsbereich

(1) Zweck dieser Verordnung ist die Einsparung von Energie in Gebäuden. In diesem Rahmen und unter Beachtung des gesetzlichen Grundsatzes der wirtschaftlichen Vertretbarkeit soll die Verordnung dazu beitragen, dass die energiepolitischen Ziele der Bundesregierung, insbesondere ein nahezu klimaneutraler Gebäudebestand bis zum Jahr 2050, erreicht werden. Neben den Festlegungen in der Verordnung soll dieses Ziel auch mit anderen Instrumenten, insbesondere mit einer Modernisierungsoffensive für Gebäude, Anreizen durch die Förderpolitik und einem Sanierungsfahrplan, verfolgt werden. Im Rahmen der dafür noch festzulegenden Anforderungen an die Gesamtenergieeffizienz von Niedrigstenergiegebäuden wird die Bundesregierung in diesem Zusammenhang auch eine grundlegende Vereinfachung und Zusammenführung der Instrumente, die die Energieeinsparung und die Nutzung erneuerbarer Energien in Gebäuden regeln, anstreben, um dadurch die energetische und ökonomische Optimierung von Gebäuden zu erleichtern.

(2) Diese Verordnung gilt

1. für Gebäude, soweit sie unter Einsatz von Energie beheizt oder gekühlt werden, und
2. für Anlagen und Einrichtungen der Heizungs-, Kühl-, Raumluft- und Beleuchtungstechnik sowie der Warmwasserversorgung von Gebäuden nach Nummer 1.

Der Energieeinsatz für Produktionsprozesse in Gebäuden ist nicht Gegenstand dieser Verordnung.

(3) Mit Ausnahme der §§ 12 und 13 gilt diese Verordnung nicht für

1. Betriebsgebäude, die überwiegend zur Aufzucht oder zur Haltung von Tieren genutzt werden,
2. Betriebsgebäude, soweit sie nach ihrem Verwendungszweck großflächig und lang anhaltend offen gehalten werden müssen,
3. unterirdische Bauten,
4. Unterglasanlagen und Kulturräume für Aufzucht, Vermehrung und Verkauf von Pflanzen,
5. Traglufthallen und Zelte,
6. Gebäude, die dazu bestimmt sind, wiederholt aufgestellt und zerlegt zu werden, und provisorische Gebäude mit einer geplanten Nutzungsdauer von bis zu zwei Jahren,
7. Gebäude, die dem Gottesdienst oder anderen religiösen Zwecken gewidmet sind,
8. Wohngebäude, die
   a) für eine Nutzungsdauer von weniger als vier Monaten jährlich bestimmt sind oder
   b) für eine begrenzte jährliche Nutzungsdauer bestimmt sind, wenn der zu erwartende Energieverbrauch der Wohngebäude weniger als 25 Prozent des zu erwartenden Energieverbrauchs bei ganzjähriger Nutzung beträgt, und
9. sonstige handwerkliche, landwirtschaftliche, gewerbliche und industrielle Betriebsgebäude, die nach ihrer Zweckbestimmung auf eine Innentemperatur von weniger als 12 Grad Celsius oder jährlich weniger als vier Monate beheizt sowie jährlich weniger als zwei Monate gekühlt werden.

Auf Bestandteile von Anlagensystemen, die sich nicht im räumlichen Zusammenhang mit Gebäuden nach Absatz 2 Satz 1 Nr. 1 befinden, ist nur § 13 anzuwenden.

11.3.3 Gesetz über das Kreditwesen (KWG)

§ 18 Kreditangaben

(1) Ein Kreditinstitut darf einen Kredit, der insgesamt 750.000 Euro oder 10 vom Hundert des nach Artikel 4 Absatz 1 Nummer 71 der Verordnung (EU) Nr. 575/2013 anrechenbaren Eigenkapitals des Instituts überschreitet, nur gewähren, wenn es sich von dem Kreditnehmer die wirtschaftlichen Verhältnisse, insbesondere durch Vorlage

der Jahresabschlüsse, offen legen lässt. Das Kreditinstitut kann hiervon absehen, wenn das Verlangen nach Offenlegung im Hinblick auf die gestellten Sicherheiten oder auf die Mitverpflichteten offensichtlich unbegründet wäre. Das Kreditinstitut kann von der laufenden Offenlegung absehen, wenn

1. der Kredit durch Grundpfandrechte auf Wohneigentum, das vom Kreditnehmer selbst genutzt wird, gesichert ist,
2. der Kredit vier Fünftel des Beleihungswertes des Pfandobjektes im Sinne des § 16 Abs. 1 und 2 des Pfandbriefgesetzes nicht übersteigt und
3. der Kreditnehmer die von ihm geschuldeten Zins- und Tilgungsleistungen störungsfrei erbringt.

Eine Offenlegung ist nicht erforderlich bei Krediten an

1. Zentralregierungen oder Zentralnotenbanken im Ausland, den Bund, die Deutsche Bundesbank oder ein rechtlich unselbständiges Sondervermögen des Bundes, wenn sie ungesichert ein Kreditrisiko-Standardansatz-Risikogewicht (KSA-Risikogewicht) von 0 Prozent erhalten würden,
2. multilaterale Entwicklungsbanken oder internationale Organisationen, wenn sie ungesichert ein KSA-Risikogewicht von 0 Prozent erhalten würden, oder
3. Regionalregierungen oder örtliche Gebietskörperschaften in einem anderen Staat des Europäischen Wirtschaftsraums, ein Land, eine Gemeinde, einen Gemeindeverband, ein rechtlich unselbständiges Sondervermögen eines Landes, einer Gemeinde oder eines Gemeindeverbandes oder Einrichtungen des öffentlichen Bereichs, wenn sie ungesichert ein KSA-Risikogewicht von 0 Prozent erhalten würden.

(2) Die Institute prüfen vor Abschluss eines Verbraucherdarlehensvertrags oder eines Vertrags über eine entgeltliche Finanzierungshilfe die Kreditwürdigkeit des Verbrauchers. Grundlage können Auskünfte des Verbrauchers und erforderlichenfalls Auskünfte von Stellen sein, die geschäftsmäßig personenbezogene Daten, die zur Bewertung der Kreditwürdigkeit von Verbrauchern genutzt werden dürfen, zum Zweck der Übermittlung erheben, speichern oder verändern. Bei Änderung des Nettodarlehensbetrags sind die Auskünfte auf den neuesten Stand zu bringen. Bei einer erheblichen Erhöhung des Nettodarlehensbetrags ist die Kreditwürdigkeit neu zu bewerten. Die Bestimmungen zum Schutz personenbezogener Daten bleiben unberührt.[1]

[1] (Bundesminsterium der Justiz und für Verbraucherschutz (Hrsg.) 2013).

11.3.4 Preisangabenverordnung (PAngV)

§ 6 Kredite

(1) Bei Krediten sind als Preis die Gesamtkosten als jährlicher Vomhundertsatz des Kredits anzugeben und als „effektiver Jahreszins" zu bezeichnen. Satz 1 gilt auch beim Angebot eines Sollzinses für die Vertragslaufzeit nach Ablauf einer Sollzinsbindung.

(2) Der anzugebende Vomhundertsatz gemäß Absatz 1 ist mit der in der Anlage angegebenen mathematischen Formel und nach den in der Anlage zugrunde gelegten Vorgehensweisen zu berechnen. Er beziffert den Zinssatz, mit dem sich der Kredit bei regelmäßigem Kreditverlauf, ausgehend von den tatsächlichen Zahlungen des Kreditgebers und des Kreditnehmers, auf der Grundlage taggenauer Verrechnung aller Leistungen abrechnen lässt. Es gilt die exponentielle Verzinsung auch im unterjährigen Bereich. Ist im Vertrag eine Anpassung des Sollzinssatzes oder anderer preisbestimmender Faktoren vorbehalten (§ 1 Abs. 5), sind die zum Zeitpunkt des Angebots oder der Werbung geltenden preisbestimmenden Faktoren zugrunde zu legen. Der anzugebende Vomhundertsatz ist mit der im Kreditgewerbe üblichen Genauigkeit zu berechnen.

(3) In die Berechnung des anzugebenden Vomhundertsatzes sind als Gesamtkosten die vom Kreditnehmer zu entrichtenden Zinsen und alle sonstigen Kosten einschließlich etwaiger Vermittlungskosten, die der Kreditnehmer im Zusammenhang mit dem Kreditvertrag zu entrichten hat und die dem Kreditgeber bekannt sind, mit Ausnahme folgender Kosten einzubeziehen:

1. Kosten, die vom Kreditnehmer bei Nichterfüllung seiner Verpflichtungen aus dem Kreditvertrag zu tragen sind;
2. Kosten mit Ausnahme des Kaufpreises, die vom Kreditnehmer beim Erwerb von Waren oder Dienstleistungen unabhängig davon zu tragen sind, ob es sich um ein Bar- oder Kreditgeschäft handelt;
3. Kosten für die Führung eines Kontos, auf dem sowohl Zahlungen als auch in Anspruch genommene Kreditbeträge verbucht werden, Kosten für die Verwendung eines Zahlungsauthentifizierungsinstruments, mit dem sowohl Zahlungen getätigt als auch Kreditbeträge in Anspruch genommen werden können, sowie sonstige Kosten für Zahlungsgeschäfte, es sei denn, die Kontoeröffnung ist Voraussetzung für die Kreditvergabe oder die mit dem Konto verbundenen Kosten sind weder im Kreditvertrag noch in einem anderen mit dem Verbraucher geschlossenen Vertrag klar und getrennt ausgewiesen;
4. Kosten für solche Versicherungen und für solche anderen Zusatzleistungen, die keine Voraussetzung für die Kreditvergabe oder für die Kreditvergabe zu den vorgesehenen Vertragsbedingungen sind;

5. Notarkosten;
6. Kosten für Sicherheiten bei Immobiliardarlehensverträgen im Sinne des § 503 des Bürgerlichen Gesetzbuchs.

(4) Ist eine Änderung des Zinssatzes oder sonstiger in die Berechnung des anzugebenden Vomhundertsatzes einzubeziehender Kosten vorbehalten und ist ihre zahlenmäßige Bestimmung im Zeitpunkt der Berechnung des anzugebenden Vomhundertsatzes nicht möglich, so wird bei der Berechnung von der Annahme ausgegangen, dass der Sollzinssatz und die sonstigen Kosten gemessen an der ursprünglichen Höhe fest bleiben und bis zum Ende des Kreditvertrages gelten.

(5) Erforderlichenfalls ist bei der Berechnung des anzugebenden Vomhundertsatzes von den in der Anlage niedergelegten Annahmen auszugehen.

(6) Wird die Gewährung eines Kredits allgemein von einer Mitgliedschaft oder vom Abschluss einer Versicherung abhängig gemacht, so ist dies anzugeben.

(7) Bei Bauspardarlehen ist bei der Berechnung des anzugebenden Vomhundertsatzes davon auszugehen, dass im Zeitpunkt der Kreditauszahlung das vertragliche Mindestsparguthaben angespart ist. Von der Abschlussgebühr ist im Zweifel lediglich der Teil zu berücksichtigen, der auf den Darlehensanteil der Bausparvertragssumme entfällt. Bei Krediten, die der Vor- oder Zwischenfinanzierung von Leistungen einer Bausparkasse aus Bausparverträgen dienen und deren preisbestimmende Faktoren bis zur Zuteilung unveränderbar sind, ist als Laufzeit von den Zuteilungsfristen auszugehen, die sich aus der Zielbewertungszahl für Bausparverträge gleicher Art ergeben.[2]

11.3.5 Gesetz über Bausparkassen (BauSparkG)

§ 7 Sicherung der Forderungen aus Darlehen

(1) Forderungen aus Bauspardarlehen und aus Darlehen nach § 4 Abs. 1 Nr. 2 sowie Forderungen aus Darlehen nach § 4 Abs. 1 Nr. 1, soweit diese nicht durch Abtretung von Rechten aus Bausparverträgen gesichert werden, sind durch Bestellung von Hypotheken oder Grundschulden an einem inländischen Pfandobjekt zu sichern. Der Bestellung einer Grundschuld steht gleich der Anspruch einer Bausparkasse gegen ein Kreditinstitut auf Abtretung oder Teilabtretung einer Grundschuld, die von dem Kreditinstitut treuhänderisch zugunsten der Bausparkasse verwaltet wird. Die Beleihung darf ohne ausreichende zusätzliche Sicherheit die ersten vier Fünftel des Beleihungswertes des Pfandobjektes nicht übersteigen.

(2) Forderungen im Sinne des Absatzes 1 Satz 1 können auch durch die Bestellung von Grundpfandrechten an einem Pfandobjekt in einem anderen Mitgliedstaat der Eu-

[2] (Bundesminsisterium der Justiz und Verbaucherschutz (Hrsg.) 2013).

ropäischen Gemeinschaften oder einem anderen Vertragsstaat des Abkommens über den Europäischen Wirtschaftsraum oder in der Schweiz gesichert werden, wenn das Grundpfandrecht von Finanzinstituten in diesem Mitgliedstaat oder Vertragsstaat üblicherweise zur Sicherung von Forderungen aus Wohnungsbaudarlehen vereinbart wird.

(2a) Forderungen im Sinne des Absatzes 1 Satz 1 können auch durch die Bestellung von Grundpfandrechten an einem Pfandobjekt in anderen als den in Absatz 2 erfassten europäischen Staaten gesichert werden, sofern

1. der Staat Vollmitglied der Organisation für wirtschaftliche Zusammenarbeit und Entwicklung ist,
2. das Grundpfandrecht in diesem Staat die Rückzahlung und Verzinsung der Forderungen sicherstellt und
3. der Gesamtbetrag dieser Beleihungen das haftende Eigenkapital der Bausparkasse nicht übersteigt.

(3) Von einer Sicherung durch Grundpfandrechte kann abgesehen werden, wenn ausreichende anderweitige Sicherheiten gestellt werden (Ersatzsicherheiten).

(4) Von einer Sicherung durch Grundpfandrechte oder durch Ersatzsicherheiten kann abgesehen werden, wenn

1. der Darlehensnehmer sich gegenüber der Bausparkasse verpflichtet, eine mögliche Sicherung durch Grundpfandrechte nicht durch eine Verpfändung des als Pfandobjekt in Betracht kommenden Gegenstandes für eine andere Verbindlichkeit oder durch seine Veräußerung zu verhindern oder
2. bei einem Bauspardarlehen oder einem Darlehen nach § 4 Abs. 1 Nr. 1 eine Sicherung wegen der geringen Höhe des Darlehensbetrages nicht erforderlich erscheint.

(5) Von einer Sicherung kann abgesehen werden bei der Gewährung von Darlehen an

1. inländische Körperschaften und Anstalten des öffentlichen Rechts,
2. die Europäischen Gemeinschaften, ihre Mitgliedstaaten, andere Vertragsstaaten des Abkommens über den Europäischen Wirtschaftsraum und die Europäische Investitionsbank,
3. Regionalregierungen und örtliche Gebietskörperschaften der anderen Mitgliedstaaten der Europäischen Gemeinschaften oder der anderen Vertragsstaaten des Abkommens über den Europäischen Wirtschaftsraum, für die nach Artikel 7 der Richtlinie des Rates vom 18. Dezember 1989 über einen Solvabilitätskoeffizienten für Kreditinstitute die Gewichtung Null bekanntgegeben worden ist,
4. andere Darlehensnehmer, wenn für die Darlehen eine der in den Nummern 1 bis 3 bezeichneten Stellen die Gewährleistung übernommen hat.

(6) Die Bundesanstalt kann zulassen, dass Pfandobjekte beliehen werden, die außerhalb der in den Absätzen 2 und 2a erfassten Staaten belegen sind, wenn das zu bestellende Grundpfandrecht oder zusätzliche Sicherheiten eine Ausnahme gerechtfertigt erscheinen lassen.

(7) Der bei der Beleihung angenommene Wert des Pfandobjektes (Beleihungswert) darf den Verkehrswert nicht übersteigen. Bei der Feststellung des Beleihungswertes sind nur die dauernden Eigenschaften des Pfandobjektes und der Ertrag zu berücksichtigen, den das Pfandobjekt bei ordnungsgemäßer Wirtschaft jedem Besitzer nachhaltig gewähren kann.

11.3.6 Solvabilitätsverordnung (SolvV)

Verordnung zur angemessenen Eigenmittelausstattung von Instituten, Institutsgruppen, Finanzholding-Gruppen und gemischten Finanzholding-Gruppen (Solvabilitätsverordnung – SolvV)

§ 22 Vorgaben für die Bemessung des Beleihungswerts von Immobilien

Wenn ein Institut für eine Immobilie einen Beleihungswert nach Artikel 4 Absatz 1 Nummer 74 der Verordnung (EU) Nr. 575/2013 für Zwecke der Artikel 92 bis 386 der Verordnung (EU) Nr. 575/2013 verwenden will, die dafür strenge Vorgaben in Rechts- oder Verwaltungsvorschriften der Mitgliedstaaten für die Bemessung des Beleihungswerts erfordert, muss der Beleihungswert

1. nach § 16 Absatz 2 Satz 1 bis 3 des Pfandbriefgesetzes in Verbindung mit der Beleihungswertermittlungsverordnung vom 12. Mai 2006 (BGBl. I S. 1175) in der jeweils geltenden Fassung ermittelt worden sein,
2. nach den Vorschriften für die Beleihungswertermittlung nach § 7 Absatz 7 des Gesetzes über Bausparkassen unter Beachtung einer von der Bundesanstalt genehmigten Bestimmung nach § 5 Absatz 2 Nummer 3 des Gesetzes über Bausparkassen ermittelt worden sein,
3. sich auf eine Immobilie in einem anderen Staat des Europäischen Wirtschaftsraums beziehen und auf Grundlage von in diesem Staat gültigen strengen Vorgaben in Rechts- oder Verwaltungsvorschriften ermittelt worden sein, die die Bundesanstalt als mit der Beleihungswertermittlungsverordnung gleichwertig anerkannt hat,
4. ein anders ermittelter nachhaltig erzielbarer Wert sein, der den Anforderungen des § 16 Absatz 2 Satz 1 bis 3 des Pfandbriefgesetzes genügt.

Weiterführende Literatur

AKTION PRO EIGENHEIM: www.Aktion-pro-Eigenheim.de

Anzenberger, Robert, und Kai Oppel (2009): Immobilienkauf, München: Verlag Franz Vahlen

BAFA: www.bafa.de

BANK BRAUNSCHWEIG EG: www.psd-braunschweig.de

BAUFINANZIERUNG-BEMU: www.baufinanzierung-bemu.de

BAUSPARVERTRAG: www.bausparvertrag.net

BIALLO: www.biallo.de

BLOOMBERG: www.bloomberg.com

BMVBS: www.bmvbs.de

BOERSE-FRANKFURT: www.boerse-frankfurt.de

CECU: www.cecu.de

Däumler, Klaus-Dieter, und Jürgen Grabe (2013): Betriebliche Finanzwirtschaft. Kiel: NWB Verlag

DEUTSCHE ENERGIE AGENTUR: (dena) www.dena.de

Dittmann, W., Geckle, G., Haderer, D., Happe, R. (2010): Steuer 2011 für Arbeitnehmer, Beamte und Kapitalanleger, Haufe-Lexware

DRKLEIN: www.drklein.de

ECB: www.ecb.int

ENEV-ONLINE: www.enev-online.com

Ettmann, B., Wolff, K., Wurm, G. (2008): Kompaktwissen Bankbetriebslehre, 16. Aufl., Bildungsverlag EINS, Troisdorf

EURIBOR-RATES: de.euribor-rates.eu

EXPERTENFINDER: www.expertenfinder.de

FINANZTIP: www.finanztip.de

FMH FINANZBERATUNG: vorfaelligkeit.fmh-rechner.de

FOCUS: www.focus.de

FORWARD-DARLEHEN: www.forward-darlehen.eu

GABLER WIRTSCHAFTSLEXIKON: www.wirtschaftslexikon.gabler.de

GESETZE-IM-INTERNET: www.gesetze-im-internet.de

Grill, W., Perczynski, H., Grill, H. (2008): Wirtschaftslehre des Kreditwesens, 42. Aufl., Bildungsverlag EINS, Troisdorf

Hölting, M. (2011): WISO – Immobilienfinanzierung, 4. Aufl. Campus Verlag GmbH, Frankfurt/Main

IMMONET: www.immonet.de

INTERHYP: www.interhyp.de

Jung, W., Klöckner, B.W. (1997): Der FALKEN Bauherren Ratgeber. Planen. Finanzieren. Bauen., Falken Verlag, Niedernhausen/Ts

JUSTIZ IN BADEN-WÜRTTEMBERG: www.justizportal-bw.de

KFW BANKENGRUPPE: www.kfw.de

LBS: www.lbs.de

MEIN-ONLINEKREDIT: www.mein-onlinekredit.de

Noosten, D. (2013): Ratgeber Baufinanzierung, Noosten Verlag, Detmold

Noosten, D. (2015): Ratgeber Immobilienauswahl, Noosten Verlag, Detmold

Noosten, D., Fries, C. (2011): Gesamtleitung von Bauten, vdf Hochschulverlag, Zürich

NRW.BANK: www.nrwbank.de

Oppel, K., Radtke, S. (2009): Immobilienfinanzierung, Neue Kredite, neue Wege – 2. Aufl.; Rudolf Haufe Verlag, Planegg

Schulze, E., Stein, A. (2005): Baufinanzierung, Haufe-Lexware

Schulze, E., Stein, A. (2014): Immobilien- und Baufinanzierung. Freiburg: Haufe Verlag

Schulze, E., Stein, A., Fleschütz, K. (2008): Immobilien als Geldanlage. Planegg, Haufe Verlag

SCHWÄBISCH HALL (2012): Erläuterungen zum Antrag auf Wohnungsbau-Prämie für das Kalenderjahr 2012

Seuß, H. (2000): Die Eigentumswohnung – Finanzierung, Erwerb, Nutzung, Verwaltung. 2. Aufl., Deutscher Taschenbuch Verlag, München

Siepe, W. (2011): Immobilienfinanzierung: Die richtige Strategie; 2. Aufl., Stiftung Warentest Verlag, Berlin

STADTSPARKASSE DÜSSELDORF: www.sskduesseldorf.de

STATISTISCHES BUNDESAMT: Statistisches Jahrbuch 2011; www.destatis.de

Stiftung Warentest (Hrsg.) (2000): Bauen und Kaufen. Ullstein Taschenbuchverlag, München

TEST: www.test.de

Töpfer, A. (2007): Betriebswirtschaftslehre: Anwendungs- und prozessorientierte Grundlagen; Springer Verlag, Berlin/Heidelberg.

Tuschinski, M.: EnEV 2014 – Die neue Energieeinsparverordnung: www.enev-online.com

Urteil LG Stuttgart vom 24.4.2007, 20 O 9/07

VERBAND PRIVATER BAUHERREN E. V.: (VPB) www.vpb.de

VERBRAUCHERZENTRALE NORDRHEIN-WESTFALEN: www.vz-nrw.de

Wahl, A. (Hrsg.): Merkblatt Erbbaurecht. www.notare-wahl-adrian.de/downloads/ger/merkblatterbbaurecht.pdf

WOHN-RIESTER-EIGENHEIMRENTE: www.wohnriester-eigenheimrente.de

Zantow, R., Dinauer, J. (2011): Finanzwirtschaft des Unternehmens – Die Grundlagen des modernen Finanzmanagements. München: Pearson Studium

Glossar

Agio Auch: Aufgeld
Prozentualer Aufschlag der zusätzlich zum Darlehensbetrag zurückgezahlt werden muss. Die Zinsberechnung erfolgt auf Grundlage des Nominalbetrages.

Allgemeine Darlehensbedingungen Ähnlich den allgemeinen Geschäftsbedingungen, jedoch speziell für Darlehensverträge vorformulierte Bedingungen die für eine Vielzahl von Verträgen gültig sind.

Annuität Eine jährliche (lat. annus, Jahr) Zahlung die aus einem Zins- und Tilgungsanteil besteht und dazu dient ein Darlehn abzuzahlen.

Annuitätendarlehen Darlehen mit Rückzahlungsraten in konstanter Höhe (Annuitäten). Während die Raten in ihrer Höhe konstant bleiben, verändern sich die Zins- und Tilgungsanteile, da der Kreditbetrag durch die Tilgung reduziert wird.

Anschlussfinanzierung Bei der Darlehensaufnahme wird ein Zinssatz für eine bestimmte Laufzeit vereinbart (Zinsbindungsfrist). Nach Ablauf dieser Frist muss für die Restschuld ein neuer Kredit aufgenommen werden. Eine neue Finanzierung bei der bisherigen Bank wird Prolongation genannt, erfolgt dabei ein Bankwechsel wird es oft Umschuldung genannt. Als Alternative kann auch das Forward-Darlehen zur Anschlussfinanzierung genutzt werden.

Arbeitgeberdarlehen Darlehensgeber ist bei dieser Art der Finanzierung der Arbeitgeber. Oft sind diese Darlehen zinsvergünstigt und dienen der Mitarbeiterbindung.

Arbeitnehmersparzulage Staatliche Zulage zur Förderung der Vermögensbildung der Arbeitnehmer. Gefördert werden vom Arbeitgeber gezahlte vermögenswirksame Leistungen. Dabei ist zu beachten, dass die Arbeitnehmersparzulage nur gezahlt wird, wenn bestimmte Einkommensgrenzen eingehalten werden. Auch werden, in Abhängigkeit von der Vertragsform, nur bestimmte Höchstbeträge bei der Einzahlung gefördert. Für weitere Informationen: Fünftes Gesetz zur Förderung der Vermögensbildung der Arbeitnehmer, § 13.

Auflassung Ein dinglicher Vertrag der die zur Übertragung des Grundstückseigentums erforderliche Einigung zwischen Käufer und Verkäufer festhält. Sie erfordert die gleichzeitige Anwesenheit von Käufer und Verkäufer bei einem Notar. Die Eigentumsübertragung erfolgt durch Auflassung und Eintragung in das Grundbuch. Sie

D. Noosten, *Die private Bau- und Immobilienfinanzierung*, DOI 10.1007/978-3-658-09986-2 wird in der Regel zusammen mit dem Grundstückskaufvertrag beurkundet. Für weitere Informationen siehe § 925 und § 873 BGB.

Auflassungsvormerkung In Abteilung II des Grundbuchs eingetragene Vormerkung zur Sicherung des schuldrechtlichen Anspruchs auf Übertragung des Eigentums an einem Grundstück. Dient dem Käuferschutz und verhindert, dass der Verkäufer das Grundstück während des langwierigen Übertragungsprozesses ein weiteres Mal Verkaufen oder Belasten kann.

Aval Auch: Bankaval oder Avalkredit
Oberbegriff von Garantien, Bürgschaften und sonstigen Gewährleistungen, die Kreditinstitute zugunsten eines Kunden abgeben. Es ist eine Form der Kreditleihe bei der das Kreditinstitut für die Zahlungsfähigkeit des Kunden bürgt und die Eventualhaftung übernimmt. Dafür verlangt das Kreditinstitut eine Avalprovision.
Gängige Formen im Zusammenhang mit einer Baufinanzierung sind der Miet-, Gewährleistungs- oder Fertigstellungsaval.

Baufinanzierung Auch: Immobilienfinanzierung
Finanzierung des Kaufs, der Errichtung oder Sanierung von Immobilien. I.d.R. weisen Immobilienfinanzierungen eine lange Laufzeit auf.

Bauhelfer-Unfallversicherung Helfen Freunde oder Verwandte beim Hausbau, müssen diese versichert sein. Dabei ist zwischen der freiwilligen, privaten Versicherung und der gesetzlichen Versicherung bei der Berufsgenossenschaft zu unterscheiden.

Bauherren-Haftpflichtversicherung Versicherung die den Bauherren vor Ansprüchen aus der gesetzlichen Haftplicht schützt. Oft ist diese in der privaten Haftpflichtversicherung bis zu einem bestimmten Bauvolumen enthalten. Darüber hinausgehend muss eine gesonderte Versicherung abgeschlossen werden.

Bauleistungsversicherung Auch: Bauversicherung
Versicherung, die im Falle eines Schadens an der Immobilie, den Baustoffen oder -teilen während der Bauzeit einspringt. Abgesichert sind ebenfalls Fälle von Diebstahl, Vandalismus und höherer Gewalt.

Baumängel Abweichung zwischen Ist- und Sollzustand eines Bauwerkes. Oft entstehen diese durch Planungs- bzw. Ausführungsfehler. Werden Mängel festgestellt, sollten diese bei der Bauabnahme protokolliert werden. Im Extremfall kann die Abnahme verweigert werden. Ggf. können Gewährleistungsansprüche geltend gemacht werden.

Baunebenkosten Kosten, die zusätzlich zu den Errichtungskosten des Bauwerkes anfallen. Dazu zählen Architekten- bzw. Ingenieurleistungen, Versicherungsgebühren, Kosten für einzuholende Genehmigungen, Finanzierungskosten, sowie anfallende Gebühren für behördliche Prüfungen.

Bauordnung Auch: Landesbauordnung
Ein wesentlicher Bestandteil des öffentlichen Baurechts. Die hier enthaltenen Anforderungen beziehen sich sowohl auf das Grundstück als auf das Bauwerk. Beispiele für Regelungen sind: Abstandsflächen, Baugenehmigungen, Erschließung, Art der baulichen Nutzung, Sicherheit und Qualität der Bauprodukte. Die Kompetenz für das Bauordnungsrecht liegt bei den Ländern.

Bauspardarlehen Darlehen zur Finanzierung wohnbaulicher Zwecke bei dem die Bausparkasse der Darlehensgeber ist. Grundprinzip ist, dass der Bausparer, je nach Anbieter und Vertrag, etwa 50 % der gesamten Bausparsumme in einen Bausparvertrag einspart und anschließend ein Darlehen über den Restbetrag erhält. Sowohl der Sollzins des Darlehens als auch der Guthabenzins für das angesparte Kapital liegen im Allgemeinen unter Marktniveau. Die Rückzahlungsraten des Bausparkredites sind in der Regel recht hoch, da eine hohe Tilgung gefordert ist.

Beleihungsauslauf Bezeichnet im Bauwesen den Quotienten aus dem Darlehnsbetrag und dem Beleihungswert der Kreditsicherheit.

Beleihungsgrenze Prozentuale Verringerung des Beleihungswertes, um Wertschwankungen der Immobilie aufzufangen. Viele Banken Beleihen eine Immobilie nur bis zu einer Grenze von 80 % des Beleihungswertes.

Beleihungswertermittlung Ermittlung des Wertes einer Immobilie, um die Höhe der Kreditsicherheit festzulegen. Als Ermittlungsverfahren können das Vergleichswert-, Sachwert- und Ertragswertverfahren genutzt werden. Der Beleihungswert liegt unter dem Verkehrswert, weil der nachhaltig erzielbare Wert einer Immobilie im Vordergrund steht.

Courtage Auch: Maklerprovision

Die Courtage bezeichnet den Lohn des Maklers bei Vertragsabschluss. Dieser liegt zwischen drei und sechs Prozent des Kaufpreises der Immobilie. Für Mietobjekte berechnet der Makler zwischen zwei und drei Monatsmieten als Courtage.

Damnum Auch: Disagio

Damnum bezeichnet die Differenz zwischen dem Nominalbetrag und dem tatsächlichen Auszahlungsbetrag des Darlehens. Das Damnum ist eine Zinsvorauszahlung und führt zu einem verringerten Sollzins.

Darlehensphase (Bausparvertrag) Folgt auf die Sparphase bzw. Zuteilungsphase des Bausparvertrages und beschreibt den Zeitraum, in dem das Darlehen zurückgezahlt wird. Der Darlehensnehmer zahlt monatlich eine vereinbarte Rate an die Bausparkasse. Die Zahlung setzt sich aus Tilgung und Zinsen zusammen.

Disagio Auch: Damnum

Effektivzins Die Berechnung des Effektivzinses ist in der Preisangabenverordnung (PAngV) geregelt. Im Unterschied zum Sollzins beinhaltet der Effektivzins zusätzliche Kosten wie Gebühren, Agios und Disagios, Bereitstellungszinsen, Anzahl der Raten etc.. Er ermöglicht den Vergleich unterschiedlicher Angebote mit der gleichen Zinsfestschreibungsdauer.

Eigenkapital Das für die Immobilienfinanzierung eingesetzte eigene Vermögen, wie Bargeld, Bank- und Sparguthaben, Bausparguthaben, Eigenleistungen, eigene unbelastete Grundstücke sowie Wertpapiere. Oft werden bei einer Immobilienfinanzierung mindestens 20 % Eigenkapital gefordert.

Eigenleistung Auch: Muskelhypothek

Eigene Arbeitsleistungen bei dem Bau einer Immobilie, durch die Handwerkerkosten gespart werden. Die Eigenleistungen werden von der Bank – in bestimmten Fällen – als Eigenkapital angerechnet.

Eigennutzung Die Immobilie wird zu eigenen Wohnzwecken genutzt. Die Eigennutzung ist die Grundvoraussetzung für viele Zulagen wie beispielsweise Riester.

Erbbaurecht Auch: Erbpacht
Das zeitlich beschränkte Recht, ein Grundstück zu nutzen und ein Bauwerk darauf zu erreichten, ohne jedoch das Eigentum an dem Grundstück erworben zu haben. Oft werden Erbbaurechte für 99 Jahre vergeben und ein Erbbauzins als Ausgleich für das erworbene Recht gezahlt.

Erbbauzins Für die Bestellung eines Erbbaurechtes kann als Ausgleich ein Erbbauzins vereinbart werden. Dieser wird vom Erbbaurechtsnehmer an den Erbbaurechtsgeber bezahlt. Durch Eintragung als Reallast im Grundbuch erhält der Erbbauzins dingliche Wirkung.

Erhaltungsaufwand Das steuerliche Absetzen für alle auftretenden Aufwendungen für Instandhaltung, sowie Renovierung der Immobilie nach dem Einkommenssteuergesetz (EStG).

Erschließung Auch: Anschluss
Der Anschluss eines Grundstücks an das öffentliche Versorgungs-, Entsorgungs- und Straßennetz.
Die Kosten für eine Erschließung sind teilweise vom Grundstücksbesitzer zu tragen und fallen zusätzlich zu einem Grundstückserwerb an.

Ertragswertverfahren Verfahren zur Ermittlung des Verkehrswertes. Der Ertragswert wird anhand der Erträge einer Immobilie berechnet. Dieses Verfahren eignet sich insbesondere für vermietete Objekte.

Euribor Mit „European Interbank Offered Rate" werden die durchschnittlichen Zinssätze bezeichnet, zu denen europäische Banken einander Anleihen in Euro gewähren. Der Euribor wird oft als Referenzzinssatz für Kredite genutzt.

Festdarlehen Auch: Endfälliges Darlehen
Die Rückzahlung des Darlehens erfolgt in einer Summe am Ende der Laufzeit. Während der Laufzeit sind ausschließlich die Zinsen zu zahlen. Diese Art Darlehen kann zur Zwischenfinanzierung genutzt werden, wenn es beispielsweise durch einen Bausparvertrag oder eine Lebensversicherung abgelöst werden soll.

Finanzierungsplan Beinhaltet eine detaillierte Aufstellung der Finanzierungsformen in Eigen- und Fremdmittel, sowie die Erwerbs- und Herstellungskosten. Die Differenz zwischen Gesamtkosten und Eigenmitteln ergibt den Finanzierungsbedarf.

Formvorschriften Für die Gültigkeit bestimmter Rechtsgeschäfte müssen diese in einer bestimmten Form abgeschlossen werden. Dies kann notarielle Beglaubigung, notarielle Beurkundung oder auch die Schriftform sein.

Forward-Darlehen Darlehen bei dem sich der Darlehensnehmer den aktuellen Zinssatz für die Zukunft sichert. Der Vorteil liegt darin, dass vor Auslauf des bestehenden Darlehens die Anschlussfinanzierung mit einem bereits feststehenden Zins gesichert ist. Diese Art Darlehen wird genutzt, wenn ein starker Anstieg des Zinsniveaus befürchtet wird. Der Forward-Darlehenszins setzt sich aus dem Marktzins bei Vertragsabschluss und einem Zinsaufschlag zusammen.

Fremdkapital Finanzierungsmittel, die von Dritten bereitgestellt werden. Darunter fallen insbesondere Banken und Bausparkassen, aber auch öffentliche Stellen, Versicherungen, Arbeitgeber, Familienmitglieder bzw. Bekannte.

Gesamtschuldner Haben mehrere Personen zusammen einen Kredit aufgenommen, haften sie im Allgemeinen gesamtschuldnerisch. Jeder kann von der Bank zur vollen Haftung für die Summe herangezogen werden. Es kann also sein, dass der Kredit nicht anteilsmäßig zurückgezahlt wird, sondern ein Schuldner den Gesamtbetrag zahlen muss.

Grundbuch Register zur Führung der Rechtsverhältnisse von Grundstücken. Aufgeteilt ist das Grundbuch in die Grundbuchaufschrift und das Bestandsverzeichnis sowie die Abteilungen I, II und III. Das Grundbuch gibt Auskunft über Größe, Nutzungsart, Eigentumsverhältnisse, Lasten und Beschränkungen sowie etwaige Grundpfandrechte. Einsehen kann das Grundbuch nur jemand mit berechtigtem Interesse.

Grunderwerbsteuer Steuer die bei Erwerb oder Kauf von bebauten oder unbebauten Grundstücken anfällt. Sie beträgt zwischen 3,5 bis 6,5 Prozent, je nach Bundesland.

Grundpfandrecht Vertragliche Pfandrechte zur Kreditsicherung an Grundstücken bzw. grundstücksgleichen Rechten. Dazu zählen die Hypothek, die Grundschuld und die Rentenschuld.

Grundschuld Die Grundschuld ist ein dingliches Recht, aus einem Grundstück die Zahlung eines bestimmten Geldbetrages zu verlangen. Sie dient oft der Absicherung von Forderungen des Gläubigers gegenüber dem Immobilienbesitzer und wird in Abteilung III des Grundbuchs eingetragen. Zur Eintragung einer Grundschuld ist eine notariell beurkundete Grundschuldbestellung erforderlich.

Grundschuldzins In das Grundbuch eingetragener Zins der eine Absicherung der Banken für eventuelle Zahlungsschwierigkeiten des Schuldners darstellt. Dieser Zins greift beispielsweise bei Zwangsversteigerungen und kann die Höhe der Grundschuld stark anheben. Oft können dann die im Range nachgehenden Forderungen nicht mehr bedient werden.

Grundsteuer Auf den Grundbesitz zu zahlende Steuer, die von den Gemeinden nach einheitlichen Regeln erhoben werden. Die Höhe setzt sich aus dem Einheitswert und dem Hebesatz der jeweiligen Gemeinde ab.

Grundstück Abgegrenzter Teil der Erdoberfläche, der im Grundbuch verzeichnet ist. Ein Grundstück kann aus mehreren Flurstücken bestehen. Zum Grundstück gehören alle wesentlichen Bestandteile. Dazu zählt i. d. R. insbesondere die darauf errichte Immobilie.

Grundstückskaufvertrag Der vom Notar beurkundete Vertrag zur Übertragung eines Grundstücks. Der Käufer verpflichtet sich zur Zahlung des Kaufpreises und der Verkäufer verpflichtet sich zur Übertragung des Eigentums.

Herstellungsaufwand Aufwendungen die eine Immobilie über ihren ursprünglichen Zustand hinaus erweitert oder verbessert. Abzugrenzen vom Erhaltungsaufwand.

Herstellungskosten Anfallende Kosten für die Errichtung einer Immobilie. Darunter fallen Baukosten, Architektenhonorare, Gebühren für die Baugenehmigung und die Kosten für Außenanlagen.

Hypothek Eine Hypothek ist ein Grundpfandrecht und dient der Absicherung von Forderungen des Gläubigers gegenüber dem Grundstückseigentümer. Sie wird in das Grundbuch eingetragen.

Hypothekendarlehen Durch eine Hypothek gesichertes Darlehen.

Immobilie Bezeichnet ein „unbewegliches Sachgut" und kann sich auf ein Grundstück oder auf ein Grundstück mit einem darauf errichteten Bauwerk beziehen.

Instandhaltungskosten Anfallende Kosten, bei der Instandhaltung der Immobilie. Dazu gehören die Instandsetzung, die Wartung und regelmäßige Schönheitsreparaturen.

Instandhaltungsrücklage Eine Instandhaltungsrücklage ist ein angesparter Geldbetrag, mit dem notwendige Instandhaltungen durchgeführt werden können. Für Wohnungseigentümer gilt das Wohnungseigentumsgesetz (WEG) in dem die Ansammlung eines angemessenen Betrages vorgeschrieben ist. Damit werden zukünftig notwendige Instandhaltungen finanziert.

Kapitalanlage Bezeichnet – im Zusammenhang mit Immobilien – das Vermieten oder Verpachten einer Immobilie an Dritte. Durch Mieteinnahmen kann der Eigentümer Gewinn erzielen.

Kapitalkosten Zinsen, die bei der Aufnahme von Fremdkapital anfallen.

Kaufnebenkosten Kosten, die zusätzlich zum Kaufpreis anfallen: hierzu zählen insbesondere eine etwaige Maklerprovision, Notar- und Grundbuchgebühren und die Grunderwerbsteuer.

KfW Bankengruppe Früher auch: „Kreditanstalt für Wiederaufbau". Öffentliche Bank die u.A. den Wohnungsbau fördert, indem sie zinsgünstige Darlehen und Zuschüsse vergibt. Für den privaten Wohnungsbau gibt es verschiedene Programme mit unterschiedlichen Zielsetzungen, beispielsweise: energieeffizient sanieren, energieeffizient bauen, Wohneigentumsprogramm. Die Fördermittel für den privaten Wohnungsbau werden grundsätzlich nur über Hausbanken vermittelt.

Konditionen Ausgehandelte Vertragsbedingungen im Rahmen eines Darlehensvertrages. Dazu zählen der Sollzins, der Auszahlungskurs, die Bereitstellungszinsen, die Zinsbindungsfrist, der anfängliche Tilgungssatz, die Anzahl etwaiger tilgungsfreier Anlaufjahre und etwaige Sondertilgungsrechte.

Kreditfähigkeit Nur volljährige Personen die im Vollbesitz ihrer geistigen Fähigkeiten sind, sind voll geschäftsfähig und dürfen einen Kredit in Anspruch nehmen.

Laufzeit Beschreibt den Zeitraum von der Auszahlung bis zur vollständigen Tilgung des Darlehens.

Löschungsbewilligung Die Bewilligung des bisherigen Gläubigers zur Löschung einer Grundschuld oder Hypothek, nachdem das Darlehen zurückgezahlt wurde.

Modernisierung Baumaßnahme, die zur Erhöhung des Wohn- oder Nutzwertes eines Bauwerkes führt. Beispielsweise der Einbau einer Zentralheizung, wenn zuvor mit Einzelöfen geheizt wurde.

Muskelhypothek Beschreibt die Eigenleistungen, die ein Bauherr bzw. Immobilienerwerber selbst erbringt, um Handwerkerkosten zu sparen. Diese Eigenleistungen werden von Banken häufig als Eigenkapital anerkannt.

Nachfinanzierung Eine nach der Inanspruchnahme der ursprünglichen Darlehenssumme erforderliche Erhöhung der gesamten Darlehenssumme.

Notaranderkonto Bankkonto, das von einem Notar treuhänderisch verwaltet wird. Es ermöglicht beispielsweise bei Immobiliengeschäften die vorzeitige Auszahlung des Darlehens, solange die Eintragung der Grundschuld noch nicht erfolgt ist.

Refinanzierung Mit Refinanzierung beschreiben Kreditinstitute die Beschaffung von Mitteln für die eigene Vergabe von Krediten.

Restschuld Teil des Darlehens, welcher zu einem bestimmten Zeitpunkt, meist bei Auslauf der Zinsbindung, noch nicht zurückgezahlt wurde.

Risikolebensversicherung Versicherung für den Todesfall. Sie dient als Schutz für die Hinterbliebenen und kann unterschiedlich ausgestaltet werden. Im Falle des Todes wird eine bestimmte Summe an den Begünstigten der Versicherung ausgezahlt.

Rückauflassungsvormerkung Im Grundbuch eingetragener Anspruch auf Rückübertragung des Grundstückes an den Verkäufer. Genutzt wird dies häufig von Städten und Gemeinden, die sich damit das Recht vorbehalten, im Falle eines Verstoßes gegen gemachte Auflagen, das Grundstück zurück zu übertragen.

Sachwertverfahren Ein Verfahren zur Wertermittlung von Immobilien. Der Wert der Immobilie wird hier anhand von Baukosten (so genannte Normalherstellungskosten) berechnet.

Schätzkosten Kosten, die im Rahmen der Kreditvergabe bei der Ermittlung des Wertes einer Immobilie anfallen. Diese Kosten hat die Bank zu tragen.

Schufa „Schutzgemeinschaft für Allgemeine Kreditsicherung“. Datenbank mit Informationen zur Beurteilung der Bonität eines Kreditnehmers. Hiermit können Banken ihre Kunden im Vorfeld der Kreditvergabe auf deren Zahlungsfähigkeit prüfen.

Sollzins Auch: Nominalzins (veraltet)
Jährlicher Zinssatz zu dem ein Darlehen vergeben wird.

Sondertilgung Zusätzlich zur regelmäßigen Rate gezahlte Tilgung, durch die die Restschuld und damit die Gesamtlaufzeit des Darlehens reduziert wird.

Sparphase Beschreibt den Zeitraum, in dem Beträge in den Bausparvertrag eingezahlt werden, d. h. vor der Zuteilungsphase.

Tilgung Zahlung, um ein in Anspruch genommenes Darlehen zurückzuzahlen. Die Höhe der anfänglichen Tilgung entscheidet bei einem Annuitätendarlehen über die Laufzeit des Darlehens.

Umsatzsteuer Auch: Mehrwertsteuer
Steuer für Waren oder Dienstleistungen. Der Normal-Steuersatz beträgt 19 %, der ermäßigte Steuersatz 7 %.

Valuta Auch: Wertstellung
Bezeichnet im Bauwesen das Datum, an dem eine Gutschrift oder Belastung auf einem Konto zinswirksam wird.

Variabler Zins Zinssatz der nicht festgeschrieben ist und sich laufend ändern kann. Oft wird dieser an einen Referenzzinssatz, wie beispielsweise den Euribor, gekoppelt.

Vergleichswertverfahren Verfahren zur Ermittlung des Verkehrswertes von Immobilien. Hierbei werden Verkaufspreise ähnlicher Objekte über einen gewissen Zeitraum analysiert und dann auf das betrachtete Objekt angewendet.

Verkehrswert Marktwert einer Immobilie.

Vorkaufsrecht Ein Vorkaufsrecht räumt dem Berechtigten ein, im Falle des Verkaufs einer Sache oder eines Grundstücks, dieses zu gleichen Bedingungen kaufen zu können wie der potenzielle Käufer. Es kann dinglich im Grundbuch eingetragen sein.

Zinsbindungsfrist Frist in der ein fester Zinssatz für ein Darlehen vereinbart ist. In dieser Zeit kann das Darlehen nicht gekündigt werden. Eine Ausnahme gilt für Darlehen mit einer Laufzeit von mehr als zehn Jahren, für die eine sechsmonatige Kündigungsfrist gilt.

Zwangsvollstreckung Rechtlicher Anspruch des Gläubigers, durch staatliche Gewalt seine Rechte durchzusetzen.

Zwischenfinanzierung Zeit, in der ein kurzfristiger Kreditbedarf – z. B. während der Bauphase – besteht. Dieser wird danach durch Eigenkapital oder andere Kredite abgelöst.

Sachverzeichnis

Printed in Dunstable, United Kingdom

91343654R00127